"十三五"高等职业教育规划教材

C语言程序设计教程

主　编　王素香　张宝石　魏　钢
副主编　李孝贵

中国铁道出版社有限公司
CHINA RAILWAY PUBLISHING HOUSE CO., LTD.

内 容 简 介

本书从初学者的角度出发，以通俗易懂的语言、丰富多彩的实例，详细介绍使用C语言进行程序开发应该掌握的各方面知识。书中所有知识都结合具体实例进行介绍，努力实现“零基础”入门，每个章节都配备了教学课件及教学短视频，以二维码的形式展现。

全书共分12章，内容包括C语言概述、C语言程序设计基础、顺序结构程序设计、选择结构程序设计、循环结构程序设计、数组、函数、预处理命令、指针、结构体和共用体、文件、位运算。

本书适合作为高等职业院校程序设计课程的教材，也可作为社会培训人员的参考用书，还可供软件开发入门者自学使用。

图书在版编目（CIP）数据

C语言程序设计教程/王素香，张宝石，魏钢主编. —2版. —北京：中国铁道出版社有限公司，2020.9

“十三五”高等职业教育规划教材

ISBN 978-7-113-27167-1

Ⅰ.①C… Ⅱ.①王…②张…③魏… Ⅲ.①C语言-程序设计-高等职业教育-教材 Ⅳ.①TP312.8

中国版本图书馆CIP数据核字（2020）第147415号

书　　名：C语言程序设计教程
作　　者：王素香　张宝石　魏　钢

策　　划：祁　云　　**编辑部电话**：（010）63549458
责任编辑：祁　云　徐盼欣
封面设计：付　巍
封面制作：刘　颖
责任校对：张玉华
责任印制：樊启鹏

出版发行：中国铁道出版社有限公司（100054，北京市西城区右安门西街8号）
网　　址：http://www.tdpress.com/51eds/
印　　刷：三河市宏盛印务有限公司
版　　次：2016年8月第1版　2020年9月第2版　2020年9月第1次印刷
开　　本：850 mm×1 168 mm 1/16　**印张**：18　**字数**：424千
书　　号：ISBN 978-7-113-27167-1
定　　价：54.00元

前 言

C 语言是一门历史悠久的程序设计语言，它不仅具备很多高级语言的特点和优势，清晰地体现了结构化、模块化的思想和方法，在很多方面有扩充、提高和加强，而且还具有低级语言的许多特点，可直接访问内存地址，对字节的位进行多种运算，调用系统功能，大大提高了程序运行的效率。C 语言功能丰富，表达能力强，使用灵活方便，应用面广，可移植性好，特别适合于编写系统软件和应用软件。它不仅是计算机专业学生的必修课，也是许多非计算机专业学生所青睐的技术学科。C 语言程序设计已成为全国和各省计算机等级考试的重要考试内容。现在 C 语言不仅是广大计算机应用人员编程的首选，也是学习面向对象的 C++、Visual C++等更高层次编程语言必备的基础。

本书于 2016 年 8 月发行第一版，受到广大读者的欢迎，多次重印。为适应当前形势需要，结合有关专家和读者的意见以及主编多年教学和实践应用的体会，编写了第二版。本次修订，在保留第一版风格的基础上，重新更新、改写了各章节，增加了大量翔实的例题及算法流程图，增加了课后习题，所有程序都升级为 Visual C++ 2010 环境下编译运行。每个章节都配备了教学课件及教学短视频，以二维码的形式展现。

参加本书编写的教师长期工作于教学一线，具有多年程序设计语言教学经验及软件开发经验。本书从初学者的角度出发，以通俗易懂的语言、丰富多彩的实例，详细介绍使用 C 语言进行程序开发应该掌握的各方面知识。书中所有知识都结合具体实例进行介绍，努力实现“零基础”入门，由浅入深地对 C 语言程序设计内容进行全面阐述。本书主要具备如下特点：

（1）内容生动，实例丰富，好学易懂，“零基础”入门。

（2）循序渐进，适应不同程度的读者。

（3）例题和习题贴近实际，可提升读者程序设计和用 C 语言解决实际问题的能力。

（4）结构清晰明了，内容全面详细，涵盖了 C 语言中的各个知识点。

（5）将“互联网+”思维融入教材中，以二维码的形式展现。

全书共分 12 章，内容包括 C 语言概述、C 语言程序设计基础、顺序结构程序设计、选择结构程序设计、循环结构程序设计、数组、函数、预处理命令、指针、结构体和共用体、文件、位运算。附录中列出常用字符与 ASCII 码对照表、C 语言运算符的优先级及结合性、C 语言常用库函数等，并给出课后习题参考答案。

本书在编者多年教学经验、软件开发经验的基础上，参考了多种资料编写而成，适合作为高等职业院校程序设计课程的教材，也可作为社会培训人员的参考用书，还可供软件开发入门者自学使用。

本书由辽宁铁道职业技术学院王素香老师、张宝石老师，锦州师范高等专科学校魏钢老师任主编，辽宁铁道职业技术学院李孝贵老师任副主编，其中第 1～3、8 章和附录由王素香老师编写，第 4～6 章由张宝石老师编写，第 7、9 章由李孝贵老师编写，第 10～12 章由魏钢老师编写。赵旭辉教授仔细审阅了全书并提出了许多宝贵意见，还有很多同志给予了大力帮助和支持，在此一并表示衷心的感谢。同时，对支持本书出版的中国铁道出版社有限公司的有关同志致以深深的敬意。

由于编者水平有限，加之时间仓促，疏漏和不妥之处在所难免，敬请广大专家、读者批评指正。编者的电子邮箱：wsxlch@sohu.com。

编　者
2020 年 6 月

目录

第1章

C语言概述

C 语言是许多大学的第一门程序设计课程，是编程者的入门语言，是学习和掌握更高层语言的基础。它是微软.NET 编程中使用的 C#语言的基础，也是 iPhone、iPad 和其他苹果设备编程中使用的 Objective-C 语言的基础。本章主要介绍 C 语言的特点及 C 程序的结构、C 程序的调试与运行等内容。

课 件

C 语言概述

学习目标：

- 了解计算机语言的发展过程。
- 了解 C 语言的发展及特点。
- 阅读简单的 C 程序，了解 C 程序的结构和特点。
- 设计简单的 C 程序。
- 会调试和运行 C 程序。

1.1　C 语言简介

1.1.1　计算机语言

微 课

C 语言简介

自从世界上第一台通用计算机 ENIAC 诞生以来，计算机已广泛应用于社会生活的各个领域，给人类的生活带来了巨大的利益。作为人与计算机交流的工具，计算机语言也在不断发展。C 语言是当今世界上广泛流行、最受各界青睐的计算机语言之一。

1. 计算机语言的定义

人和人之间的交流需要通过语言，人和计算机交流信息，也要解决语言问题。计算机语言是指计算机能够识别和接受的语言。要使计算机按人的意图工作，必须使用计算机所能接受、理解和执行的指令来指挥它工作，通常把用计算机语言描述的一组指令序列称为“程序”，所以计算机语言又称程序设计语言。

2. 计算机语言的种类

计算机程序设计语言的发展，经历了从机器语言、汇编语言到高级语言的历程。

（1）机器语言

计算机内部使用的是由 0 和 1 组成的二进制数，二进制是计算机语言的基础。计算机发明之初，人们就写出一串串由 0 和 1 组成的指令序列交由计算机执行，这种计算机唯一能够直接识别的语言就是机器语言，它是面向机器的语言，不好记忆，容易出错。另外，由于每台计算机的指令系统往往各不相同，所以，在一台计算机上执行的程序，要想在另一台计算机上执行，必须另编程序，造成重复工作。

（2）汇编语言

汇编语言的实质和机器语言是相同的，都是直接对硬件操作，只不过汇编语言指令采用了英文缩写的标识符，更容易识别和记忆。它同样需要编程者将每一步具体操作用命令的形式写出来。然而，计算机是不认识这些符号的，这就需要一个专门的程序负责将这些符号翻译成二进制数的机器语言，这种翻译程序称为汇编程序。

汇编语言源程序必须经过汇编程序翻译（这个过程又称汇编），生成目标文件（机器语言的目标程序），然后执行。

汇编语言依赖于机器硬件，移植性不好，但效率仍十分高，针对计算机特定硬件而编制的汇编语言程序，能准确发挥计算机硬件的功能和特长，程序精练且质量高，所以至今仍是一种常用而强有力的软件开发工具。

（3）高级语言

高级语言是接近于数学语言或人类的自然语言，同时又不依赖于计算机硬件的计算机语言，使用高级语言编写的程序能在所有机器上通用。和汇编语言相比，高级语言不但将许多相关的机器指令合成为单条指令，并且去掉了与具体操作有关但与完成工作无关的细节，例如使用堆栈、寄存器等，这样就大大简化了程序中的指令。由于省略了很多细节，所以编程者也不需要具备太多的专业知识。1954 年，第一个完全脱离机器硬件的高级语言——FORTRAN 问世。发展到现在，共有几百种高级语言出现，有重要意义的有几十种，影响较大、使用较普遍的有 FORTRAN、ALGOL、COBOL、BASIC、LISP、PL/1、Pascal、C、PROLOG、Ada、C++、VC、VB、Delphi、Java 等。

高级语言源程序可以用解释、编译两种方式来翻译成目标程序执行，后一种用得比较多。C 语言就是使用编译方式执行的。

特别要提到的是，在 C 语言诞生以前，系统软件主要是用汇编语言编写的。由于汇编语言程序依赖于计算机硬件，其可读性和可移植性都很差，但一般的高级语言又难以实现对计算机硬件的直接操作（这正是汇编语言的优势），于是兼有汇编语言和高级语言特性的新语言——C 语言就诞生了。

1.1.2 认识 C 语言

1. C 语言的产生与发展

C 语言是国际上广泛流行的一种计算机高级语言。

1967 年，英国剑桥大学的 Martin Richards 推出了没有类型的 BCPL（Basic Combined Programming Language）语言；1970 年，美国 AT&T 贝尔实验室的 Ken Thompson 以 BCPL 语

言为基础设计出了很简单又很接近硬件的 B 语言（取 BCPL 的第一个字母）。但 B 语言非常简单，功能有限。1972—1973 年间，贝尔实验室的 Dennis M. Ritchie 在 B 语言的基础上设计出了 C 语言。C 语言既保持了 BCPL 和 B 语言的优点（精练，接近硬件），又克服了它们的缺点（简单、无数据类型等）。C 语言的特点主要表现在具有多种数据类型（如字符、数值、数组、结构体和指针等）。开发 C 语言的目的在于尽可能减少用它所编写的程序对硬件平台的依赖程度，使之具有可移植性。

最初的 C 语言只是为描述和实现 UNIX 操作系统而设计的。1973 年，Ken Thompson 和 Dennis M. Ritchie 合作把 UNIX 的 90% 以上用 C 语言改写，即 UNIX 第 5 版（原来的 UNIX 操作系统是用汇编语言编写的）。随着 UNIX 的日益广泛使用，C 语言也迅速得到推广。1978 年以后，C 语言先后移植到大、中、小和微型计算机上。C 语言很快风靡全世界，成为世界上应用最广泛的程序设计语言之一。

以 UNIX 第 7 版中的 C 语言编译程序为基础，1978 年，Brian W. Kernighan 和 Dennis M. Ritchie 合著了影响深远的名著 *The C Programming Language*，这本书中介绍的 C 语言成为后来广泛使用的 C 语言各种版本的基础，它是实际上的第一个 C 语言标准。1983 年，美国国家标准协会（ANSI）成立了一个委员会，根据 C 语言问世以来各种版本对 C 语言的发展和扩充，制定了第一个 C 语言标准草案（83 ANSI C）。ANSI C 比原来的 C 有了很大的发展。Brian W. Kernighan 和 Dennis M.Ritchie 在 1988 年又修订了 *The C Programming Language*，按照即将公布的 ANSI C 新标准重新写了该书。1989 年，ANSI 公布了一个完整的 C 语言标准 ANSI X3. 159—1989（常称 ANSI C 或 C89）。1990 年，国际标准化组织 ISO 接受 C89 作为国际标准 ISO/IEC 9899:1990，它和 ANSI 的 C89 基本上是相同的。

1995 年，ISO 对 C90 做了一些修订，即“1995 基准增补 1（ISO/ IEC 9899/ AMD1:1995）”。

1999 年，ISO 又对 C 语言标准进行了修订，在基本保留原来的 C 语言特征的基础上，针对应用的需要，增加了一些功能，尤其是 C++ 中的一些功能，命名为 ISO/ IEC 9899:1999，2001 年和 2004 年先后进行了两次技术修正，即 2001 年 TC1 和 2004 年的 TC2，ISO/IEC 9899:1999 及其技术修正被称为 C99，它是 C89（及 1995 基准增补 1）的扩充。

初学者所用到的初步编程知识基本上在 C89 的范围内，因此，使用目前的 C 编译系统仍然可以满足对初学者的教学需要，在今后进行实际软件开发工作时，应注意使用能在更大程度上实现 C99 功能的编译系统。本书中所举的示例程序都可以在 Visual C++ 6.0、Visual C++ 2010 编译系统上编译和运行。

C 语言是一种用途广泛、功能强大、使用灵活的面向过程的编程语言，既可用于编写应用软件，又能用于编写系统软件，因此 C 语言问世以后得到迅速推广。自 20 世纪 90 年代初 C 语言在我国开始推广以来，学习和使用 C 语言的人越来越多，绝大多数理工科大学都开设了 C 语言程序设计课程。掌握 C 语言成为计算机开发人员的一项基本功。

2. C 语言的特点

C 语言发展如此迅速，而且成为最受欢迎的语言之一，主要是因为它具有强大的功能。许多著名的系统软件，如 PC-DOS、DBASE Ⅳ等都是由 C 语言编写的。用 C 语言加上一些汇编语言子程序，就更能显示 C 语言的优势了。归纳起来 C 语言具有下列特点：

（1）C语言简洁紧凑，使用方便灵活

C语言一共只有39个关键字，9种控制语句，程序书写形式自由，主要用小写字母表示，压缩了一切不必要的成分。C语言程序比其他许多高级语言简练，源程序短，因此输入程序时工作量少。实际上，C是一个很小的内核语言，只包括极少的与硬件有关的成分。C语言不直接提供输入和输出语句、有关文件操作的语句和动态内存管理的语句等（这些操作是由编译系统所提供的库函数来实现的），C的编译系统相当简洁。

（2）C是中级语言

C语言把高级语言的基本结构和语句与低级语言的实用性结合起来。C语言可以直接对部分硬件进行操作，如位、字节和地址，而这三者是计算机最基本的工作单元。

（3）C是结构式语言

结构式语言的显著特点是代码及数据的分隔化，这种结构化方式可使程序层次清晰，便于使用、维护以及调试。C语言是以函数形式提供给用户的，这些函数可方便地调用，并具有多种循环、条件语句控制程序流向，从而使程序完全结构化。

（4）C语言功能齐全

C语言具有丰富的数据类型，并引入了指针概念，可使程序效率更高。另外，C语言具有强大的图形功能，支持多种显示器和驱动器。而且计算功能、逻辑判断功能也比较强大，可以实现决策目的。

（5）C语言可移植性较好

C语言适合于多种操作系统，也适用于多种机型。在一个环境中用C语言编写的程序，不改动或者稍作改动，即可移植到其他环境中运行。

1.2　C程序简介

C程序简介

学会设计一个C程序并不是一件很困难的事情。设计C程序时应该首先分析问题的已知条件是什么，求解目标是什么，找出解决问题的步骤，然后逐步求解。在深入学习C语言之前，先举几个简单而又完整的C程序来示范，使读者了解C程序的构成和格式。

1.2.1　C程序的总体结构

【例1.1】在屏幕上输出一行字符：“ This is my first C program.”

程序如下：

```
#include <stdio.h>                                  /*文件包含*/
main()                                              /*主函数*/
{                                                   /*函数体开始*/
  printf("This is my first C program.\n");          /*输出语句*/
}                                                   /*函数体结束*/
```

本程序的作用是在屏幕上输出一行信息：

```
This is my first C program.
```

【例1.2】求矩形的面积。

程序如下：

```
#include <stdio.h>
main()
{
   double a,b,area;          /*变量定义*/
   a=2.1;                    /*将矩形的两条边长分别赋给 a 和 b*/
   b=3.0;
   area=a*b;                 /*计算矩形的面积并存储到变址 area 中*/
   printf("a= %f, b= %f, area= %f\n",a,b,area); /*输出矩形的两条边长和面积*/
}
```

程序运行结果：

```
a= 2.100000， b= 3.000000， area= 6.300000
```

说明：

- ✓ 每个 C 程序必须有且仅有一个主函数 main( )。C 语言规定必须用 main( )作为主函数名，其后的一对括号中间可以是空的，但这一对圆括号不能省略。main( )是主函数的起始行，也是 C 程序执行的起始行。每一个可执行的 C 程序都必须有且只能有一个主函数。一个 C 程序总是从主函数开始执行。
- ✓ { }是函数开始和结束的标志，不可省略。
- ✓ 每个 C 语句都以分号结束，分号是 C 语句的一部分，不是语句之间的分隔符。
- ✓ printf( )是 C 的输出库函数，使用标准输入/输出库函数时应在程序开头写：#include <stdio.h> 或者#include "stdio.h"。
- ✓ /*…*/表示注释。注释只是给人看的，对编译和运行不起作用。注释可以出现在一行中的最右侧，也可以单独成为一行。在添加注释时，注释内容必须放在符号“/*”和“*/”之间。“/*”和“*/”必须成对出现，“/”与“*”之间不可以有空格。注释可以用英文，也可以用中文，按语法规定，在注释之间不可以再嵌套“/*”和“*/”，如 /*/*…*/*/这种形式是非法的。注意：注释从“/*”开始到最近的一个“*/”结束，其间的任何内容都被编译程序忽略。
- ✓ C 语言还有一种形式的注释，即使用“//”，这种方式只能对单行进行注释，而且注释的内容必须跟在“//”的后面。
- ✓ 注释形式：“/*变量定义*/”等价于“//变量定义”。

【例 1.3】求键盘输入的两个数中较大的数。

程序如下：

```
#include <stdio.h>
int max(int a,int b)                /*求两数最大值的函数*/
{
    if(a>b) return a;
    else return b;
}
main()
{
    int x,y,z;                      /*声明，定义变量为整型*/
    scanf("%d%d",&x,&y);
```

```
    z=max(x,y);
    printf("max=%d\n",z);          /*输出显示结果*/
}
```

运行以上程序后，首先需要输入数据，如果输入 2 和 5，则输出结果为 5。

总结上述例题可知：

① C 程序是由函数构成的，程序中除了 main( )函数外，还可以有若干其他函数。其他函数是由主函数直接或间接调用来执行的。但其他函数不能反过来调用主函数。这使得程序容易实现模块化。

② 一个函数由函数首部和函数体两部分组成。

函数首部：函数说明，包括函数名、函数类型、形参名、形参类型。

函数体：花括号内的部分，实现函数的具体操作。若一个函数有多个花括号，则最外层的一对花括号为函数体的开始和结束。

函数体包括两部分：

- 声明部分：如 int a,b,c;，可省略；
- 执行部分：由若干语句组成，可省略。

③ 程序总是从 main( )函数开始执行。

④ 程序中的#include 通常称为命令行，命令行必须用“#”号开头，行尾不能加“;”号，它不是 C 程序中的语句。一对括号“<”和“>”之间的 stdio.h 是系统提供的头文件，该文件中包含着有关输入/输出库函数的说明信息。在程序中调用不同的标准库函数，应当包含相应的头文件，以使程序含有所调用标准库函数的说明信息。

⑤ C 语言书写格式自由。

小知识

库　函　数

库函数由C编译系统提供，用户无须定义，也不必在程序中作类型说明，只需把该函数的头文件用 include 命令包含在源文件前部，即可在程序中直接调用。C语言提供了极为丰富的库函数。C 的库函数极大地方便了用户，也补充了 C 语言本身的不足。在编写 C 语言程序时，使用库函数既可以提高程序的运行效率，又可以提高编程的质量。但不同的编译系统提供的函数数量和函数名、函数功能不尽相同，使用时要小心。C 语言常用库函数参见附录 C。

1.2.2　C 程序的书写规则

C 语言程序有比较自由的书写格式，但是过于“自由”的程序书写格式往往使人们很难读懂程序，初学者应该从一开始就养成良好的编程习惯，使编写的程序便于阅读。

从书写清晰，便于阅读、理解、维护的角度出发，在书写程序时应遵循以下规则：

① 一个说明或一个语句占一行。

② 用{ }括起来的部分通常表示了程序的某一层次结构。{ }一般与该结构语句的第一个字母对齐，并单独占一行。

③ 低一层次的语句或说明可比高一层次的语句或说明缩进若干格后书写，增加程序的可读性。

④ 在编写程序时可以在程序中加入注释，以说明变量的含义、语句的作用和程序段的功能，从而帮助人们阅读和理解程序。一个好的程序应该有详细的注释。

1.3　C 语言开发环境简介

C 语言采用编译方式将源程序转换为二进制目标程序，用 C 语言开发程序，需要一个开发环境。目前流行的集成开发环境有 Dev-C++、VC++ 6.0、Tiny C Compiler、Microsoft Visual C++ 2010 Express 等，其中 Microsoft Visual C++ 2010 Express（又称学习版）是当前全国计算机等级考试二级 C 语言的指定开发环境。

微课

C 语言开发环境简介

1.3.1　C 程序的实现过程

从编写一个 C 语言源程序到完成运行得到结果，一般需要经过编辑、编译、连接、运行 4 个步骤。

1. 上机输入与编辑源程序

使用文件编辑器将编写好的 C 语言源程序逐字符输入到计算机中，并保存在磁盘上，其文件扩展名为.c。

2. 对源程序进行编译

编译就是将编辑好的源程序翻译成二进制的目标代码，在编译时会进行语法检查，如发现错误，则显示出错信息，此时应重新进入编辑状态修改源程序，修改后再重新编译，直到没有错误，生成扩展名为.obj 的同名目标文件。C 程序中的每条可执行语句经过编译后最终都被转换成二进制的机器指令。

3. 与库函数连接

经过编译后生成的目标程序是不能直接执行的，需要经过连接之后才能生成可执行程序。连接是将各个模块的二进制目标代码与需要调用的系统标准库函数进行连接，生成可执行的同名可执行文件，扩展名为.exe。

4. 运行目标程序

一个经过编译和连接的可执行的目标文件，就可以在操作系统的支持下运行并得到结果。

1.3.2　在 Visual C++ 6.0 中实现 C 程序

Visual C++ 6.0，简称 VC 或者 VC6.0，是微软公司推出的使用极为广泛的基于 Windows 平台的可视化集成开发环境，将“高级语言”翻译为“机器语言（低级语言）”的工具。Visual C++ 6.0 功能强大，用途广泛，不仅可以编写普通的应用程序，还能很好地进行系统软件设计及通信软件的开发。下面对使用 Visual C++ 6.0 编写简单的 C 语言应用程序进行系统的介绍。

1. 启动 Visual C++ 6.0

在已安装 Visual C++ 6.0 的 Windows 系统中，单击“开始”按钮，在“开始”菜单中选择“所有程序”→Microsoft Visual Studio 6.0→Microsoft Visual C++ 6.0 命令，即可启动 Visual C++ 6.0 集成开发环境（也可在 Windows 桌面上建立一个快捷方式，以后双击该快捷方式即可运行）。Visual C++ 6.0 启动界面如图 1.1 所示。

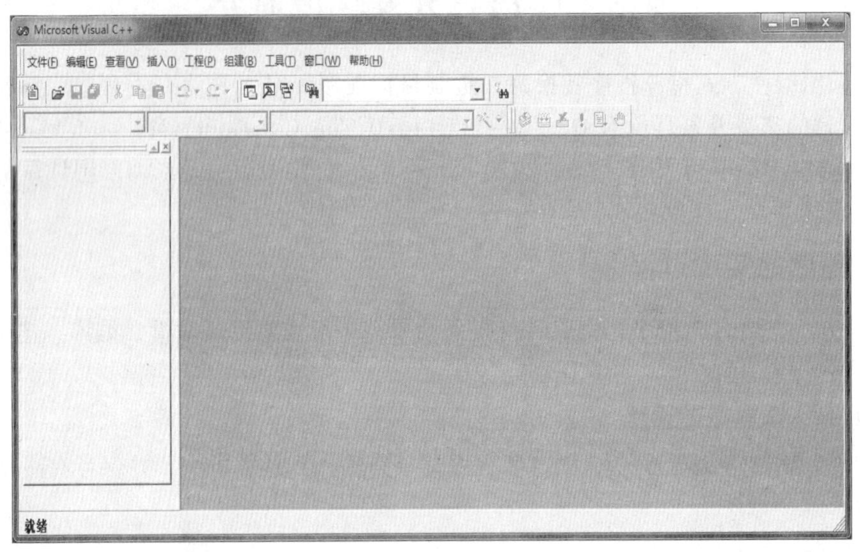

图 1.1　Visual C++ 6.0 启动界面

在 VC6.0 主窗口的顶部是主菜单栏。其中包含 9 项：文件、编辑、查看、插入、工程、组建、工具、窗口、帮助。

主窗口的左侧是项目工作区窗口（用来显示所设置的工作区的信息），右侧是程序编辑窗口（用来输入和编辑源程序）。

2. 输入和编辑源程序

（1）新建一个源程序

① 在 VC6.0 主窗口的主菜单栏中选择“文件”菜单，然后选择“新建”命令，打开“新建”对话框，在“文件”选项卡中的列表中选择 C++ Source File 项，如图 1.2 所示；然后在对话框右边“位置”文本框中输入准备编辑的源程序文件的存储路径(假定为“D:\我的 C 程序\第一章”)，或单击其右侧的…按钮打开“选择目录”对话框找到存储路径，如图 1.3 所示；在“新建”对话框的“文件名”文本框中输入准备编辑的源程序文件的名字（假定文件名为 code_1_1.c），如图 1.2 所示。

② 单击“确定”按钮后，回到 VC6.0 主窗口程序，编辑窗口已激活，即可输入和编辑源程序。在输入过程中如发现有错误，可以利用全屏幕编辑方法进行修改编辑。

③ 源程序的保存。检查无误后，在主菜单栏中选择“文件”菜单，然后选择“保存”命令，即可保存源文件。

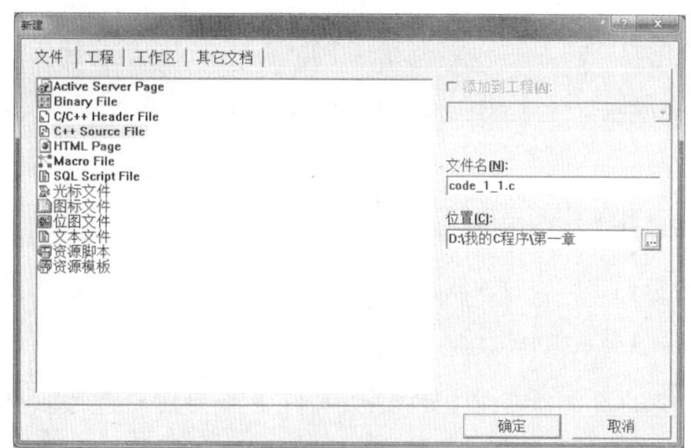

图 1.2　“新建”对话框

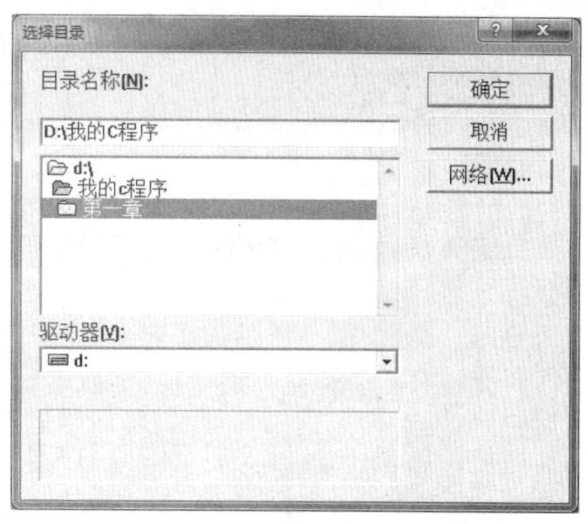

图 1.3　“选择目录”对话框

（2）打开一个已有的程序图标

① 在计算机中找到已有的 C 程序所在文件夹。

② 双击此文件图标，则进入了 VC6.0 集成环境，并打开该文件，程序已显示在编辑窗口中。

③ 修改后选择“文件”菜单中的“保存”命令，将其保存在原来的文件夹中。

（3）通过已有的程序建立一个新程序

① 打开任何一个已有的源文件修改。

② 选择“文件”菜单中的“另存为”命令，为修改后的新文件起个新名字或者改变保存的位置，如图 1.4 所示。

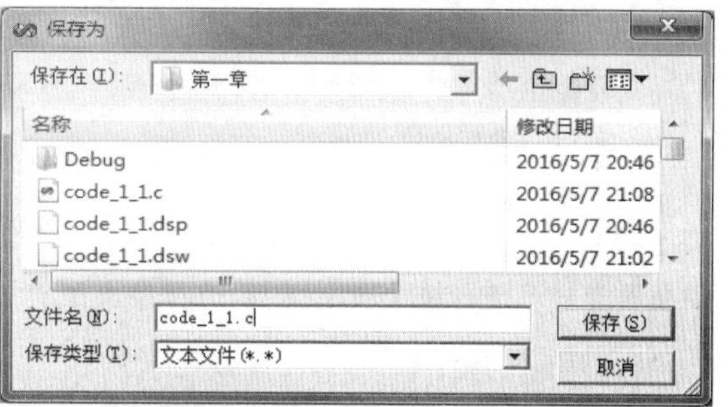

图 1.4　“保存为”对话框

3．程序的编译

选择“组建”菜单中的“编译[code_1_1.c]”命令。

在选择编译命令后，屏幕上出现一个是否同意建立一个默认项目工作区的对话框，单击“是”按钮后开始编译，如图 1.5 所示。

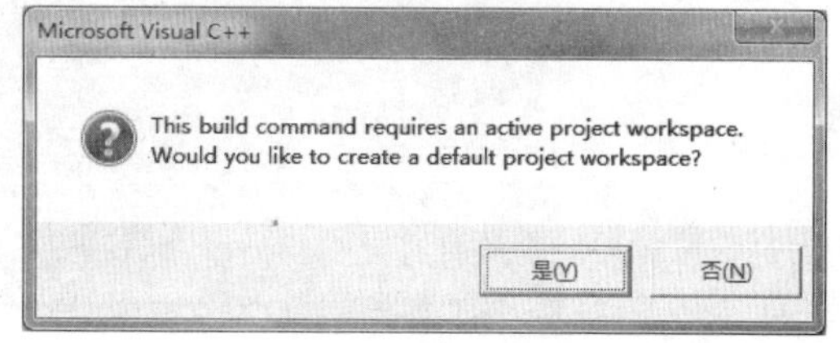

图 1.5　提示“是否建立项目工作区”

也可以不用选择菜单的方法，而用快捷键【Ctrl+F7】来完成编译。

编译完成后，调试窗口出现编译信息，如果无错则生成目标文件 code_1_1.obj，如图 1.6 所示；否则指出错误位置和性质，如图 1.7 所示。

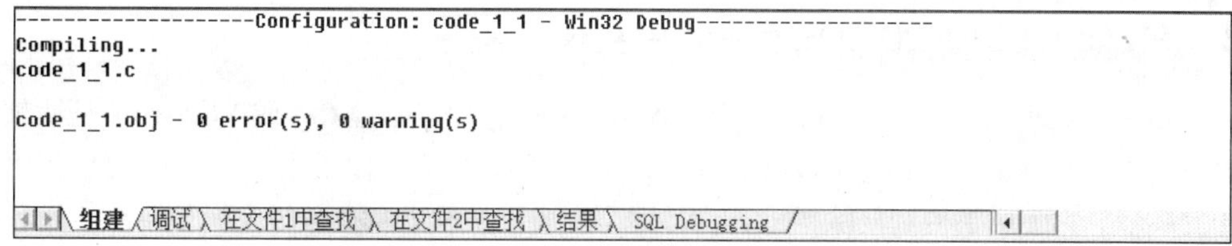

图 1.6　编译正确无错误的调试窗口

```
--------------------Configuration: code_1_1 - Win32 Debug--------------------
Compiling...
code_1_1.c
D:\我的c程序\第一章\code_1_1.c(5) : error C2143: syntax error : missing ';' before '}'
执行 cl.exe 时出错.

code_1_1.obj - 1 error(s), 0 warning(s)
组建 / 调试 / 在文件1中查找 / 在文件2中查找 / 结果 / SQL Debugging
```

图 1.7 有错误需要返回编辑修改的调试窗口

4. 程序的连接

生成正确的目标文件后，程序和系统提供的资源（如数据库、头文件）需要建立连接。选择“组建”菜单中的“组建[code_1_1.exe]”命令即可。执行连接后，在调试输出窗口中显示连接时的信息，生成可执行文件 code_1_1.exe，如图 1.8 所示。

```
--------------------Configuration: code_1_1 - Win32 Debug--------------------
Linking...

code_1_1.exe - 0 error(s), 0 warning(s)
组建 / 调试 / 在文件1中查找 / 在文件2中查找 / 结果 / SQL Debugging
```

图 1.8 执行连接的调试输出窗口

提示：选择“组建”菜单中的“组建”命令（或按【F7】键）可以一次完成编译与连接。但提倡初学者分步进行编译和连接，因为程序出错的机会较多，最好等到上一步完全正确后再进行下一步。

5. 程序的执行

执行 code_1_1.exe 文件，选择“组建”菜单中的“! 执行 code_1_1.exe”命令，程序执行后，屏幕切换到输出结果窗口，显示输出结果，如图 1.9 所示。

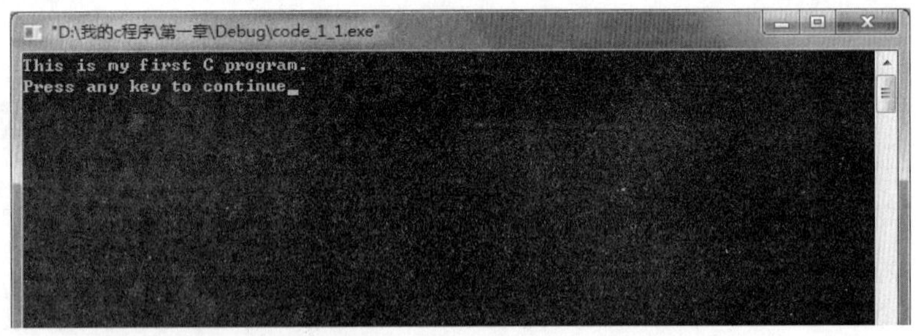

图 1.9 程序 code_1_1.exe 的输出结果窗口

1.3.3 在 Visual C++ 2010 Express 中实现 C 程序

Microsoft Visual C++ 2010 Express（简称 Visual C++、MSVC、VC++或 VC2010）是微软公司开发的免费 C++开发工具，具有集成开发环境，可提供 C 语言、C++以及 C++/CLI 等编程语言的编辑开发环境。它集成了便利的除错工具，特别是集成了微软 Windows 视窗操作系统应用程序接口（Windows API）、三维动画 DirectX API、Microsoft .NET 框架等工具。2018 年开始全国计算机等级考试二级 C、C++两个科目的应用开发环境由 Visual C++ 6.0 改为 Visual C++ 2010 学习版（即 Visual C++ 2010 Express）。接下来介绍 Microsoft Visual C++ 2010 Express（VC2010）的使用。

1. VC2010 的下载与安装

VC2010 的下载与安装比较简单。首先在官网上下载安装包，解压下载好的压缩包后，打开解压后的文件夹，找到 setup.exe 文件并双击就开始安装了。安装过程需要几分钟，等待安装完成即可。

2. 在 VC2010 中实现 C 程序的过程

（1）启动 VC2010

单击“开始”按钮，在“开始”菜单中选择 Microsoft Visual Studio 2010 Express→Microsoft Visual C++ 2010 Express 命令，如图 1.10 所示，即可打开 VC2010（也可以在桌面上建立一个快捷方式，以后双击该快捷方式即可运行）。第一次打开会出现加载用户设置提示，如图 1.11 所示，以后使用不会出现。VC2010 启动窗口如图 1.12 所示，启动完成。

图 1.10　启动 VC2010

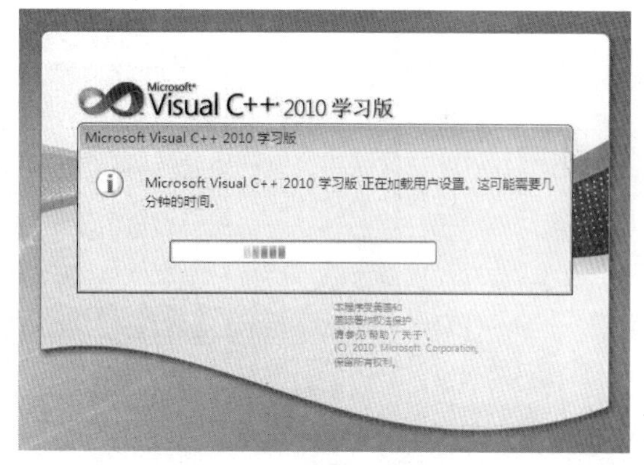

图 1.11　加载用户设置提示

（2）新建 Win32 控制台应用程序

VC2010 中不能单独编译一个.cpp 或者一个.c 文件，这些文件必须依赖于某一个项目，因此必须创建一个项目。有很多种方法可以创建项目，可以通过菜单创建项目，也可以通过工具栏中的“新建项目”按钮或快捷键创建。这里用菜单方式创建。选择“文件”菜单中的“新建”→“项目”命令，打开“新建项目”对话框，如图 1.13 所示。在“新建项目”对话框中选中“Win32 控制台应用程序”项，输入项目名称（项目名非文件名，一般由字母和数字组成，例如 test），单击“确定”按钮后打开“Win32 应用程序向导”对话框，如图 1.14 所示。在该对话框中选中“控制台应用程序”（必选，否则代码可能会报错）和“空项目”（建议选中，否则系统新建项目后会自动生成部分代码和文件，可能对初学者产生干扰），单击“完成”按钮，如图 1.15 所示。

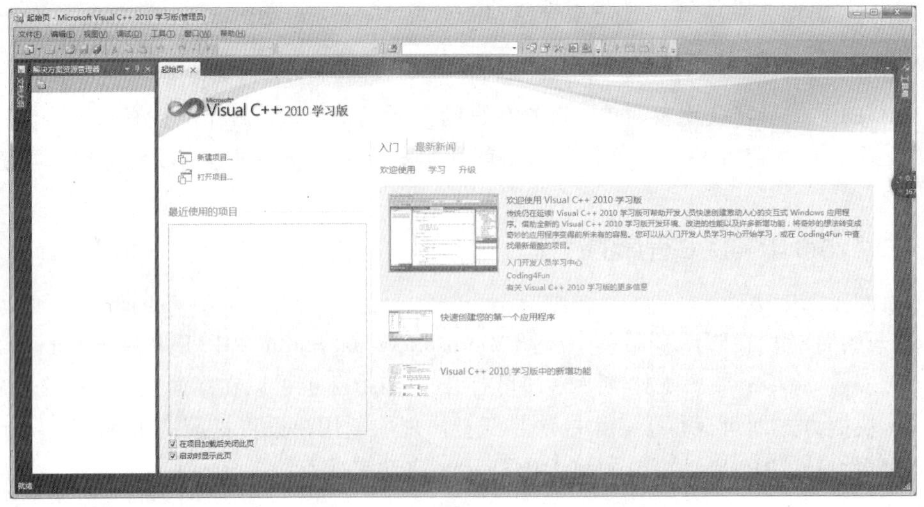

图 1.12　VC2010 启动窗口

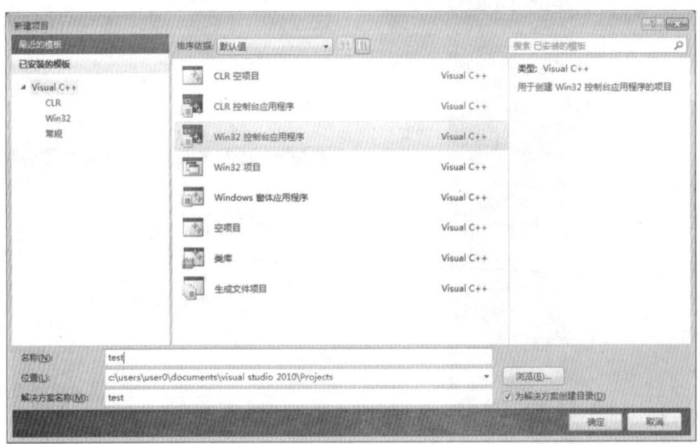

图 1.13　“新建项目”对话框

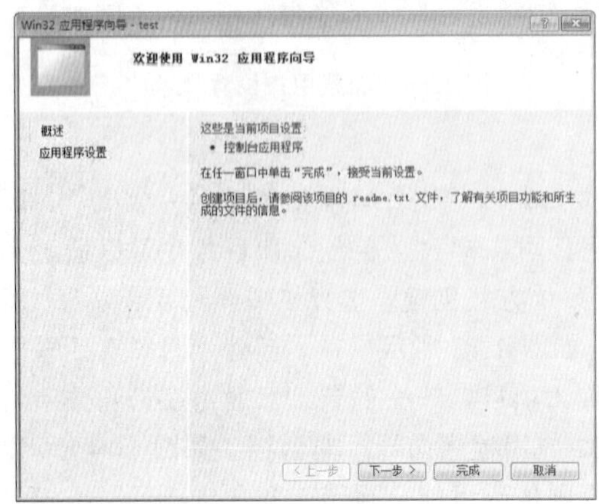

图 1.14　“Win32 应用程序向导”对话框

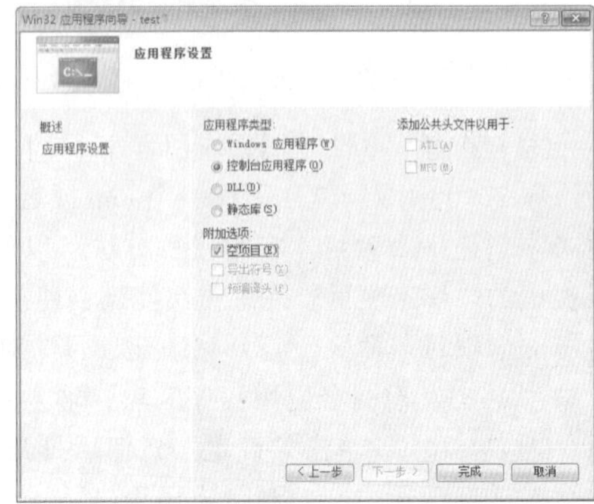

图 1.15　Win32 应用程序向导之应用程序设置

（3）添加.c 或.cpp 文件

现在在项目里可以添加一个代码文件了，这个代码文件可以是已经存在的，也可以是新建的，这里新建一个。右击项目名称 test 的“源文件”，在弹出的快捷菜单中选择“添加”→“新建项”命令，如图 1.16 所示。在打开的“添加新项”对话框中选择代码、C++文件（.cpp），在下面的“名称”文本框中输入 main.c[1]，单击“添加”按钮，如图 1.17 所示。这时候已经成功添加了一个 main.c 文件，注意添加新文件的时候要防止重名。

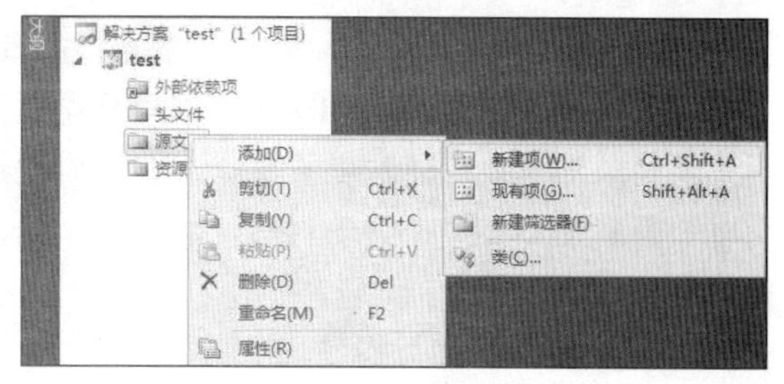

图 1.16　新建项

图 1.17　“添加新项”对话框

（4）书写代码

接下来输入简单的几行代码，如图 1.18 所示。

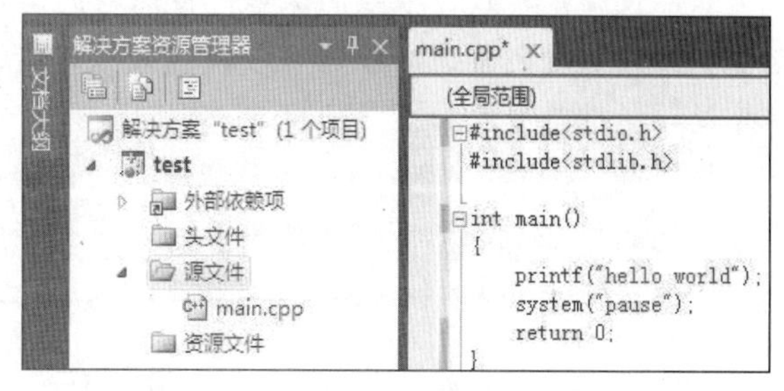

图 1.18　输入代码

代码中的 system("pause");为暂停代码，部分编译器（如 VC6.0）会自动在程序最后添加暂停代码，但 VC2010 不会，这可能会令很多初学者不知所措。只要在 main( )函数 return 语句之前加上 system("pause");语句并且包含 stdlib.h 头文件即可成功添加暂停代码（因为 system 函数是在 stdlib.h 头文件里面定义的）。没有暂停代码的程序运行后窗口会一闪而过。

① 默认的文件扩展名是.cpp，这是 C++源文件的扩展名，.c 是 C 语言源文件扩展名，如果初学者不习惯用.cpp，也可以手动加上.c 扩展名。

小知识

暂停代码

很多初学者认为 VC2010 没有自动添加暂停代码做得不好，要调试程序需要添加额外的代码，其实不然，如果开发者不希望用户查看输出结果和操作时，可以让执行完成后马上退出，此时如果系统自动加上暂停代码，反而会干扰开发者。所以暂停代码由开发者选择性添加是明智的。

（5）调试代码/运行程序

程序输入完成后，就可以调试运行程序了。选择“调试”菜单中的“启动调试”命令（使用快捷键【F5】、单击工具栏中的绿色三角按钮均可）即可调试和运行程序，如果编译成功，会看到图 1.19 所示的界面。如果失败，在下面的输出栏内会有错误提示，可以根据提示去修改项目配置或者代码，修改后重新调试运行。

```
#include<stdio.h>
#include<stdlib.h>

int main()
{
    printf("hello world\n");
    system("pause");
    return 0;
}
```

```
hello world
请按任意键继续. . .
```

图 1.19　程序运行

本 章 小 结

通过本章的学习，读者能够对 C 语言有初步的了解，可以设计并上机调试简单的 C 程序，了解 C 程序的构成及运行过程，体会出 C 程序的编写并不是很困难的事情。

技 能 训 练

程序设计是实践性很强的课程，该课程的学习有其自身的特点，听不会，也看不会，只能练会。必须通过大量的编程训练，在实践中掌握编程知识，培养编程能力，并逐步理解和掌握程序设计的思想和方法。

训练题目 1：模仿例 1.1，编写程序，输出如下信息：“I am a student.”。

训练题目 2：模仿例 1.2，编写程序，求出矩形的周长，并输出结果。

训练题目 3：模仿例 1.3，编写程序，求出输入两个整数中较小的数，并输出结果。

课 后 习 题

一、填空题

1. C 语言源程序文件的扩展名是________；经过编译后，生成文件的扩展名是________；经过连接后，生成文件的扩展名是________。

2. C 程序中的函数体由符号________开始，到符号________结束；函数体内的前面是________部分，后面是________部分。

二、选择题

1. 以下叙述中错误的是（　　）。

　A. C 语言源程序经编译后生成扩展名为.obj 的目标程序

　B. C 程序经过编译、连接之后才能形成一个真正可执行的二进制机器指令文件

　C. 用 C 语言编写的程序称为源程序，它以 ASCII 代码形式存放在一个文本文件中

　D. C 语言中的每条可执行语句和非执行语句最终都被转换成二进制的机器指令

2. 以下叙述中错误的是（　　）。

　A. 计算机不能直接执行用 C 语言编写的源程序

　B. C 程序经 C 编译程序编译后，生成的扩展名为.obj 的文件是一个二进制文件

　C. 扩展名为.obj 的文件经连接程序生成的扩展名为.exe 的文件是一个二进制文件

　D. 扩展名为.obj 和.exe 的二进制文件都可以直接运行

3. C 语言源程序名的扩展名是（　　）。

　A. .exe　　B. .c　　C. .obj　　D. .cp

4. 计算机能直接执行的程序是（　　）。

　A. 源程序　　B. 目标程序　　C. 汇编程序　　D. 可执行程序

5. 计算机高级语言程序的运行方法有编译执行和解释执行两种，以下叙述中正确的是（　　）。

　A. C 语言程序仅可以编译执行

　B. C 语言程序仅可以解释执行

　C. C 语言程序既可以编译执行又可以解释执行

　D. 以上说法都不对

6. 以下叙述中错误的是（　　）。

　A. C 语言的可执行程序是由一系列机器指令构成的

　B. 用 C 语言编写的源程序不能直接在计算机上运行

　C. 通过编译得到的二进制目标程序需要连接才可以运行

　D. 在没有安装 C 语言集成开发环境的机器上不能运行 C 源程序生成的.exe 文件

7. 以下叙述错误的是（　　）。

　A. C 语言编写的函数源程序，其文件扩展名可以是.c

　B. C 语言编写的函数都可以作为一个独立的源程序文件

　C. C 语言编写的每个函数都可以进行独立的编译并执行

　D. 一个 C 语言程序只能有一个主函数

8. 以下选项中关于程序模块化的叙述错误的是（　　）。

　A. 把程序分成若干相对独立的模块，可便于编码和调试

　B. 把程序分成若干相对独立的模块、功能单一的模块，可便于重复使用这些模块

　C. 可采用自底向上、逐步细化的设计方法把若干独立模块组装成所要求的程序

　D. 可采用自顶向下、逐步细化的设计方法把若干独立模块组装成所要求的程序

9. 针对简单程序设计，以下叙述的实施步骤顺序正确的是（　　）。

A. 确定算法和数据结构、编码、调试、整理文档

B. 编码、确定算法和数据结构、调试、整理文档

C. 整理文档、确定算法和数据结构、编码、调试

D. 确定算法和数据结构、调试、编码、整理文档

10. 以下关于算法的叙述中错误的是（　　）。

A. 算法可以用伪代码、流程图等多种形式来描述

B. 一个正确的算法必须有输入

C. 一个正确的算法必须有输出

D. 用流程图描述的算法可以用任何一种计算机高级语言编写成程序代码

11. 以下叙述中正确的是（　　）。

A. 在C语言程序中，main()函数必须放在其他函数的最前面

B. 每个扩展名为.c的C语言源程序都可以单独进行编译

C. 在C语言程序中，只有main()函数才可单独进行编译

D. 每个扩展名为.c的C语言源程序都应该包含一个main()函数

12. 以下叙述中正确的是（　　）。

A. 程序可以包含多个主函数，但总是从第一个主函数处开始执行

B. 程序的主函数名除main()外，也可以使用Main或_main()

C. 在C程序中，模块化主要是通过函数来实现的

D. 书写源程序时，必须注意缩进格式，否则程序会有编译错误

13. 以下叙述正确的是（　　）。

A. 连接程序把文件扩展名为.c的源程序文件链接成文件扩展名为.exe的可执行文件

B. C编译程序把文件扩展名为.c的源程序文件编译成文件扩展名为.exe的可执行文件

C. C编译程序把文件扩展名为.obj的二进制文件编译成文件扩展名为.exe的可执行文件

D. C编译程序把文件扩展名为.c的源程序文件编译成文件扩展名为.obj的二进制文件

14. C语言程序的模块化是通过（　　）实现的。

A. 变量　　B. 语句　　C. 函数　　D. 程序行

15. 以下叙述错误的是（　　）。

A. 计算机可以直接识别由十六进制代码构成的程序

B. 可以连续执行的指令的集合称为程序

C. 程序是人与计算机“对话”的语言

D. 计算机可以直接识别由0和1组成的机器语言代码

三、简答题

1. 简述C程序的基本结构。

2. 简述C程序的上机步骤。

第2章

C 语言程序设计基础

在学习编写程序前，需要掌握一些必备的基础知识，比如问题涉及哪些量，数据如何表示，什么类型，等等，这些都要弄清楚。同其他高级语言一样，C 语言也是由标识符、常量、变量和运算符等基本元素构成的。本章主要介绍C语言中基本元素的概念和使用。

课 件

C 语言程序设计基础

学习目标：

- 掌握C语言中标识符、常量和变量的概念。
- 了解C语言的基本数据类型。
- 掌握各类运算符。
- 掌握表达式的构成及运算规则。

2.1　C程序的标识符

在学习标识符、常量、变量和运算符等基本元素的应用之前，先来看下面的例子。

微 课

标识符

【例 2.1】求半径为 2 的圆的面积。

程序如下：

```
#define  PI  3.14159                 /*定义符号常量PI，值为3.14159*/
#include  <stdio.h>
main()
{
   int r=2;                          /*声明，定义变量r为整型，表示半径*/
   float  s;                         /*声明，定义变量s为实型，表示面积*/
   s=PI*r*r;                         /*计算圆的面积*/
   printf("s  is  %f\n",s);          /*输出结果*/
}
```

说明：

程序中第 1 行用#define 语句定义符号常量 PI，值为 3.14159，那么在该程序中后面出现的 PI 都代表 3.14159，这样做的优点在于可以用一个简短的符号表示一个长的数值，从而提高程序的可读性。第 5 行和第 6 行分别定义了两个变量 r 和 s 用来表示半径和面积，定义了变量的类型、名称、初值（r=2）。第 7 行是计算，根据圆的面积公式计算，结果存放在变量 s 中。第 8 行输出计算结果。

在例 2.1 中，出现了很多标识符，如变量名、函数名、符号常量等。简单地说，标识符就是一个名称，用来表示变量、常量、函数以及文件等名称。在 C 语言中按照一定的规则命名的符号统称标识符。

在 C 语言中，标识符的命名规则如下：

① 标识符只能由字母、数字和下画线组成，字母区分大小写。

② 标识符的第一个字符必须是字母或下画线，不能为数字。

标识符的长度各个系统不同，最好不要超过 8 个字符。

例如：`ark   PI   ink   k_array   s1234   P101p`   (合法标识符)
`456L    cade-y    w.w    a&b`   (不合法标识符)

C 语言中的标识符可以分为三大类：关键字、预定义标识符、用户标识符。

1. 关键字

C 语言中的关键字在程序中代表着固定的含义，不能另作他用。例如，用来说明变量类型的标识符 int、float、char 以及循环语句中的 for、while 等都已有专门用途，它们不能再用作变量名或函数名。注意：所有的关键字都必须小写。C 语言中的关键字见表 2.1。

表 2.1　C 语言中的关键字

序　　号	关　键　字	序　　号	关　键　字
1	asm	21	int
2	auto	22	interrupt
3	break	23	long
4	case	24	near
5	cdecl	25	pascal
6	char	26	register
7	const	27	return
8	continue	28	signed
9	default	29	sizeof
10	do	30	short
11	double	31	static
12	else	32	struct
13	enum	33	switch
14	extern	34	typedef
15	far	35	union
16	float	36	unsigned
17	for	37	void
18	goto	38	volatile
19	huge	39	while
20	if		

2．预定义标识符

预定义标识符在 C 语言中也有特定的含义，如 C 语言提供的库函数的名字（如 scanf、printf）和预编译处理命令（如#include、#define）等。C 语言允许把这类标识符重新定义另作他用，但这将使这些标识符失去预先定义的原意。为了避免误解，建议不要把这些预定义标识符用作变量名或函数名等用户标识符。C 语言常用库函数参见附录 C。

预编译处理命令有 7 个：

```
#define  #undef  #include  #ifdef   #endif  #ifndef  #line
```

3．用户标识符

用户标识符是由用户根据需要命名的标识符，一般用来给变量、函数、数组或文件等命名。如例 2.1 中的 r、s 两个变量名以及符号常量 PI 等。

注意：编译系统将大写字母和小写字母认为是两个不同的字符。例如，sum 和 SUM 是两个不同的用户标识符。一般而言，用作变量名的标识符习惯用小写字母表示，与人们日常习惯一致，以增加可读性。

2.2　常量与变量

在计算机高级语言中，数据有两种表现形式：常量和变量。在例 2.1 中，出现了整型常量 2，符号常量 PI，变量 s 和 r 等。接下来学习常量和变量的概念。

微 课

常量与变量

2.2.1　常量

常量就是在程序运行过程中其值不能被改变的量，是一个常数。常量根据数据类型可以分为整型常量、实型（浮点型）常量、字符型常量、字符串常量。

1．整型常量

整型常量又称整数，在 C 语言中整型常量可以表示为十进制、八进制或十六进制。

例如：`-129，0x12fe，0177`

整型常量的前面有符号 0x 或 0X，表示该常量是十六进制。如果前面的符号只有一个数字 0，那么表示该常量是八进制。十进制形式的整型常量与数学上的整数表示相同。

2．实型（浮点型）常量

实型常量又称实数或浮点数，有两种表示形式：

（1）小数形式

小数形式是由数字和小数点组成的一种实数表示形式，例如 0.123、.123、123.、0.0 等都是合法的实型常量。注意：小数形式表示的实型常量必须要有小数点。

（2）指数形式

有些浮点数非常大或者非常小，用普通方法不容易表示，可以用科学记数法或者指数方法表示。组成形式为 $me\pm n$ 或 $mE\pm n$，其中 m 为整型数或实数，n 为正整数，表示 $m\times 10^{\pm n}$。

例如：`1.234E-30，2.47E201，-2e3`（n 为正整数时可省略+号）

提示：

① 字母e或E之前必须要有数字，且e或E后面的指数必须为整数。如e3、.5e3.6、.e3、e等都是非法的指数形式。

② 在字母e或E的前后以及数字之间不得插入空格。

3. 字符常量

字符常量分为两类：

（1）单个字符

单个字符是用单引号括起来的字符，如'a'、'A'、'0'等，也可用该字符的ASCII码值表示，如'a'=97、'A'=65、'0'=48（ASCII码表见附录A）。

（2）转义字符

有些以"\"开头的特殊字符称为转义字符，又称控制字符，见表2.2。

表2.2 转 义 字 符

字 符	功 能	字 符	功 能
\'	单引号	\n	换行符
\"	双引号	\r	回车符
\\	反斜杠	\t	水平制表符
\0	空字符	\v	垂直制表符
\a	响铃	\nnn	1～3位八进制数对应的ASCII字符
\b	退格符	\xhh	1～2位十六进制数对应的ASCII字符
\f	换页符		

表2.2中列出的字符称为"转义字符"，其中"\"并不作为一个斜杠字符，而表示以斜杠开头的字符的转义解释。斜杠和后边的字符或数字一起约定为某一功能。转义字符仍然是一个字符，实际上它们对应于一个ASCII字符。例如，表2.2中"\n"中的"n"不代表字母n而作为"换行符"。\nnn是一个以八进制数表示的字符，例如"\ 101"代表八进制数101对应的ASCII字符，即"A"。八进制数101相当于十进制数65，从附录A可以看到ASCII码（十进制数）为65的字符是大写字母"A"。"\012"代表八进制数12（即十进制数的10）的ASCII码所对应的字符"换行符"。\xhh是一个以十六进制数表示的ASCII字符，如"\x41"代表十六进制数41的ASCII字符，也是"A"，十六进制数41相当于十进制数65。用表2.2中的方法可以表示任何可显示的字母字符、数字字符、专用字符、图形字符和控制字符。例如，"\033"或"\x1B"代表ASCII代码为27的字符，即Esc控制符；"\0"或"\ 000"是代表ASCII码为0的控制字符，即"空操作"字符，它常用在字符串中。

4. 字符串常量

字符串常量是一对双引号括起来的字符序列。字符个数可以是0个或多个。

下列均为合法的字符串常量:

```
"How do you do?",  "CHINA",  "a", "$123.45", ""（空字符串）
```

5. 符号常量

在 C 语言程序中，可以用一个符号名来代表一个常量，称为符号常量。这个符号名必须在程序中进行特别的“指定”，并符合标识符的命名规则。比如，例 2.1 中程序开头定义的 PI 就是一个符号常量。为了使之比较醒目，这种符号常量通常采用大写字母表示。用 define 进行定义时，必须用“#”作为一行的开头，在#define 命令行的最后不能加分号。符号常量的值在其作用域内不能改变，也不能重新被赋值。

在使用符号常量时，一般要做到“见名知意”，如上面的程序中 PI 代表的就是圆周率 π。

使用符号常量的一个最大的好处就是能够做到“牵一发而动全身”。例如，想让计算的精度更高，就可以只在程序开头做如下改变：

```
#define PI 3.1415926
```

这样程序中用到的所有 PI 都改变了值。读者可以掌握这种程序设计的技巧，这种“牵一发而动全身”的属性对编写比较大的程序是非常有利的。

2.2.2　变量

所谓变量，是指在程序运行过程中其值可以改变的量，一般放在函数体开头。当使用 C 语言的各种变量时，必须遵循一个原则，即“先定义，后使用”。这里的“定义”是指在使用变量前要明确变量的数据类型、存储类型和作用域，即变量的定义。

变量定义语句的一般格式：

```
数据类型  变量 1[,变量 2,…,变量 n];
```

例如：

```
int a,b,c;
```

这个语句定义了三个整型变量 a、b、c。允许在一个类型说明符后说明多个相同类型的变量。类型说明符与变量名之间至少用一个空格隔开。当定义多个变量时，两个变量名之间用逗号隔开。最后一个变量名之后必须以“;”结尾。

变量具有三要素：变量名、变量的值、变量的类型。

1. 变量名

每个变量必须有一个名字，作为识别该变量的标识符，在变量定义语句中来命名。

2. 变量的值

每个变量有一个值，变量的值是随时可以改变的。C 语言允许在定义变量时给变量赋初值，可以给定义的全部或部分变量赋初值。

例如：
```
int n1,n2,n3=5;
int a=1,b=2,c=3;
```

3. 变量的类型

变量定义语句中需要对定义的变量说明类型，这样系统依据类型为每个变量分配相应的内存单元，用于存放变量的值。

例如：

```
float x,y;
```

定义了两个浮点型变量，系统为变量 x、y 各分配 32 位的内存空间存放其值。

说明：

✓ 编译系统将大写字母和小写字母认为是两个不同的字符。

✓ 建议变量名的长度最好不要超过 8 个字符。

✓ 在选择变量名和其他标识符时，应注意做到“见名知意”，即选有含义的英文单词（或其缩写）作标识符。

2.3 数据类型

● 微 课

数据类型

2.3.1 数据类型概述

在前面讲解变量的定义时，提到了“数据类型”，什么是数据类型呢？简单地说，数据类型就是程序给其使用的数据指定的某种数据组织形式，从字面上理解，就是对数据按类型进行分类。例如，可以把颜色分为黑色、白色、红色、绿色等，那么颜色就是一种数据类型。数据类型是按被说明数据的性质、表示形式、占据存储空间的多少、构造特点来划分的。在 C 语言中，数据类型可分为基本类型、构造类型、指针类型和空类型 4 类，基本类型和构造类型又可以再分，如图 2.1 所示。

图 2.1　C 语言的数据类型

2.3.2 整型数据

例 2.1 中的 int 类型通常称为基本整型。除此之外，C 语言中整型数据还有其他三种类型：短整型（short int）、长整型（long int）、无符号型（unsigned int）。若不指定变量为无符号型，则变量隐含为有符号型（signed）。各种无符号类型量所占的内存空间字节数与相应的有符号类型量相同。但由于省去了符号位，故其不能表示负数。

C 标准并没有具体规定各种类型数据所占用存储单元的长度，这是由各编译系统自行决定的。C 标准只要求 long 型数据长度不短于 int 型，short 型不长于 int 型。不同的编译系统或计算机系统对这几类整型数据所占用的字节数有不同的规定。表 2.3 列出了在 VC 中定义的整型数所占用的字节数和数值范围。

表 2.3　VC 中整型数据所占用的字节数和数值范围

类　型	类型说明符	长　度	数的范围
基本型	int	4 字节	$-2^{31} \sim 2^{31}-1$
短整型	short	2 字节	−32 768 ~ 32 767
长整型	long	4 字节	$-2^{31} \sim 2^{31}-1$
无符号整型	unsigned int	4 字节	$0 \sim (2^{32}-1)$
无符号短整型	unsigned short	2 字节	0 ~ 65 535
无符号长整型	unsigned long	4 字节	$0 \sim (2^{32}-1)$

整型数据中包括整型常量和整型变量。

1．整型常量

① 整型常量按进制可分为十进制、八进制、十六进制，程序中是根据前缀来区分各种进制数的，因此，在书写常量时不要把前缀弄错，否则会出现不正确的结果。八进制的前缀为 0，十六进制的前缀为 0x 或 0X。

② 整型常量按长短可分为无符号整型（unsigned int）、短整型（short int）、长整型（long int），使用不同的后缀加以区别。例如，在 VC 中可以在整型常量的后面加一个字母 l（小写 L）或 L 表示长整型，例如，123L、345l、0L、123456L 等，这些常量在内存中占 4 个字节。

无论是短整型数还是长整型数，都被识别为有符号整数。无符号整数在数的末尾应该加上字母后缀 u 或 U。若是长整型无符号整型常量，则可以加后缀 lu 或 LU。例如，358u、025u、235LU（L 表示 long 型）均为无符号数。短整型无符号常量的取值应在 0～65 535 范围内，长整型无符号常量的取值在 0 ~ 4 294 967 295 范围内。

前缀、后缀可同时使用以表示各种类型的数。例如，0xA5LU 表示十六进制无符号长整数 A5，其对应的十进制数为 165。

注意：无符号常量不能表示小于 0 的负数，例如，-100U 是不合法的。

2．整型变量

整型变量可以分为基本型、短整型、长整型和无符号整型等几种类型。定义整型变量的类型说明符见表 2.3。

例如：
```
int a1,b1,c1;
short int a2;
long int b3;
unsigned int c3;
```

一个整型变量，只能容纳范围内的数，如上例中的变量 a2 就无法表示大于 32 767 或小于 -32 768 的整数，超出范围就会发生溢出现象，但运行时并不报错，因此，在进行计算时要尽量避免“临界数据”的计算，数值范围大时应该使用相应的类型。

2.3.3　实型数据

1．实型数据的分类

在 C 语言中实型数据类型分为单精度型和双精度型两种。

实型常量里可以加上后缀表示类型，如 1.6E10F 为有符号浮点型，3.45L 为长双精度型。后缀可大写也可小写。

实型变量分别用类型名 float 和 double 进行定义。

例如：
```
float  a,b,c;       /*定义 a、b、c 为单精度型实型变量*/
double x,y,z;       /*定义 x、y、z 为双精度型实型变量*/
```

在一般计算机系统中，为 float 类型的变量分配 4 个字节的存储单元，为 double 类型的变量分配 8 个字节的存储单元，并按实型数的存储方式存放数据。实型的变量只能存放实型数，不能用整型变量存放一个实数，也不能用实型变量存放一个整数。

2. 实型数据的表示

实型数据有两种表示形式：小数形式、指数形式。

C语言中，实数的大小有一定的限制，见表2.4。在VC中单精度实数（float类型）的数值范围在$-3.4\times10^{38}\sim3.4\times10^{38}$之间，并提供6~7位有效数字位；绝对值小于$10^{-38}$的数被处理成零值。双精度实数（double类型）的数值范围在$-1.7\times10^{308}\sim1.7\times10^{308}$之间，并提供15~16位有效数字位，具体精确到多少位与机器有关；绝对值小于10^{-308}的数被处理成零值。因此double型变量中存放的数据要比float型变量中存放的数据精确得多。

表2.4 VC中实型数据所占用的字节数和数值范围

类　型	类型说明符	长　度	有效位数	数的范围
单精度	float	4字节	6~7	$-3.4\times10^{-38}\sim3.4\times10^{38}$
双精度	double	8字节	15~16	$-1.7\times10^{-308}\sim1.7\times10^{308}$
长双精度	long double	8字节	15~16	$-1.7\times10^{-308}\sim1.7\times10^{308}$

由于实型变量也是用有限的存储单元存储的，所以能够接受的有效数字的位数也是有限的。有效位数以外的位数将被舍去。

说明：

✓ 实型常数只有一种进制（十进制）。

✓ 在VC中，所有的float类型数据在运算中都自动转换成double型数据。

✓ 绝对值小于1的浮点数，其小数点前面的零可以省略。例如，0.22可写为.22，-0.0015E-3可写为-.0015E-3。

✓ 在计算机中可以精确地存放一个整数，不会出现误差，但整型数值的表示范围比实数小得多。实型数的数值范围较整型大，但往往存在误差。

2.3.4 字符型数据

1. 字符常量

用单引号包含的一个字符是字符型常量，只能包含一个字符。以“\”开头的转义字符也属于字符常量。

2. 字符变量

字符变量用来存放字符常量，且只能放一个字符。一个字符变量在内存中只占1个字节。

字符变量的定义形式如下：

```
char  变量1[,变量2,…,变量n];
```

例如：
```
char c1,c2;
int  c3,c4;
c1='a';c2=65;    /*为字符变量c1,c2赋值*/
c3='b';c4=66;    /*为整型变量c3,c4赋值*/
```

可以对字符型数据进行如下运算：

① 可以将整型数据赋值给字符变量，也可以将字符数据赋值给整型变量。例如，c2=65;c3='b';。

② C语言允许字符型数据与整数直接进行算术运算，相当于用其ASCII码值进行算术运算。

例如，c1=c1+1;，则 c1 的值为 66，即字符'b'。

③ 一个字符数据既可以以字符形式输出（ASCII 码值对应的字符），也可以以整数形式输出。

3. 字符串常量

字符串常量是一对双引号括起来的字符序列，不能把一个字符串常量赋给一个字符变量。

假定 c 被指定为字符变量，char c;，那么 c='x';是正确的，而 c="x";是错误的，因为不能把一个字符串赋给一个字符变量，字符变量 c 只能存放一个字节的数据，"x"占两个字节。

C 语言中规定：在每一个字符串常量的结尾加一个“字符串结束标志”，以便系统据此判断字符串是否结束。C 语言中以字符'\0'作为字符串结束标志。但在输出时不输出'\0'。

字符串只能是常量，C 语言中没有字符串变量。

小知识

各类数值型数据间的混合运算

整型（包括 int、short、long）、浮点型（包括 float、double）可以混合运算。在进行运算时，不同类型的数据要先转换成同一类型，然后进行运算。上述的类型转换是由系统自动进行的。

不同数据类型的运算对象进行运算，运算结果的数据类型由高精度的运算对象决定。精度的高低为 double>float>long>unsigned>int>(char,short)。需要注意的是，数据类型的转换是在计算过程中逐步进行的，整个表达式结果的数据类型一定与表达式中出现的精度最高的数据相同，但是具体得到数据值是逐步得到的。例如：

```
int x=1,y=3; double k=1573.267;
```

那么 x/y*k 这个表达式计算结果的数据类型是 double，计算结果的答案是 0.0。第一步计算 x/y，结果是一个整型数据 0（两个整数相除，结果是整数）；第二步计算 0*1573.267，结果是一个 double 类型的数据，但数值是 0.0。

2.4　运算符与表达式

微课

运算符与表达式

C 语言提供了丰富的运算符和表达式，为编程带来了方便和灵活。

运算符的主要作用是与操作数构造表达式，实现某种运算功能。按操作功能，运算符大致可分为算术运算符、关系运算符、逻辑运算符、按位运算符，以及其他运算符（如赋值运算符、条件运算符、逗号运算符等）；按操作数（运算对象）个数可分为三类：单目运算符（一个操作数）、双目运算符（两个操作数）和三目运算符（三个操作数）。

表达式就是由操作数和运算符组成的序列，在 C 语言中用于实现某种操作的算式。

2.4.1　算术运算符及算术表达式

1. 基本算术运算符

基本算术运算符有：+（加）、-（减）、*（乘）、/（除）、%（取余）。其中%（取余）运算是取两个整数相除的余数，如 5%3 的值为 2，-5%3 的值为-2，5% (-3)的值为 2，-5% (-3)

的值为–2，余数的符号与被除数相同。其余详见表 2.5。

表 2.5　算术运算符

运算符	名称	运算规则	运算对象	运算结果	举例	表达式值
*	乘	乘法	整型或实型	整型或实型	2*3.5	7.0
/	除	除法			4/2	2
%	模（求余）	整数取余	整型	整型	10%3	1
+	加	加法	整型或实型	整型或实型	2.5+1.2	3.7
–	减	减法			3.1–2	1.1

2. 算术表达式

用算术运算符和括号将操作数连接起来的式子称为算术表达式。

优先级：()、*、/、%、+、–。

结合性：从左至右。

表达式的值：数值型（int、long、unsigned、double）。

提示：

① 求余运算%要求两侧均为整型数据。其余算术运算操作数可以是整型，也可以是实型。

② “+”“–”可作为单目运算符，做取正取负运算，右结合性。

③ 两个整数相除，运算结果也为整型，即舍掉小数部分。

3. 自增（++）与自减（--）运算符

自增运算符“++”和自减运算符“--”是单目运算符，运算对象可以是整型变量也可以是实型变量，但不能是常量或表达式。因为不能给常量或表达式赋值，因此++3、(i+j)--等都是不合法的。

用自加或自减运算符构成表达式时既可以前缀形式出现，也可以后缀形式出现。

前置：++i,--i;

后置：i++,i--;

如果只是 i++和++i，这两个是等价的，都等同于 i=i+1，都是变量自身加 1。

但是当它们与其他运算混合在一起时结果有所不同。在一般情况下，它们都是和赋值联系在一起的。

例如：

```
int a;
a=i++;        //将 i 的值赋值给 a，即 a=i；然后再执行 i=i+1
```

也就是说，a=i++;与 a=i; i=i+1;等价。

```
a=++i;        //先执行 i=i+1，然后把 i 的值赋给 a,即 a=i
```

也就是说，a=++i;与 i=i+1; a=i;等价。

总结一下：

① 前置++是自身加 1，把加 1 后的值赋值给新变量。

② 后置++是将自身的值赋给新变量，然后再自身加 1。

自增（减）运算符常用于循环语句中使循环变量自动加（减）1。也用于指针变量，使指针指向下一个地址。

运算符“++”和“--”的结合方向是“自右至左”。例如，有一表达式-i++，其中 i 的原值为 3。由于负号运算符与自加运算符的优先级相同，结合方向是“自右至左”，即相当于对表达式-(i++)进行运算，此时自加运算符“++”为后缀运算符，(i++)的值为 3，因此，-(i++)的值为-3，然后 i 自增为 4。

注意：不要在一个表达式中对同一个变量进行多次诸如 i++或++i 等运算。例如，写成 i++*++i+i--*--i，这种表达式不仅可读性差，而且不同的编译系统对这样的表达式将做不同的解释，进行不同的处理，因而所得结果也各不相同。

2.4.2　赋值运算符及赋值表达式

1．赋值运算符

赋值符号“=”就是赋值运算符，它的作用是将一个数据赋给一个变量。

2．赋值表达式

赋值表达式就是用赋值运算符将变量和表达式连接起来的式子。

形式:

<变量>=<表达式>

求值规则：将“=”右边表达式的值计算出来赋给左边的变量。

结合性：自右至左。

表达式的值：被赋值变量的值。

赋值运算说明:

① 结合方向：自右向左。

② 左侧必须是变量，不能是常量或表达式。

③ 赋值表达式的值与变量值相等，且可嵌套。例如，a=b=3*5。

④ 在程序中可以多次给一个变量赋值，每赋一次值，与它相应的存储单元中的数据就被更新一次，内存中当前的数据就是最后一次所赋值的那个数据。

⑤ 赋值运算时，当赋值运算符两边的数据类型不同时，将由系统自动进行类型转换，转换原则为先将赋值号右边表达式类型转换为左边变量的类型，然后赋值。

3．复合赋值运算符

在赋值运算符之前加上其他运算符可以构成复合赋值运算符。复合赋值运算符又称自反赋值运算符，有*=、/=、 %=、 +=、 -=、<<=、>>=、&=、^=、|=。采用这种复合运算符一是为了简化程序，二是为了提高编译效率。

提示：

① 复合运算符是一个运算符，但功能上是两个运算符功能的组合。例如，a+=3 等价于 a=a+3，即先使 a 加 3，再赋给 a。

② 两个符号之间不可以有空格，复合赋值运算符的优先级与赋值运算符的相同。例如，求表达式 a+ = a- = a*a 的值，其中 a 的初值为 10。计算步骤如下：先进行“a- = a*a”运算，相当于 a=a-a*a=10-10*10=-90；再进行“a+=-90”运算，相当于 a=a+-90=-90-90=-180。

2.4.3 逗号运算符及逗号表达式

1. 逗号运算符

逗号运算符用于将两个表达式用“，”连接起来，又称“顺序求值运算符”。它的优先级最低。

一般形式：

```
表达式1,表达式2,…,表达式n
```

求值规则：从左至右依次计算各表达式的值。

结合性：自左至右。

2. 逗号表达式

表达式的值：最后一个表达式的值。

2.4.4 强制类型转换运算符

强制类型转换运算符将一个表达式转换成所需类型，为单目运算符。

一般形式：

```
(类型名)表达式
```

运算对象：整型或实型。

运算结果：整型或实型。

结合方向：从右向左。

例如：
```
float  x=2.3;
y=(int)x%3;
```

运算结果为 y=2。

注意：强制类型转换将得到一个临时变量，参加表达式的运算，而原来说明的变量并不改变其类型。

小知识

运算符的优先级和结合性

C语言规定了运算符的优先级和结合性。详见附录B。

在表达式求值时，先按运算符的优先级别高低次序执行，例如先乘除后加减。

括号的优先级别最高，然后依次是单目运算符、算术运算符、关系运算符、逻辑运算符（除逻辑非！）、条件运算符、赋值运算符、逗号运算符。位运算符优先级介于算术运算符与逻辑运算符之间。

C语言规定了各种运算符的结合方向（结合性），如算术运算符的结合方向为“自左至右”，即先左后右。结合顺序大多为自左向右，而自右向左的有三个：单目运算符、条件运算符和赋值运算符。

本 章 小 结

通过本章的学习，读者能够掌握C语言中的基本数据类型，了解常量的表示方法、变量的定义及初始化、各类运算符与表达式的概念和基本应用。

技 能 训 练

训练题目 1：赋值运算和逗号运算符的应用。读下列程序，写出运行结果。

```
#include <stdio.h>
main()
{ int a,b,c;
   float x;
   b=1;
   a=b+(c=2);
   x=(a++,b+a,c);
   printf("x=%f,a=%d,b=%d,c=%d",x,a,b,c);
}
```

训练题目 2：强制类型应用。读下列程序，写出下列程序的运行结果。

```
#include <stdio.h>
main()
{
   float x;
   int y;
   x=8.6;
   y=(int)x%5;   /*将 x 强制为整型，对 5 求模运算，即求余数*/
   printf("x=%f,y=%d\n",x,y);
}
```

课 后 习 题

一、填空题

1. C 语言中的标识符可分为________、________和预定义标识符三类。

2. 在 C 语言程序中，用关键字________定义基本整型变量，用关键字________定义单精度实型变量，用关键字________定义双精度实型变量。

3. 表达式 5.5+1/2 的计算结果是________。

二、选择题

1. 下面选项中全是不合法的用户标识符的是（　　）。

A. P_0 do　　B. float La0_A　　C. b-a goto int　　D. _123 temp INT

2. 以下选项中不合法的用户标识符是（　　）。

A. abc.c　　B. file　　C. Main　　D. PRINTF

3. 以下选项中不合法的用户标识符是（　　）。

A. _123　　B. printf　　C. A$　　D. Dim

4. 可在 C 程序中用作用户标识符的一组标识符是（　　）。

A. void	B. as_b3	C. For	D. 2c
define	_123	-abc	DO

5. 以下 4 组用户标识符中合法的是（　　）。

A. FOR　-sub　Case
B. 4d　DO　Size
C. f2_G3　IF　abc
D. WORD　void　define

6. 以下叙述中正确的是（　　）。

A. 可以把 define 和 if 定义为用户标识符
B. 可以把 define 定义为用户标识符，但不能把 if 定义为用户标识符
C. 可以把 if 定义为用户标识符，但不能把 define 定义为用户标识符
D. define 和 if 都不能定义为用户标识符

7. 以下选项中合法的用户标识符是（　　）。

A. long　B. _2Test　C. 3Dmax　D. A.dat

8. 以下不能定义为用户标识符的是（　　）。

A. scanf　B. Void　C. _3com　D. int

9. 以下不合法的用户标识符是（　　）。

A. j2_KEY　B. Double　C. 4d　D. _8_

10. 按照 C 语言规定的用户标识符命名规则，不能出现在标识符中的是（　　）。

A. 大写字母　B. 连接符　C. 数字字符　D. 下画线

11. 以下选项中不合法的标识符是（　　）。

A. print　B. FOR　C. &a　D. _00

12. 以下选项中合法的标识符是（　　）。

A. 2_1　B. 2－1　C. _21　D. 2_ _

13. 以下选项中能用作用户标识符的是（　　）。

A. void　B. 8_8　C. _0_　D. unsigned

14. 在 C 语言中，要求运算数必须是整型的运算符是（　　）。

A. /　B. ++　C. !=　D. %

15. 若有以下定义：

```
char a;  int b;  float c;  double d;
```

则表达式 a*b+d-c 值的类型为（　　）。

A. float　B. int　C. char　D. double

16. 以下选项中正确的整型常量是（　　）。

A. 12.　B. -20　C. 1,000　D. 4　5　6

17. 以下选项中不正确的实型常量是（　　）。

A. 2607E-1　B. 0.8103e　2　C. -77.77　D. 456e-2

18. 以下选项中正确的实型常量是（　　）。

A. 0　B. 3.1415　C. 0.329X102　D. .871e

19. C 语言整数不包括（　　）。

A. 带小数点的整数　B. 正整数　C. 负整数　D. 无符号整数

20. 在C语言中，数字 029 是一个（　　）。

A. 八进制数　　B. 十六进制数　　C. 十进制数　　D. 非法数

21. 以下选项中正确的 C 语言实型常量的是（　　）。

A. 1e−1　　B. e−1　　C. −1e　　D. .e−1

22. 若变量已正确定义并赋值，则符合 C 语言语法的表达式是（　　）。

A. a=a+7;　　B. a=7+b+c,a++　　C. int(12、3%4)　　D. a=a+7=c+b

23. 表达式 a+=a−=a=9 的值是（　　）。

A. 9　　B. −9　　C. 18　　D. 0

24. 以下选项中合法的 C 语言字符常量是（　　）。

A. '\t'　　B. "A"　　C. 67　　D. A

25. 设所有变量均为 int 型，则表达式(a=2,b=5,b++,a+b)的值是（　　）。

A. 7　　B. 8　　C. 6　　D. 2

26. 设有定义 int x=2;，则以下表达式中值不为 6 的是（　　）。

A. x*=x+1　　B. x++,2*x　　C. x*=(1+x)　　D. 2*x,x+=2

27. 设 int a=12，则执行完语句 a+=a−=a*a 后 a 的值是（　　）。

A. 552　　B. 264　　C. 144　　D. −264

28. 以下选项中，与 k=n++完全等价的表达式是（　　）。

A. k=n,n=n+1　　B. n=n+1,k=n　　C. k=++n　　D. k+=n+1

29. 若变量 x、y 已正确定义并赋值，则以下符合 C 语言语法的表达式是（　　）。

A. ++x,y=x−−　　B. x+1=y　　C. x=x+10=x+y　　D. double(x)/10

30. 表达式 (int)((double)9/2)−9%2 的值是（　　）。

A. 0　　B. 3　　C. 4　　D. 5

第3章 顺序结构程序设计

课 件

顺序结构程序设计

前面的章节介绍了C语言的基本语法知识，然而仅仅依靠这些语法知识还不能编写出完整的程序。在程序中，通常需要加入业务逻辑，并根据业务逻辑关系对程序的流程进行控制。简单程序的流程一般分为顺序结构、选择结构和循环结构。顺序结构是程序设计语言中最基本的结构，其包含的语句是按照书写的顺序执行的，并且每条语句都将被执行。其他结构可以包含顺序结构，也可以作为顺序结构的组成部分。本章将针对程序设计的灵魂——算法以及C语言中最基本的三种程序结构之顺序结构进行讲解。

学习目标：

- 了解算法的概念及流程图的画法。
- 了解三种基本程序设计结构。
- 掌握输出函数及输入函数。
- 设计顺序结构程序解决简单问题。

3.1 程序设计基础

微 课

程序设计基础

3.1.1 算法及算法的表示

1. 算法的概念

学习计算机程序设计语言的目的，是要以语言为工具，设计出能够解决问题可供计算机运行的程序。

在拿到一个需要解决的问题之后，怎样才能编写出解决问题的程序呢？除了选择一个合理的数据结构外，十分关键的一步就是设计算法。有了一个好的算法，就可以用任意一种程序设计语言把算法转换为程序。

广义地说，为解决一个问题而采取的方法和步骤称为“算法”。对同一个问题，可有不同的解题方法和步骤。

为了有效地进行解题，不仅需要保证算法正确，还要考虑算法的质量，选择合适的算法。希望方法简单，解题步骤少。

【例 3.1】写出求 5 的阶乘（$1\times2\times3\times4\times5$）的算法。

可以用最原始的方法进行：

步骤 1：用 1 乘以 2，得到结果 2；

步骤 2：将步骤 1 得到的乘积 2 再乘以 3 得到结果 6；

步骤 3：将 6 再乘以 4，得 24；

步骤 4：将 24 再乘以 5，得 120。这就是最后的结果。

这样的算法虽然是正确的，但太烦琐。如果要求 $1\times2\times\cdots\times1000$，则要写 999 个步骤，显然是不可取的。而且每次都要直接使用上一步骤的具体运算结果（如 2、6、24 等），也不方便。应当可以找到一种通用的计算方法。

可以这样考虑：设置两个变量，一个变量代表被乘数，一个变量代表乘数。不另外设置变量存放乘积结果，而是直接将每一步骤的乘积放在被乘数变量中。今设变量 p 为被乘数，变量 i 为乘数。用循环算法来计算结果。阶乘算法可以改写如下：

步骤 1：使 p=1；

步骤 2：使 i=1；

步骤 3：p 与 i 相乘，得到的乘积仍放在变量 p 中，可表示为 $p=p\times i$；

步骤 4：使 i 的值增加 1，即 i=i+1；

步骤 5：如果 i 不大于 5，返回重新执行步骤 3 及其后的步骤 4 和步骤 5；否则，算法结束。最后得到 p 的值就是 $1\times2\times3\times4\times5$ 的值。

显然这个算法比前面列出的算法简练。

如果题目改为求 $1\times3\times5\times7\times9\times11$，算法只需改动最后两个步骤：

步骤 4：使 i 的值加 2，即 i=i+2；

步骤 5：如果 i 不大于 11，返回重新执行步骤 3 及其后的步骤 4 和步骤 5；否则，算法结束。

其中步骤 5 也可以表示为：若 i>11，结束；否则返回步骤 3。

上面两种算法作用是相同的。

可以看出用第二种方法表示的算法具有一般性、通用性和灵活性。步骤 3～5 构成了一个循环，在满足某个条件（i<=5）时，反复多次执行步骤 3～5，直到某一次执行步骤 5 时，发现乘数 i 已超过事先指定的数值 5，不返回步骤 3 为止。此时算法结束，变量 p 的值就是所求结果。

由于计算机是高速运算的自动机器，实现循环是很轻松的，所以所有的计算机高级语言中都有实现循环的语句，因此，上述算法不仅是正确的，而且是计算机能方便实现的较好算法。

一个好的算法应该具有以下特点：

① 有穷性：包含有限的操作步骤。

② 确定性：算法中的每一个步骤都应当是确定的。

③ 有零个或多个输入：输入是指在执行算法时需要从外界取得必要的信息。

④ 有一个或多个输出：算法的目的是求解，“解” 就是输出。

⑤ 有效性：算法中的每一个步骤都应当能有效执行，并得到确定的结果。

2. 算法的表示

可以用不同的方法表示算法，常用的有自然语言、传统流程图、结构化流程图、伪代码、

N-S 流程图等。

（1）用自然语言描述算法

自然语言就是人们日常使用的语言，可以是汉语或英语或其他语言。用自然语言表示算法通俗易懂，但文字冗长，容易出现“歧义性”。自然语言表示的含义往往不大严格，要根据上下文才能判断其正确含义，描述包含分支和循环的算法时也不很方便。因此，除了一些很简单的问题外，一般不用自然语言描述算法。

（2）传统/结构化流程图

流程图就是用一些图形来表示各种操作步骤。用图形表示算法，直观形象，易于理解。美国国家标准化协会（American National Standard Institute，ANSI）规定了一些常用的流程图符号，如图 3.1 所示。

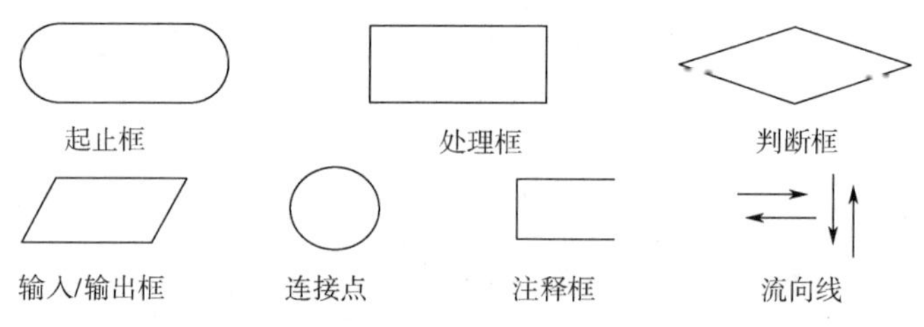

图 3.1　ANSI 流程图符号

流程图是表示算法的很好的工具。一个流程图包括以下几部分：

① 表示相应操作的框。

② 带箭头的流程线。

③ 框内外必要的文字说明。

传统流程图：用流向线（箭头）指出各框的执行顺序，对流程线的使用没有严格限制。因此，使用者可以毫不受限制地使流程随意地转向，流程图可能会变得毫无规律，阅读者要花很大精力去追踪流程，让人难以理解算法的逻辑。

结构化流程图：为了提高算法的质量，使算法的设计和阅读方便，必须限制箭头的滥用，也就是不允许无规律地随意转向，只能顺序地进行下去。但是，算法中难免会有一些分支和循环，不可能全部由一个个顺序框组成。例如，图 3.2 中就包含一些向前的非顺序转向。为了解决这个问题，人们规定出三种基本结构：顺序结构、选择结构、循环结构，然后由这些基本结构按一定规律组成一个算法结构，能做到这一点的就称为结构化流程图。

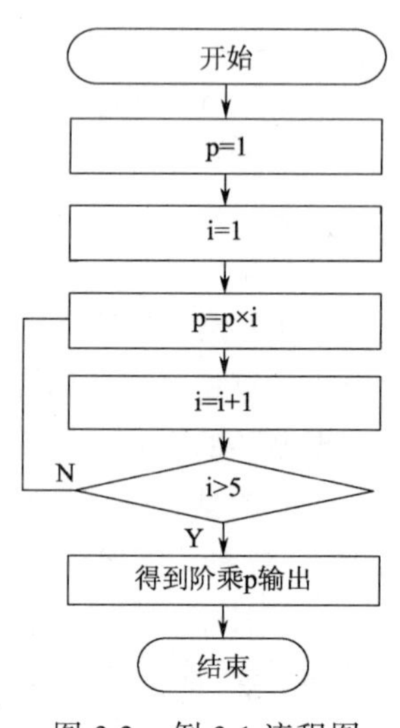

图 3.2　例 3.1 流程图

【例 3.2】将例 3.1 的算法用结构化流程图表示出来。

例 3.1 的算法流程图如图 3.2 所示。

（3）用 N-S 流程图表示算法

随着结构化程序设计方法的出现，1973 年美国学者 I. Nassi 和 B. Shneiderman 提出了一种新的流程图形式，这种流程图去掉了流程线，算法的每一步都用一个矩形框来描述，把一个个矩形框按执行的次序连接起来就是一个完整的算法。这种流程图用两位学者名字的第一个英文字母命名，称为 N–S 流程图。

N–S 流程图比文字描述直观、形象、易于理解，比传统流程图紧凑易画。尤其是它废除了流程线，整个算法结构是由各个基本结构按顺序组成的，N–S 流程图中的上下顺序就是执行时的顺序。用 N–S 图表示的算法都是结构化的算法，因为它不可能出现流程无规律地跳转，而只能自上而下地顺序执行。N–S 图是去掉了流程线的结构化流程图。

N–S 流程图符号如图 3.3 所示。

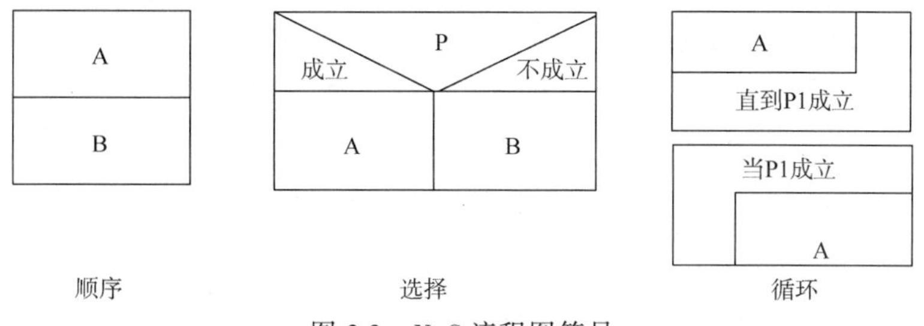

图 3.3　N–S 流程图符号

（4）三种基本结构的流程图

① 顺序结构。赋值语句、输入/输出语句都可构成顺序结构。当执行由这些语句构成的程序时，将按这些语句在程序中的先后顺序逐条执行，没有分支，没有转移。顺序结构可用图 3.4 所示的流程图表示。

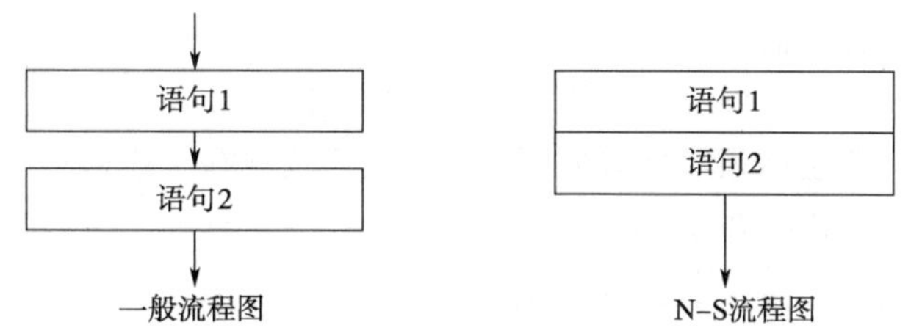

图 3.4　顺序结构流程图

② 选择结构。if 语句、switch 语句都可构成选择结构。当执行到这些语句时，将根据不同的条件去执行不同分支中的语句。选择结构可用图 3.5 所示的流程图表示。

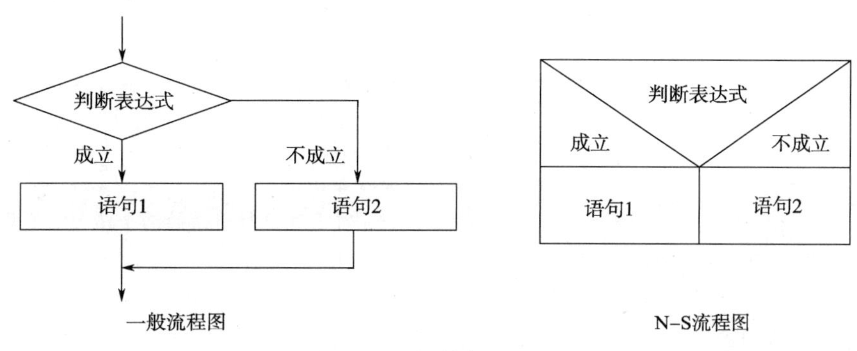

图 3.5　选择结构流程图

③ 循环结构。不同形式的循环结构根据各自的条件，使同一组语句重复执行多次或一次也不执行。其中，当型循环结构的流程图如图 3.6 所示。当型循环的特点是：当指定的条件满足（成立）时，就执行循环体，否则就不执行。

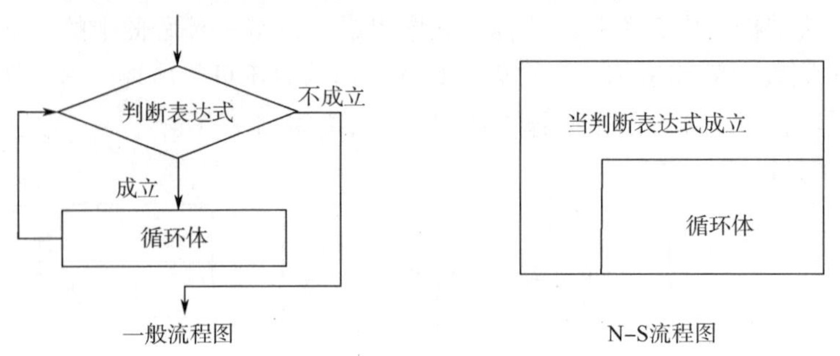

图 3.6 循环结构流程图

（5）伪代码

伪代码是一种近似于高级语言但又不受语法约束的一种语言描述方式，介于自然语言与编程语言之间。使用伪代码的目的是使被描述的算法可以容易地以任何一种编程语言（Pascal、C、Java 等）实现。通常在数据结构讲算法的时候使用的较多，用来表达程序员开始编码前的想法。

（6）用计算机语言表示算法

要完成一件工作，包括设计算法和实现算法两个部分。设计算法的目的是实现算法。计算机是无法识别流程图和伪代码的。只有用计算机语言编写的程序才能被计算机执行。因此，在用流程图或伪代码描述出一个算法后，还要将它转换成计算机语言程序。

用计算机语言表示算法必须严格遵循所用语言的语法规则，这是和伪代码不同的。下面将前面例 3.1 介绍过的算法用 C 语言表示。

提示： 写出了 C 程序，只是描述了算法，算法并未真正实现。只有运行程序得到结果才是实现算法。应该说，用计算机语言表示的算法是计算机能够执行的算法。

```
#include <stdio.h>
int main()
{
  int p,i;                        //变量定义
  p=1;
  i=1;                            //变量赋初值
  do
  {   p=p*i;                      //做乘法
    i=i+1;                        //循环变量变化
  } while(i<=5);                  //当 i<=5 时重复执行前面的两个语句，否则向下执行
  printf ("5!=%d\n",p) ;          //输出结果
}
```

3.1.2 结构化程序

已经证明，由三种基本结构组成的算法可以解决任何复杂的问题。由三种基本结构所构成

的算法称为结构化算法；由三种基本结构所构成的程序称为结构化程序。这种程序便于编写，便于阅读，便于修改和维护。

结构化程序设计强调程序设计风格和程序结构的规范化，提倡清晰的结构。

结构化程序设计方法的基本思路是：把一个复杂问题的求解过程分阶段进行，每个阶段处理的问题都控制在人们容易理解和处理的范围内。

【例 3.3】输入若干正整数，要求求出其中最大的数并输出，当输入的数小于等于 0 时结束。用 N–S 流程图表示算法。

算法如下：

先输入第一个数，在没有别的数参加比较之前，它显然是当前最大的数，把它放到变量 max 中。让 max 始终存放当前已比较过的数中的最大数。然后输入第二个数，并与 max 比较，如果第二个数大于 max，则用第二个数取代 max 中原来的值。如此继续输入数据并比较，每次比较后都将值大者放在 max 中，直到输入的数小于等于 0 时结束输入。最后 max 中的值就是所有输入数中的最大值。

根据此思路，画出 N–S 流程图（见图 3.7）。变量 x 用来控制循环次数，当 x>0 时，重复执行循环体；在循环体内进行两个数的比较和输入 x 值。从图 3.7 可见，在循环体的矩形框内还包含一个选择结构。

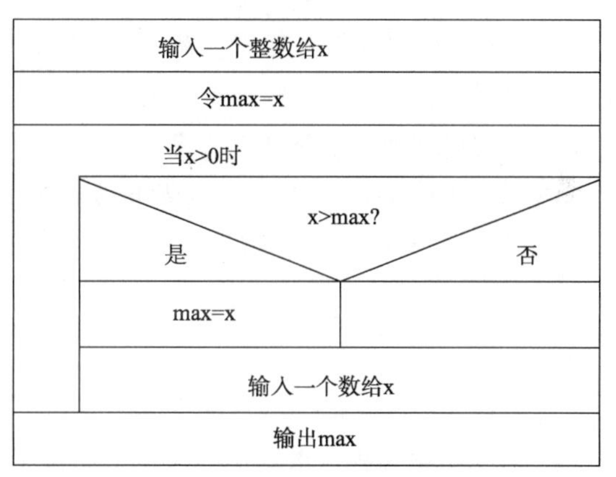

图 3.7　例 3.3 流程图

3.1.3　模块化结构

当计算机在处理较复杂的任务时，所编写的程序经常由上万条语句组成，需要由多人共同完成。这时常常把这个复杂的任务分解为若干子任务，每个子任务又分成若干小子任务，每个小子任务只完成一项简单的功能。在程序设计时，用一个个小模块来实现这些功能，每个程序设计人员分别完成一个或多个小模块。称这样的程序设计方法为“模块化”的方法，由一个个功能模块构成的程序结构为模块化结构。

由于把一个大程序分解成若干相对独立的子程序，每个子程序的代码一般不会太长，因此，对程序设计人员来说，编写程序代码变得不再困难。这时只需对程序之间的数据传递做出统一规范，同一软件就可由一组人员同时进行编写，分别进行调试，这就大大提高了程序编制的效率。

模块化设计的思想实际上是一种“分而治之”的思想，把一个大任务分为若干子任务，每一个子任务就相对简单了。结构化程序设计便于实现模块化。

在拿到一个程序模块以后，根据程序模块的功能将它划分为若干子模块，如果这些子模块的规模还嫌大，还再可以划分为更小的模块。这个过程采用自顶向下方法来实现。

划分子模块时应注意模块的独立性，即使一个模块完成一项功能，耦合性越少越好。

在进行程序设计的时候，首先应当集中考虑主程序中的算法，写出主程序后再动手逐步完成子程序的编写调用。对于这些子程序，也可用调试主程序的同样方法逐步完成其下一层子程序的编写调用。这就是自顶向下、逐步细化、模块化的结构化程序设计方法。

C 语言是一种结构化程序设计语言。它提供了三种基本结构的语句；提供了定义“函数”的功能，在 C 语言中没有子程序的概念，函数可以完成子程序的所有功能；C 语言允许对函数单独进行编译，从而可以实现模块化。另外，C 语言还提供了丰富的数据类型。这些都为结构化程序设计提供了有力的工具。

3.2 C语句概述

C语句概述

C 语言的语句分为五大类：表达式语句、函数调用语句、复合语句、空语句、控制语句。

1. 表达式语句

表达式后面加一个分号就构成了一个表达式语句。

例如：
```
sum=a+b;          /*赋值语句*/
i++;              /*自加运算表达式语句*/
x=1,y=2;          /*逗号表达式语句*/
```

表达式语句中最基本的是赋值语句，赋值表达式的末尾加上一个分号就构成了赋值语句。程序中的计算功能大部分是由赋值语句实现的，几乎每一个有实用价值的程序中都包括赋值语句。有的程序中的大部分语句都是赋值语句。

【例 3.4】编写程序求矩形的面积和周长（长为 5，宽为 4）。

程序如下：
```
#include <stdio.h>
int main()
{
  int  a,b,s,l;                      //变量定义，a、b、s、l 分别代表长、宽、面积、周长
  a=5;
  b=4;                               //长和宽赋值
  s=a*b;                             //赋值语句计算面积
  l=2*(a+b);                         //赋值语句计算周长
  printf("面积=%d，周长=%d",s,l);    //输出结果
}
```

2. 函数调用语句

函数调用语句由一个函数加一个分号构成。

例如：`printf("This is a C program.");`

其中 printf( )是一个输出函数，末尾加一个分号成为一个函数调用语句。

函数可以是库函数，也可以是用户自定义函数。

3. 复合语句

复合语句是用花括号“{”和“}”括起来的语句组，也称“语句块”，在语法上被视为一条语句。复合语句的语句形式如下：

{语句 1;语句 2;…;语句 n;}

例如：{ a++;b*=a;printf("b= %d\",b);}

复合语句常用在 if 语句或循环语句中，此时程序需要连续执行一组语句。

注意：复合语句中最后一个语句最后的分号不能忽略不写。

4. 空语句

空语句由一个分号构成，但它是一个 C 语句，程序执行空语句时不产生任何操作。在程序中空语句经常被用作循环体，用于延时。例如：

```
for(i=0;i<=1000;i++)
;
```

5. 控制语句

控制程序执行顺序，实现基本结构的语句，有下面 9 种：

if…else 语句　（条件语句）
switch 语句　（多分支选择语句）
for 语句　（循环语句）
while 语句　（循环语句）
do…while 语句（循环语句）
continue 语句　（结束本次循环语句）
break 语句　（终止执行循环语句或 switch 语句）
goto 语句　（转向语句）
return 语句　（函数返回值语句）

3.3　数据的输入与输出

微 课

数据的输入与输出 1

顺序结构的基本程序框架为：输入所需要的数据；进行运算和数据处理；输出运算结果数据。C 语言本身不提供输入/输出语句，输入和输出操作是由 C 函数库中的函数来实现的。C 函数库中有一批“标准输入/输出函数”。基本的有：格式化输入/输出函数 scanf( )、printf( )；单字符输入/输出函数 getchar()、putchar( )。

3.3.1　格式输出函数 printf( )

1. 格式输出函数的一般形式

一般形式为：

```
printf("格式控制字符串",输出项列表);
```

函数功能：按规定格式向输出设备（一般为显示器）输出数据，并返回实际输出的字符数；若出错，则返回负数。

2. 输出项列表

输出项列表列出要输出的常量、变量或表达式。

3. 输出函数的格式控制

格式控制由格式控制字符串实现。格式控制字符串由三部分组成：普通字符、转义字符、输出项格式说明。

① 普通字符。普通字符在输出时，按原样输出，主要用于输出提示信息。

② 转义字符。转义字符指明特定的操作，如'\n'表示换行，'\t'表示水平制表等。

③ 输出项格式说明部分由“%”和“格式字符串”组成：%格式字符串，它表示按规定的格式输出数据。

现就常见的“格式字符串”的使用举例说明如下：

① %d %o %x。

%d 的含义是按十进制整型数据格式输出，数据长度为实际长度。

%o 的含义是按整型数据的实际长度，以八进制数形式输出整数。

%x 按整型数据的实际长度，以十六进制数形式输出整数。

%md，m 为指定的输出字段的宽度。如果数据的位数小于 m，则左端补以空格；如果数据的位数大于 m，则按实际位数输出。%mo、%mx 同理。

%ld：输出长整型数据，对长整型数据也可以指定字段宽度。

例如：

```
printf("%5d",100);
```

输出结果为：□□[①]100

```
long y=65432;
printf("%8ld",y);
```

输出结果为：□□□65432

```
int n=16;
printf("%o",n);
```

输出结果为：20[②]

同理，十六进制形式输出的整数也是不带符号的。

② %f。

按小数形式输出十进制实数（包括单、双精度），实数的整数部分全部输出，并输出 6 位小数。

例如：

```
printf("%f",1000.7654321);
```

输出结果为：1000.765432

%m.nf 表示输出实数共占 m 个字符位置，其中 n 位小数，多余位左端补空格。

例如：

```
printf("%10.3f",1000.7654321);
```

输出结果为：□□1000.765

若实际字符数超出规定的宽度，则整数部分按实际输出，小数仍只有 n 位。

---

① □□为两个空格。

② 20 为 16 的八进制数值，输出时前面没有八进制的标志 0。

例如：

```
printf("%10.3f",1111000.7654321);
```

输出结果为：1111000.765

③ %e 或%E。

按指数形式输出十进制实数（包括单、双精度），e 前面的底数的整数部分全部输出，小数部分 6 位，e 后面的指数部分为 3 位整数，不足 3 位前面补 0。%m.ne 表示输出实数的底数部分共占 m 个字符位置，其中 n 位小数，多余位左端补空格。

例如：

```
printf("%e",1000.7654321);
```

输出结果为：1.000765e+003

```
printf("%5.2e",1000.7654321);
```

输出结果为：□1.00e+003

④ %c。

用来输出一个字符。

例如：

```
char c1='a';
int  i=97;
printf("%c,%d\n",c1,c1);
printf("%c,%d\n",i,i);
```

运行结果：

```
a,97
a,97
```

【例 3.5】 多种类型数据的输出。

```
#include <stdio.h>
int main()
{
   int  x=10;
   double  y;
   y=x/3.0;
   printf("x=%d,y=%f\n",x,y);       /*输出 x 和 y 的值,以逗号分隔*/
}
```

程序运行结果如图 3.8 所示。

图 3.8　例 3.5 运行结果

提示：

① 在使用库函数时，要用编译预处理命令“#include”将有关的头文件包含到用户源文件中。在头文件中包含了调用函数时所需的有关信息。

② 使用标准输入/输出函数时，文件开头应该有#include <stdio.h>或#include "stdio.h"。

3.3.2 格式输入函数scanf( )

●微 课

数据的输入与输出2

1. 格式输入函数的一般形式

函数的一般形式为：

```
scanf("格式控制字符串",地址列表);
```

函数功能：该函数从标准输入设备上读入字符序列，并将它们按指定格式进行转换后，存储于地址列表所指定的对应变量中。

2. 地址列表

地址列表是由若干地址组成的列表，可以是变量的地址、字符串的首地址、指针变量等，各地址间以逗号（,）间隔。变量的地址常用取地址运算符&。

3. 输入函数的格式控制

格式控制由格式控制字符串实现。格式控制字符串由格式字符和普通字符两部分组成。

（1）格式字符（由%开始+格式说明字符）

%c：输入一个字符。

%d/o/x：输入十进制（八进制/十六进制）整数。

%f：输入小数形式的float实数。

%e：输入指数形式的float实数。

例如：

```
int a,b;
float x;
char c;
scanf("%d%d",&a,&b);
```

输入15　25，则变量a得到15，变量b得到25。

```
scanf("%f",&x);
```

输入2.3，则变量x得到2.3。

```
scanf("%c",&c);
```

键盘输入字母n，则变量c的值为'n'。

格式说明字符中还有m、*、l或h。

m：宽度指示符，表示该输入项最多可输入的字符个数。如遇空格或不可转换的字符，读入的字符将减少。

例如：

```
scanf("%3d%5d%f",&a,&a,&x);
```

如果执行时输入：200　1200　4.1，则200传给a，1200传给b，4.1传给x。

*：输入赋值抑制字符，表示该格式说明要求输入数据，但不赋值，也即在地址列表中没有对应的地址项。例如：

```
scanf("%3d%*5d%f",&a,&x);
```

如果执行时输入：200　1200　4.1，则200传给a，4.1传给x，1200不赋给任何变量。

l或h：长度修正说明符，h用于d、o、x前，指定输入为short型整数；l用于d、o、x前，指定输入为long型整数，用于e、f前，指定输入为double型实数。

（2）普通字符

如果在“格式控制”字符串中除了格式说明以外还有其他字符，则在输入数据时，在对应位置应输入与这些字符相同的字符。例如：

```
scanf("%d,%f",&a,&x);
```

运行时输入格式应为：

```
10,0.3
```

“%d, %f”说明输入一个整型数和一个浮点数之间要输入一个逗号。

4．scanf 运行时注意事项

① 输入数据的分隔处理

输入多个数据时，数据之间需要用分隔符。例如，语句

```
scanf("%d%d",&a,&b);
```

输入时可以一个或多个空格分隔，也可以用回车符分隔：

如：

```
100  10
```

或：

```
100
10
```

以上两种输入数据的方式都是正确的。

② scanf( )函数指定输入数据所占的宽度时，将自动按指定宽度来截取数据。

例如：`scanf("%2d%3d",&a,&b);`

若输入为：`1223100`

函数截取二位数的整数 12 存入地址&a，截取 231 存入地址&b 中。

③ 用 scanf( )函数输入实数，格式说明符为%f，但不允许规定精度。例如，%10.4f 是错误的。

④ 如果输入时类型不匹配，scanf( )将停止处理，其返回值为零。例如：

```
int a,b;
char ch;
scanf("%d%c%3d",&a,&ch,&b);
```

若输入为： `12  a  23`

则函数将 12 存入地址&a，空格作为字符存入地址&ch，字符 'a'作为整型数读入。因此，以上数据为非法输入数据，程序将被终止。

【例 3.6】从键盘输入三角形的三个边长，求三角形面积。

程序如下：

```
#include  <math.h>
#include  <stdio.h>
int  main()
{
   float  a,b,c,area,s;
   scanf ("%f,%f,%f", &a,&b,&c);         /*输入三角形三边的值,以逗号分隔*/
   s=1.0/2*(a+b+c);
   area=sqrt (s*(s-a)*(s-b)*(s-c));      /*计算三角形面积*/
```

```
  printf("\n area=%f",area);            /*输出结果*/
}
```

程序运行结果如图 3.9 所示。

图 3.9　例 3.6 运行结果

3.3.3　单个字符输入/输出函数 getchar( )/putchar( )

1. 单字符输出函数

一般形式：`putchar(c)`

其中，c 为字符型常量、变量或表达式。

功能：把字符 c 输出到显示器上。

函数返回值：正常，为显示的代码值；出错，为 EOF(-1)。putchar( )只能输出字符（普通字符、转义字符），而且只能是一个字符。

【例 3.7】输出单个字符。

程序如下：

```
#include<stdio.h>
int main()
{
   int  i=97;
   char ch='a';
   putchar(i);                 /* 输出 ASCII 码 97 对应的字符'a' */
   putchar('\n');              /* 输出换行，可以输出控制字符，起控制作用 */
   putchar(ch);                /* 输出字符变量 ch 的值 'a' */
   putchar('\n');
}
```

程序运行结果如图 3.10 所示。

图 3.10　例 3.7 运行结果

2. 字符输入函数

一般形式：`getchar()`

函数值：从输入设备得到的字符。

函数功能：从输入设备（一般为键盘）上输入一个字符，函数的返回值是该字符的 ASCII 码值。

【例 3.8】从键盘输入单个字符并输出。

程序如下：

```
#include <stdio.h>
int  main()
{
   int ch;
   ch=getchar();                /*从键盘输入字符，该字符的 ASCII 码值赋给 ch*/
   putchar(ch);                 /*输出 ch 对应的字符*/
}
```

运行该程序时，输入 s，则变量 ch 的值为 115。程序运行结果如图 3.11 所示。

图 3.11　例 3.8 运行结果

3.4　程 序 举 例

微 课

顺序结构程序设计案例

顺序结构是程序设计中最简单的结构，其程序的执行按照语句在程序中的排列顺序依次执行。下面给出几个顺序结构程序设计的实例。

【例 3.9】从键盘输入一个大写字母，要求改用小写字母输出。

程序如下：

```
#include <stdio.h>
main()
{
   char  c1,c2;
   c1=getchar();
   printf("%c,%d\n",c1,c1);
   c2=c1+32;
   printf("%c,%d\n",c2,c2);
}
```

程序运行时输入 A，程序运行结果如图 3.12 所示。

图 3.12　例 3.9 运行结果

【例 3.10】求一元二次方程 $ax^2+bx+c=0$ 的根。a、b、c 由键盘输入。

分析：假设 $b^2-4ac\geqslant 0$，则一元二次方程式的根为 $x_1=\dfrac{-b+\sqrt{b^2-4ac}}{2a}$，$x_2=\dfrac{-b-\sqrt{b^2-4ac}}{2a}$。

将上面的分式分为两项：$p=\dfrac{-b}{2a}$，$q=\dfrac{\sqrt{b^2-4ac}}{2a}$，则 $x_1=p+q$，$x_2=p-q$。程序流程图如图 3.13

所示。

程序如下：

```
#include <stdio.h>
#include <math.h>
int  main()
{
  float a,b,c,disc,x1,x2,p,q;
  scanf("a=%f,b=%f,c=%f",&a,&b,&c);      /* 输 入
方程的三个系数 a，b，c*/
  disc=b*b-4*a*c;
  p=-b/(2*a);
  q=sqrt(disc)/(2*a);
  x1=p+q;  x2=p-q;                        /*计算方程的两个根*/
  printf("\n\nx1=%5.2f\nx2=%5.2f\n",x1,x2);    /*输出结果*/
}
```

定义变量
输入a，b，c
计算p，q
计算x1，x2
输出计算结果

图 3.13　例 3.10 流程图

程序运行结果如图 3.14 所示。

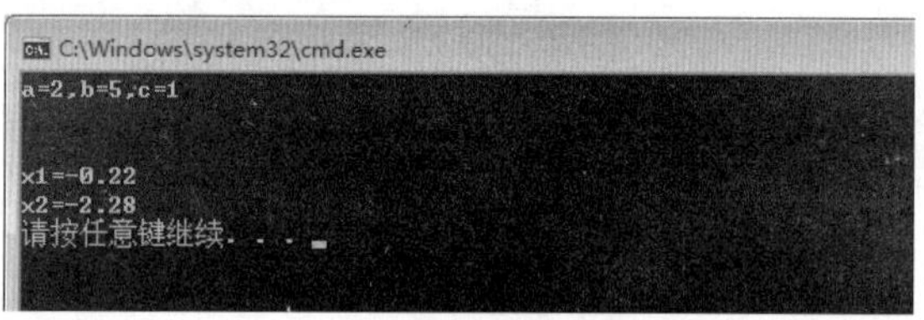

图 3.14　例 3.10 运行结果

提示：如要考虑一元二次方程的多种情况，就要用到选择结构。需要学习第 4 章以后再来解决。

本 章 小 结

本章介绍了几种简单的 C 语句以及怎样利用它们编写简单的程序。本章介绍的 4 种输入/输出库函数，是 C 语言中进行输入/输出的最基本函数，掌握不好会浪费大量的调试程序的时间。这部分内容需要大量在计算机上练习，通过编写和调试程序来逐步深入而自然地掌握输入/输出的应用。

技 能 训 练

训练题目 1：输入一个华氏温度值，要求输出对应的摄氏温度值。公式为：$C=\frac{5}{9}(F-32)$，C 表示摄氏温度，F 表示华氏温度。输出要有文字说明，取 2 位小数。

解题思路：这是一个简单的顺序结构程序。算法由三个步骤组成，首先输入 F 的值，然后进行公式运算，算出 C 的值，最后输出结果。N–S 流程图如图 3.15 所示。需要

定义变量C，F
输入变量F的值
计算$C=\frac{5}{9}$（F–32）
输出计算结果

图 3.15　训练题目 1 流程图

注意的是输入/输出语句的格式，公式计算时要考虑不同类型数据的混合运算问题。

训练题目 2：练习 printf( )函数典型格式。

```
#include <stdio.h>
main()
{
   int a=100;
   float b=123.4567;
   printf("a=%d,",a);                          /*输出一个十进制整数*/
   printf("a=%5d,a=%-5d",a,a);
   printf("a=%2d\n",a);
   printf("b=%f,%12f\n",b,b);
   printf("b=%10.2f,%-10.2f,%.2f\n",b,b,b);   /*输出实数b,宽度占10位,保留2位小数*/
}
```

课 后 习 题

一、填空题

1. 若有以下定义，请写出以下程序段中输出语句执行后的输出结果________。

```
int i=-200,j=2500;
printf("(1)%d,%d",i,j);
printf("(2)i=%d,j=%d\n",i,j);
printf("(3)i=%d\nj=%d\n",i,j);
```

2. 变量 i、j、k 已定义为 int 类型并均有初值 0，用以下语句进行输入时：

```
scanf("%d",&i);   scanf("%d",&j);   scanf("%d",&k);
```

从键盘输入：

```
12.3<CR>
```

则变量 i、j、k 的值分别是________、________、________。

3. 以下程序段要求通过 scanf 语句给变量赋值，然后输出变量的值。写出运行时给 k 输入 100，给 a 输入 15.81，给 x 输入 1.89234 时的三种可能的输入形式________、________、________。

```
int k; float a; double x;
scanf("%d%f%lf",&k,&a,&x);
printf("k=%d,a=%f,x=%f\n",k,a,x);
```

二、选择题

1. 有以下程序：

```
#include <stdio.h>
main()
{   int x=10,y=3;
    printf("%d\n",y=x/y);
}
```

执行后的输出结果是（　　）。

A. 0　　B. 1　　C. 3　　D. 不确定的值

2. 若变量已正确定义为 int 型，要给 a、b、c 输入数据，正确的输入语句是（　　）。

A. read(a,b,c);　　B. scanf("%d%d%d",a,b,c);

C. scanf("%D%D%D",&a,%b,%c);　　　　D. scanf("%d%d%d",&a,&b,&c);

3. 若变量已正确定义为 float 类型，要通过输入语句:scanf("%f%f%f",&a,&b,&c);给 a 赋值 11.0，b 赋值 22.0，c 赋值 33.0，不正确的输入形式是（　　）。

A. 11
22
33

B. 11.0,22.0,33.0

C. 11.0
22.0
33.0

D. 11　　22
33

4. 若有以下程序段:

```
int c1=1,c2=2,c3;
c3=c1/c2;
printf("%d\n",c3);
```

执行后的输出结果是（　　）。

A. 0　　B. 1/2　　C. 0.5　　D. 1

5. 有以下程序:

```
#include  <stdio.h>
main()
{
  char  a,b,c,d;
  scanf("%c%c",&a, &b);
  c=getchar();
  d=getchar();
  printf("%c%c%c%c\n",a,b,c,d);
}
```

当执行程序时，按下列方式输入数据（从第 1 列开始，<CR>代表回车，注意：回车也是一个字符）

```
12<CR>
34<CR>
```

则输出结果是（　　）。

A. 12

B. 12
3

C. 12
34

D. 1234

6. 以下叙述中错误的是（　　）。

A. 使用三种基本结构构成的程序只能解决简单问题

B. C 语言是一种结构化程序设计语言

C. 结构化程序由顺序、分支、循环三种基本结构组成

D. 结构化程序设计提倡模块化的设计方法

7. 若有正确定义语句:

```
double  x=5.16894;
```

则语句 printf("%f\n",(int)(x*1000+0.5)/(double)1000);的输出结果是（　　）。

A. 输出格式说明与输出项不匹配，输出无定值

B. 5.170000

C. 5.168000

D. 5.169000

8. 若变量已正确定义并赋初值，则以下合法的赋值语句是（　　）。

A. k=int(m+n);　　B. k=(m+n);　　C. k=-m-n　　D. k=m*n=1;

9. 若想给已定义为 int 型的变量 a、b、c、d 赋值为 1，则以下选项中错误的语句是（　　）。

A. a=b, b=c, c=d, d=1;　　B. a=b=c=d=1;

C. a=1, b=a, c=b, d=c;　　D. d=1, c=d, b=c, a=b;

10. 有以下程序：

```
main()
{
    int a=666,b=888;
    printf("%d\n",a,b);
}
```

程序运行后的输出结果是（　　）。

A. 错误信息　　B. 666　　C. 888　　D. 666,888

11. 有以下程序：

```
#include <stdio.h>
main()
{
   int a,b,c=241;
   a=c/100%9;
   b=(-1)*(-1);
   printf("%d,%d\n",a,b);
}
```

程序运行后的输出结果是（　　）。

A. 2,1　　B. 6,1　　C. 6,0　　D. 2,0

12. 以下不能输出字符 A 的语句是（　　）。（注：字符 A 的 ASCII 码值为 65，字符 a 的 ASCII 码值为 97）

A. printf("%c\n",'a'-32);　　B. printf("%d\n",'A');

C. printf("%c\n",65);　　D. printf("%c\n",'B'-1);

13. 有以下程序：

```
#include <stdio.h>
int main()
{
   int  k=-16;
   printf("%d,%o,%x\n",k,1-k,1-k);
}
```

程序的运行结果是（　　）。

A. -16,11,21　　B. -16,21,11　　C. -16,-21,-11　　D. 16,21,11

14. 下列选项中不是 C 语句的是（　　）。

A. { int k;k=10;k++;}　　B. a=2,b=5

C. {　;　}　　D. ;

15. 若 a、b、c 都是 int 型变量，且初值为 0，则以下选项中不正确的赋值语句是（　　）。

A. a=b=c=100;　　B. k=int(a+b);　　C. a++,b++;　　D. c=(a=22)-b++;

16. 程序段：int x=12; double y=3.141593; printf("%d%8.6f",x,y); 的输出结果是（　　）。

A. 123.141593　　B. 12　　3.141593　　C. 12，3.141593　　D. 123.1415930

17. 有如下程序：

```
#include <stdio.h>
int main()
{
   int  x=062;
   printf("%d\n", x+1);
}
```

程序运行后的输出结果是（　　）。

A. 50　　B. 51　　C. 113　　D. 63

18. 设有语句：printf("%3d\n",2020);，则以下叙述正确的是（　　）。

A. 程序运行时输出 2020　　B. 程序运行时输出 202

C. 程序运行时输出 020　　D. 指定的输出宽度不够，编译出错

19. 有以下程序段：

```
char c1,c2,c3;
scanf("%c%c%c",&c1,&c2,&c3);
```

若要给 c1、c2、c3 分别输入字母 A、B、C，则以下对输入形式的描述正确的是（　　）。

A. 字母 A、B、C 之间可以用 Tab 符分隔

B. 字母 A、B、C 之间可以用空格分隔

C. 字母 A、B、C 之间可以用回车符分隔

D. 字母 A、B、C 之间不能有分隔符

20. 结构化程序由顺序、选择、循环三种基本结构组成，以下相关叙述错误的是（　　）。

A. 顺序结构是按语句在程序中的先后顺序逐条执行，没有分支，没有转移

B. 三种基本结构不可以嵌套使用

C. 选择结构是根据不同的条件执行不同分支中的语句

D. 循环结构是根据条件决定是否重复，重复执行多少次循环体语句

21. 以下选项中叙述正确的是（　　）。

A. 计算机能够直接运行 C 语言源程序，不必进行任何转换

B. C 语言源程序不编译也能直接运行

C. 使用 N－S 流程图不能描述复杂算法

D. 结构化程序的三种基本结构是循环结构、选择结构、顺序结构

22. C 语言程序的模块化是通过（　　）实现的。

A. 变量　　B. 语句　　C. 函数　　D. 程序行

23. 算法应当具有的特性不包括（　　）。

A. 美观性　　B. 有穷性　　C. 确定性　　D. 可行性

24. 下列叙述错误的是（　　）。

A. 一个 C 语言程序只能实现一种算法

B. C 程序可以由多个程序文件组成

C. C 程序可以由一个或多个函数组成

D. 一个 C 函数可以单独作为一个 C 程序文件存在

25. 以下叙述中正确的是（　　）。

A. 复合语句也称语句块，它至少要包含两条语句

B. 只能在 printf( )函数中指定输入数据的宽度，而不能在 scanf( )函数中指定输入数据占的宽度

C. scanf( )函数中的字符串是提示，输入数据时不必管它

D. 在 scanf( )函数的格式串中，必须有与输入项一一对应的格式转换说明符

三、编程题

1. 编写程序，输入两个整数，求出它们相除的商和余数，并输出结果。

2. 编写程序，从键盘输入三个整数，计算其平均值，输出结果。

第4章 选择结构程序设计

课 件

选择结构程序设计

选择结构表示程序的处理步骤出现了分支，需要根据某一特定的条件选择其中的一个分支执行。选择结构有单选择、双选择和多选择三种形式。C 语言一般用关系表达式和逻辑表达式通过 if 语句实现双路分支选择，通过 switch 语句实现多分支选择。本章将针对选择结构进行讲解。

学习目标：

- 掌握关系运算符、逻辑运算符及其构成的表达式。
- 运用 if 语句进行简单的选择结构程序设计。
- 应用嵌套 if 语句进行多重选择结构程序设计。
- 掌握条件运算符及其运算。
- 运用 switch 语句进行多分支选择结构程序设计。

在关系运算符这一术语中，关系一词是指数值与数值的关系。在逻辑运算符这一术语中，逻辑一词是指如何用形式逻辑原则来建立数值间的关系。关系运算符和逻辑运算符经常在一起使用。

关系运算符和逻辑运算符的关键是真（true）和假（false）的概念。在 C 语言中，true 是不为零的任意值，而 false 是零。使用关系运算符和逻辑运算符的表达式若为 false 则返回 0，若为 true 则返回 1。

4.1 关系运算符和关系表达式

微 课

关系运算符和关系表达式

在程序中经常需要比较两个量的大小关系，以决定程序下一步的工作。比较两个量的运算符称为关系运算符。

4.1.1 关系运算符及其优先次序

在 C 语言中有以下关系运算符：

<　小于

<=　小于或等于

>　大于

>=　大于或等于

==　等于

!=　不等于

其结合性均为左结合。关系运算符的优先级低于算术运算符，高于赋值运算符。 在 6 个关系运算符中，<、<=、>、>=的优先级相同，高于==和!=，==和!=的优先级相同。

4.1.2　关系表达式

关系表达式就是用关系运算符将两个表达式连接起来的式子。关系表达式的一般形式为：

表达式　关系运算符　表达式

例如：

```
x+y>z
x>3/4
'1'+1<a
i-2*j==k+1
```

都是合法的关系表达式。由于表达式也可以又是关系表达式，因此也允许出现嵌套的情况。

例如：

```
x>(y>z)
a!=(b==c)
```

关系表达式的值是“真”和“假”，用 1 和 0 表示。

例如：

5>0 的值为“真”，即为 1。

(a=3)>(b=5)由于 3>5 不成立，故其值为假，即为 0。

【例 4.1】关系表达式示例。

程序如下：

```
#include "stdio.h"
main()
{
   char c='f';
   int i=1,j=2,k=3;
   float x=3.5,y=0.85;
   printf("%d,%d\n",'a'+5<c,-i-2*j>=k+1);  /*字符变量是以它对应的ASCII码参与运算的*/
   printf("%d,%d\n",1<j<5,x-5.25<=x+y);
   printf("%d,%d\n",i+j+k==-2*j,k==j==i+5); /* k==j==i+5，根据运算符的左结合性，先计算 k==j，该式不成立，其值为 0，再计算 0==i+5*/
}
```

4.2　逻辑运算符和表达式

有时，只用一个简单的关系表达式无法完整地表达一个条件，例如：

$$y=\begin{cases}5 & \text{当 } x\leqslant 0\\ 2x+1/a & \text{当 } x>0，a\neq 0\end{cases}$$

其中，$x>0$，$a\neq 0$ 两个条件需要用逻辑表达式来表达：x>0&&a!=0，&&就是一种逻辑运算符。

4.2.1 逻辑运算符及其优先次序

C 语言中提供了三种逻辑运算符：

&&　与运算

||　或运算

!　非运算

逻辑运算真值表见表 4.1。

表 4.1 逻辑运算真值表

a	b	a&&b	a||b	!a
0	0	0	0	1
0	1	0	1	1
1	0	0	1	0
1	1	1	1	0

与运算符“&&”和或运算符“||”均为双目运算符，具有左结合性。非运算符“!”为单目运算符，具有右结合性。逻辑运算符和其他运算符优先级的关系可表示如下：

!（非）→&&（与）→||（或）

“&&”和“||”的优先级低于关系运算符，“!”高于算术运算符。

常见运算符的优先级见表 4.2。

表 4.2 常见运算符的优先级

运　算　符	优先级
!（逻辑非）	高
算术运算符（*　/　%　+　-）	↑
关系运算符（<　<=　>　>=　==　!=）	↑
逻辑与&&和逻辑或||	↑
赋值运算符=	↑
逗号运算符,	低

按照运算符的优先次序可以得出：

a>b && c>d　　等价于　　(a>b)&&(c>d)

!b==c||d<a　　等价于　　((!b)==c)||(d<a)

a+b>c&&x+y<b　　等价于　　((a+b)>c)&&((x+y)<b)

C 编译在给出逻辑运算值时，以 1 代表“真”，0 代表“假”。在判断一个量是“真”还是“假”时，以 0 代表“假”，以非 0 的数值代表“真”。

例如：由于 5 和 3 均为非 0，因此 5&&3 的值为“真”，即为 1。

又如：5||0 的值为“真”，即为 1。

4.2.3　逻辑表达式

逻辑表达式的一般形式为：

表达式　逻辑运算符　表达式

其中的表达式可以又是逻辑表达式，从而组成嵌套情形。

例如：

```
(a&&b)&&c
```

根据逻辑运算符的左结合性，上式也可写为：

```
a&&b&&c
```

逻辑表达式的值是式中各种逻辑运算的最后值，以 1 和 0 分别代表“真”和“假”。

【例 4.2】逻辑表达式示例。

程序如下：

```
#include "stdio.h"
main(){
    int i=1,j=2,k=3;
    float x=3.5,y=0.85;
    printf("%d,%d\n",!x*!y,!!!x);
    printf("%d,%d\n",x||i&&j-3,i<j&&x<y);
    printf("%d,%d\n",i==5&&k&&(j=8),x+y||i+j+k);
}
```

本例中，!x 和!y 分别为 0，!x*!y 也为 0，故其输出值为 0。由于 x 为非 0，故!!!x 的逻辑值为 0。对 x|| i && j−3，先计算 j−3 的值为非 0，再求 i && j−3 的逻辑值为 1，故 x||i&&j−3 的逻辑值为 1。对 i<j&&x<y，由于 i<j 的值为 1，而 x<y 为 0，故表达式的值为 1，0 相与，最后为 0。对 i==5&&k&&(j=8)，由于 i==5 为假，即值为 0，该表达式由两个与运算组成，所以整个表达式的值为 0。对于 x+ y||i+j+k，由于 x+y 的值为非 0，故整个或表达式的值为 1。

说明：

所有的关系运算符和逻辑运算符所产生的结果不是 0 就是 1。

4.3　if 语　句

用 if 语句可以构成分支结构。它根据给定的条件进行判断，以决定执行某个分支程序段。C 语言的 if 语句有三种基本形式。

4.3.1　if 语句的三种形式

1．简单 if 语句

简单 if 语句又称单分支选择，其语法格式如下：

```
if(条件表达式) 语句;
```

其语义是：如果条件表达式的值为真，则执行其后的语句，否则不执行该语句。简单 if 语句的执行过程如图 4.1 所示。

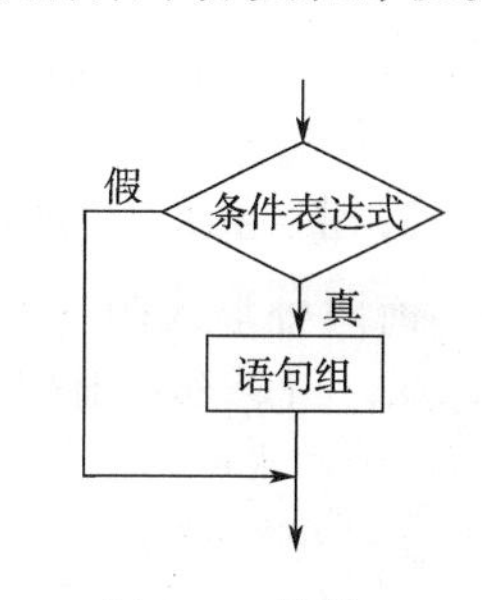

图 4.1　简单 if 语句的执行过程

条件表达式通常为关系表达式或逻辑表达式。其中语句可以是单个语句也可以是复合语句（由一对花括号{}所包含的语句组合）。

【例 4.3】“幻数”游戏，当猜对这个幻数时，将显示“**Right**”。

程序如下：

```
#include "stdio.h"
main()
{
    int magic=123;
    int guess;
    printf("\n input guess numbers:   ");
    scanf("%d",&guess);
    if(guess==magic)    printf("**Right**");
}
```

2. 标准 if...else 形式

标准 if...else 语句又称双分支选择，是 if 语句最常见的形式。其语法格式为：

```
if(条件表达式)
  语句组 1;
else
  语句组 2;
```

其语义是：如果表达式的值为真，则执行语句组 1，否则执行语句组 2。

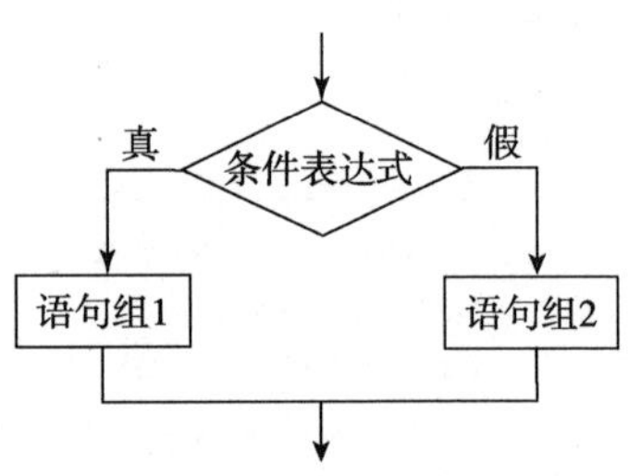

图 4.2　标准 if...else 语句的执行过程

标准 if...else 语句的执行过程如图 4.2 所示。

【例 4.4】“幻数”游戏，当猜对这个幻数时，将显示“**Right**”。猜错时显示“**Wrong**”。

程序如下：

```
#include "stdio.h"
main()
{
    int magic=123;
    int guess;
    printf("\n input guess numbers:   ");
    scanf("%d",&guess);
    if(guess==magic)
        printf("**Right**");
    else
        printf("**Wrong**");
}
```

3. if...else...if 形式

前两种形式的 if 语句一般都用于两个分支的情况。当遇到多个分支选择时，可以使用 if...else...if 语句，其语法格式为：

```
if(表达式 1)
    语句 1;
else  if(表达式 2)
    语句 2;
else  if(表达式 3)
```

```
    语句 3;
    …
else  if(表达式 n-1)
    语句 n-1;
else
    语句 n;
```

其语义是：依次判断表达式的值，当出现某个值为真时，则执行其对应的语句。然后跳到整个 if 语句之外继续执行程序。如果所有的表达式均为假，则执行语句 n。然后继续执行后续程序。

if…else…if 语句的执行过程如图 4.3 所示。

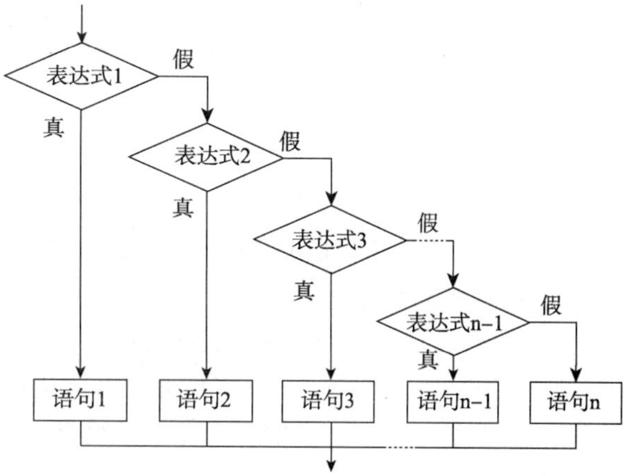

图 4.3　if…else…if 语句的执行过程

【例 4.5】“幻数”游戏。

程序如下：

```
#include "stdio.h"
main()
{
    int magic=123;
    int guess;
    printf("\n input guess numbers:   ");
    scanf("%d",&guess);
    if(guess==magic)
        {printf("**Right**");
            printf("%d is magic number",magic);
            }
    else
    {
        printf("**Wrong**");
        if(guess>magic)
            printf("Too hight");
        else
            printf("Too low");
    }
}
```

4. 使用 if 语句时应注意的问题

① 在三种形式的 if 语句中，在 if 关键字之后均为表达式。该表达式通常是逻辑表达式或关系表达式，但也可以是其他表达式，如赋值表达式等，甚至也可以是一个变量。

例如：

```
if(a=5) 语句;
if(b) 语句;
```

都是允许的。只要表达式的值为非 0，即为“真”。

如在

```
if(a=5)…;
```

中表达式的值永远为非 0，所以其后的语句总是要执行的，当然这种情况在程序中不一定会出现，但在语法上是合法的。

又如，有程序段：

```
if(a=b)
   printf("%d",a);
else
   printf("a=0");
```

本语句的语义是，把 b 值赋予 a，如为非 0 则输出该值，否则输出"a=0"字符串。这种用法在程序中是经常出现的。

② 在 if 语句中，条件判断表达式必须用括号括起来，在语句之后必须加分号。

③ 在 if 语句的三种形式中，所有的语句应为单个语句，如果要想在满足条件时执行一组（多个）语句，则必须把这一组语句用{}括起来组成一个复合语句。但要注意的是在}之后不能再加分号。

例如：

```
if(a>b)
{
   a++;b++;
}
   else
{
   a=0;b=10;
}
```

4.3.2 嵌套 if 语句

当 if 语句中执行的语句又是 if 语句时，就构成了 if 语句嵌套的情形。

其一般形式可表示如下：

```
if(表达式)
   if 语句;
```

或者

```
if(表达式)
   if 语句;
else
   if 语句;
```

在嵌套内的 if 语句可能又是 if...else 型的，这将会出现多个 if 和多个 else 重叠的情况，这时要特别注意 if 和 else 的配对问题。

例如：

```
if(表达式 1)
if(表达式 2)
语句 1;
else
语句 2;
```

其中的 else 究竟是与哪一个 if 配对呢?

应该理解为：

```
if(表达式 1)
```

```
    if(表达式 2)
        语句 1;
    else
        语句 2;
```

还是应理解为：

```
if(表达式 1)
    if(表达式 2)
        语句 1;
else
    语句 2;
```

为了避免这种二义性，C 语言规定，else 总是与它前面最近的 if 配对，因此对上述例子应按前一种情况理解。

【例 4.6】比较两个数的大小关系。

程序如下：

```
#include "stdio.h"
main()
{
    int a,b;
    printf("please input A,B:    ");
    scanf("%d%d",&a,&b);
    if(a!=b)
        if(a>b)
            printf("A>B\n");
        else
            printf("A<B\n");
    else
        printf("A=B\n");
}
```

本例中用了 if 语句的嵌套结构。采用嵌套结构实质上是为了进行多分支选择，实际上有三种选择即 A>B、A<B、A=B。这种问题用 if...else...if 语句也可以完成，而且程序更加清晰。因此，在一般情况下较少使用 if 语句的嵌套结构，以使程序更便于阅读理解。

【例 4.7】通过 if...else...if 语句比较两个数的大小关系。

程序如下：

```
#include "stdio.h"
main()
{
    int a,b;
    printf("please input A,B:      ");
    scanf("%d%d",&a,&b);
    if(a==b)
        printf("A=B\n");
    else
        if(a>b)
            printf("A>B\n");
        else
            printf("A<B\n");
}
```

4.3.3 条件运算符和条件表达式

条件运算符“?:”是一个三目运算符，即有三个参与运算的量。由条件运算符组成条件表达式的一般形式为：

表达式1?表达式2: 表达式3

条件表达式的值由表达式1来确定。如果表达式1的值为真，则以表达式2的值作为整个表达式的值；如果表达式1的值为假，则以表达式3的值作为整个表达式的值。其执行过程如图4.4所示。

运算符“?:”可以用来替代if...else语句：

```
if(条件)
    表达式;
else
    表达式;
```

这仅限于if和else的目标语句只是简单表达式，而不是C语言的其他语句。

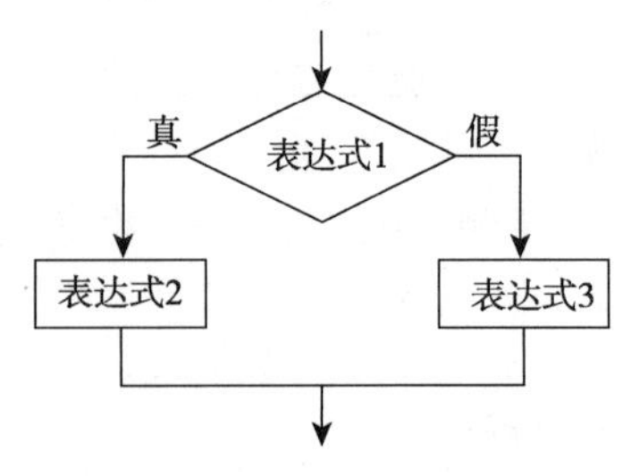

图4.4 条件表达式的执行过程

条件表达式通常用于赋值语句之中。

例如，条件语句：

```
if(a>b)  max=a;
else max=b;
```

可用条件表达式写为：

```
max=(a>b)?a:b;
```

执行该语句的语义是：如a>b为真，则把a赋予max，否则把b赋予max。

使用条件表达式时，还应注意以下几点：

① 条件运算符的运算优先级低于关系运算符和算术运算符，但高于赋值符。因此

```
max=(a>b)?a:b
```

可以去掉括号而写为

```
max=a>b?a:b
```

② 条件运算符“?:”是一对运算符，不能分开单独使用。

③ 条件运算符的结合方向是自右至左。例如：

```
a>b?a:c>d?c:d
```

应理解为

```
a>b?a:(c>d?c:d)
```

这也就是条件表达式嵌套的情形，即其中的表达式3又是一个条件表达式。

【例4.8】用条件表达式对上例重新编程，输出两个数中的大数。

程序如下：

```
#include "stdio.h"
main()
{
    int a,b,max;
    printf("\n input two numbers:   ");
    scanf("%d%d",&a,&b);
    printf("max=%d",a>b?a:b);
}
```

4.4 switch 语句

微 课

switch 语句

虽然阶梯式 if...else...if 语句结构和嵌套的 if 语句可以解决多分支问题，但其还不够灵活，关系不够清晰，在编程时也容易出错，甚至编程者在层次太多时自己也混淆了。由于这个原因，C 语言还提供了实现多路选择的另一个语句 switch，称为开关语句。开关语句的一般形式为：

```
switch(表达式)
{
    case 常量表达式 1:  语句 1;break;
    case 常量表达式 2:  语句 2; break;
    …
    case 常量表达式 n:  语句 n; break;
    default         :  语句 n+1;
}
```

其含义是：计算表达式的值。将该值逐个与其后的常量表达式值相比较，当表达式的值与某个常量表达式的值匹配相等时，即执行其后的语句或语句组直到 break 语句为止，如表达式的值与所有 case 后的常量表达式均不相同时，则执行 default 后的语句。Default 是任选项，如果没有这条语句，则在所有匹配都失败时什么也不执行。

break 语句又称中断语句，只有关键字，没有参数。它不仅可以与 switch 联用，强制退出 switch，结束分支语句，还可以在循环结构中终止循环（详见第 5 章）。

说明:

✓ 每个 case 后的常量表达式的值不能相同，否则会出现错误。

✓ 在 case 后，允许有多个语句，可以不用{}括起来。

✓ 各 case 和 default 子句的先后顺序可以变动，而不会影响程序执行结果。

✓ 理论上 break 语句是任选项。用来终止与每个常数有关的语句段。如果 break 语句遗漏了，则继续执行下一个 case，直到遇到 break 语句或 switch 的结尾为止。但实际运用中每个 case 后都应有一个 break。

✓ 多个 case 可以共用一组执行语句。例如：

```
case  10:
case  30:
case  50: printf("<60\n");
```

【例 4.9】输入一个数字，输出相应的星期。

程序如下：

```
#include "stdio.h"
main()
{
    int a;
    printf("input integer number:      ");
    scanf("%d",&a);
    switch(a)
    {
        case 1:printf("Monday\n");
```

```
        case 2:printf("Tuesday\n");
        case 3:printf("Wednesday\n");
        case 4:printf("Thursday\n");
        case 5:printf("Friday\n");
        case 6:printf("Saturday\n");
        case 7:printf("Sunday\n");
        default:printf("error\n");
    }
}
```

本程序是要求输入一个数字，输出一个英文单词。但是，当输入 3 之后，却执行了 case3 以及以后的所有语句，输出了 Wednesday 及以后的所有单词。这当然是不希望得到的结果。为什么会出现这种情况呢？这恰恰反应了 switch 语句的一个特点。在 switch 语句中，"case 常量表达式"只相当于一个语句标号，表达式的值和某标号相等则转向该标号执行，但不能在执行完该标号的语句后自动跳出整个 switch 语句，所以出现了继续执行所有后面 case 语句的情况。这是与前面介绍的 if 语句完全不同的，应特别注意。为了避免上述情况，C 语言提供了 break 语句，专用于跳出 switch 语句。break 语句只有关键字 break，没有参数。

【例 4.10】修改例 4.9 的程序，在每一 case 语句之后增加 break 语句，使每一次执行之后均可跳出 switch 语句，从而避免输出不应有的结果。

程序如下：

```
#include "stdio.h"
main()
{
    int a;
    printf("input integer number: ");
    scanf("%d",&a);
    switch(a)
    {
        case 1:printf("Monday\n");break;
        case 2:printf("Tuesday\n"); break;
        case 3:printf("Wednesday\n");break;
        case 4:printf("Thursday\n");break;
        case 5:printf("Friday\n");break;
        case 6:printf("Saturday\n");break;
        case 7:printf("Sunday\n");break;
        default:printf("error\n");
    }
}
```

微 课

程序举例

4.5 程 序 举 例

【例 4.11】输入三个整数，输出最大数和最小数。

程序如下：

```
#include "stdio.h"
main()
{
```

```
    int a,b,c,max,min;
    printf("input three numbers:    ");
    scanf("%d%d%d",&a,&b,&c);
    if(a>b)
      {max=a;min=b;}
    else
      {max=b;min=a;}
    if(max<c)
      max=c;
    else
      if(min>c)
        min=c;
    printf("max=%d\nmin=%d",max,min);
}
```

本程序中，首先比较输入的 a、b 的大小，并把大数装入 max，小数装入 min，然后再与 c 比较，若 max 小于 c，则把 c 赋予 max；如果 c 小于 min，则把 c 赋予 min。因此，max 内总是最大数，而 min 内总是最小数。最后输出 max 和 min 的值即可。

【例 4.12】计算器程序。用户输入运算数和四则运算符，输出计算结果。

程序如下：

```
#include "stdio.h"
main()
{
    float a,b;
    char c;
    printf("input expression: a(+,-,*,/)b \n");
    scanf("%f%c%f",&a,&c,&b);
    switch(c)
    {
       case '+': printf("%f\n",a+b);break;
       case '-': printf("%f\n",a-b);break;
       case '*': printf("%f\n",a*b);break;
       case '/': printf("%f\n",a/b);break;
       default: printf("input error\n");
    }
}
```

本例可用于四则运算求值。switch 语句用于判断运算符，然后输出运算值。当输入运算符不是+、-、*、/时给出错误提示。

【例 4.13】从键盘输入任意年份的整数 N，通过程序运行判断该年份是否为闰年。

判断任意年份是否为闰年，需要满足以下条件中的任意一个：

① 该年份能被 4 整除同时不能被 100 整除。

② 该年份能被 400 整除。

程序如下：

```
#include <stdio.h>
main()
{
```

```
    int year;
    printf("请输入一个年份，判断其是否为闰年: ");
    scanf("%d",&year);
    if((year%4==0&&year%100!=0)||year%400==0)
       printf("%d 年是闰年\n",year);
    else
       printf("%d 年不是闰年\n",year);
}
```

本 章 小 结

选择结构（分支结构）涉及的关键字包括 if、else、switch、case、break，还有一个条件运算符“?:”（这是 C 语言中唯一的三目运算符）。其中，if...else 是最基本的结构，switch...case 和“?:”都是由 if...else 演化而来，它们都是为了让程序员书写更加方便。可以只使用 if，也可以配对使用 if...else。另外，要善于使用 switch...case 和“?:”。if...else 可以嵌套使用，原则上嵌套的层次（深度）没有限制，但是过多的嵌套层次会让代码结构显得混乱。

技 能 训 练

训练题目：企业发放的奖金根据利润提成。利润（I）低于或等于 10 万元时，奖金可提 10%；利润高于 10 万元低于 20 万元时，低于 10 万元的部分按 10%提成，高于 10 万元的部分可提成 7.5%；20 万元到 40 万元之间时，高于 20 万元的部分可提成 5%；40 万元到 60 万元之间时，高于 40 万元的部分可提成 3%；60 万元到 100 万元之间时，高于 60 万元的部分可提成 1.5%；高于 100 万元时，超过 100 万元的部分按 1%提成。从键盘输入当月利润 I，求应发放奖金总数。

要求：分别用 if 语句和 switch 语句完成程序。

注意：定义时需把奖金定义成长整型。

课 后 习 题

一、填空题

1. C 语言中用________表示逻辑值“真”，用________表示逻辑值“假”。
2. 设 a=3,b=2,c=1,则 a>b 的值为________，a>b>c 的值为________。
3. C 语言中的关系运算符“!=”的优先级比“<=”________。
4. C 语言中的逻辑运算符“&&”比“||”的优先级________。
5. C 语言中逻辑运算符________的优先级高于算术运算符。
6. 将下列数学式改写成 C 语言的关系表达式或逻辑表达式：（1）________；（2）________。

   （1）a=b 或 a<c　　　（2）|x|>4
7. 写出下面各逻辑表达式的值。设 a=3，b=4，c=5。

   （1）a+b>c&&b==c 的值为________。

   （2）a||b+c&&b-c 的值为________。

（3）!(a>b)&&!c||1 的值为________。

（4）!(x=a)&&(y=b)&&0 的值为________。

（5）!(a+b)+c-1&&b+c/2 的值为________。

二、选择题

1. 在 C 语言中，能代表逻辑值“真”的是（　　）。

A. true　　B. 大于 0 的数　　C. 非 0 整数　　D. 非 0 的数

2. 下列运算符中优先级最高的的运算符是（　　）。

A. !　　B. %　　C. -=　　D. &&

3. 下列运算符中优先级最低的运算符是（　　）。

A. ||　　B. !=　　C. <=　　D. +

4. 为表示关系 x≥y≥z，应使用的 C 语言表达式是（　　）。

A. (x>=y)&&(y>=z)　　B. (x>=y)AND(y>=x)

C. (x>=y>=z)　　D. (x>=y)&(y>=z)

5. 设 a、b 和 c 都是 int 型变量，且 a=3,b=4,c=5，则以下的表达式中值为 0 的表达式是(　　)。

A. a&&b　　B. a<=b　　C. a||b+c&&b-c　　D. !((a<b)&&!c||1)

6. 当 c 的值不为 0 时，在下列选项中能正确将 c 的值赋给变量 a、b 的是（　　）。

A. c=b=a;　　B. (a=c) || (b=c);　　C. (a=c)&&(b=c);　　D. a=c=b;

7. 如果 int a=3,b=2,c=1; if(a>b>c)a=b; else a=c;，则 a 的值为（　　）。

A. 3　　B. 2　　C. 1　　D. 0

8. 如果 int a=2,b=3,c=0，则下列描述正确的是（　　）。

A. a>b!=c 和 a>(b!=c) 的执行顺序是一样的

B. !a!=(b!=c) 表达式的值为 1

C. a||(b=c) 执行后 b 的值为 0

D. a&&b>c 的结果为假

9. 有以下程序：

```
#include <stdio.h>
main()
{
    int a=2,b=-1,c=2;
    if(a<b)
        if(b<0) c=0;
        else c+=1;
    printf("%d\n",c);
}
```

程序的输出结果是（　　）。

A. 0　　B. 1　　C. 2　　D. 3

10. 有以下程序：

```
#include <stdio.h>
main()
{
```

```
    int w=4,x=3,y=2,z=1;
    printf("%d\n",(w<x?w:z<y?z:x));
}
```

程序的输出结果是（　　）。

A. 1　　B. 2　　C. 3　　D. 4

11. 有以下程序：

```
#include <stdio.h>
main()
{
    int a,b,s;
    scanf("%d%d",&a,&b);
    s=a;
    if(a<b) s=b;
    s*=s;
    printf("%d\n",s);
}
```

若执行以上程序时从键盘上输入 3 和 4，则输出结果是（　　）。

A. 14　　B. 16　　C. 18　　D. 20

12. 有以下程序：

```
#include <stdio.h>
main()
{
    int k=-3;
    if(k<=0) printf("$$$$\n")
    else    printf("&&&&\n");
}
```

程序的输出结果是（　　）。

A. 输出####　　B. 输出$$$$

C. 输出####&&&&　　D. 有语法错不能通过编译

13. 以下程序段中与语句 max=a>b?(b>c?1:0):0;功能等价的是（　　）。

A. if((a>b)&&(b>c) max=1;

B. if((a>b)||(b>c))　max=1
　else　max=0;

C. if(a<=b)　max=0;
　else if(b<=c)　max=1;

D. if(a>b)　max=1;
　else if(b>c)　max=1;

三、编程题

设托运行李处规定：行李质量不超过 20 kg 的，托运费按 0.18 元/kg 计费；如超 20 kg，超过部分每公斤加收 0.20 元。编写程序完成自动计费工作。

第5章 循环结构程序设计

在C语言中，允许一系列指令循环执行直到满足一个确定的条件为止。需要重复执行的问题可用循环结构解决，在C语言中主要有while、do...while和for三种循环语句，本章将逐一讲解。

课 件

循环控制

学习目标：

- 运用while语句进行循环结构程序设计。
- 运用do...while语句进行循环结构程序设计。
- 运用for语句进行循环结构程序设计。
- 应用嵌套的循环语句进行多重循环结构程序设计。
- 学习break、continue语句在循环控制中的作用。

5.1 概 述

循环结构是程序中一种很重要的结构。其特点是：在给定条件成立时，反复执行某程序段，直到条件不成立为止。给定的条件称为循环条件，反复执行的程序段称为循环体。C语言提供了多种循环语句，可以组成各种不同形式的循环结构。

微 课

5.1～5.4节

① 用goto语句和if语句构成循环。

② 用while语句。

③ 用do...while语句。

④ 用for语句。

5.2 goto语句以及用goto语句构成循环

goto语句是一种无条件转移语句，goto语句的使用格式为：

```
goto  语句标号;
```

其中，标号是一个有效的标识符，这个标识符加上一个“:”一起出现在函数内某处，执行goto语句后，程序将跳转到该标号处并执行其后的语句。另外，标号必须与goto语句同处于一个函数中，但可以不在一个循环层中。通常 goto 语句与 if 条件语句连用，当满足某一条件时，程序跳到标号处运行。

循环控制中已经很少使用 goto 语句了，如果需要使用这个语句，也仅仅是为了使程序的流向更清晰，如在多层嵌套退出时，用 goto 语句则比较合理。

【例 5.1】goto 语句构成循环。

程序如下：

```
#include "stdio.h"
main()
{
    int i,n=0;
    k=1;
loop:if(k<=10)
    {    n=n+k;
         k++;
         goto loop;
    }
    printf("%d\n",n);
}
```

5.3　while 语句

while 语句常用于实现“当型”循环，其语法格式为：

```
while(表达式) 语句;
```

或

```
while(表达式)
{
    循环体语句;
}
```

其中，表达式是循环条件，语句（语句组）为循环体。

while 语句的语义是：

① 选判断表达式是否成立，如果成立，则跳转到②，否则跳转到③。

② 执行循环体，执行完毕跳转到①。

③ 跳出循环，循环结束。

while 语句的执行过程如图 5.1 表示。

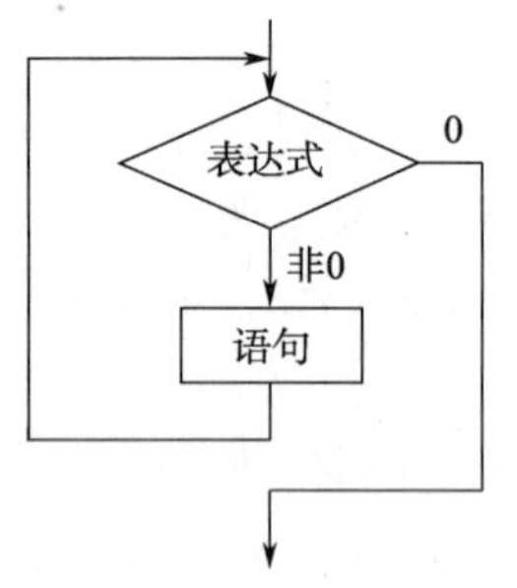

图 5.1　while 语句的执行过程

【例 5.2】用 while 语句求 1+2+3+…+100。

程序如下：

```
#include "stdio.h"
main()
{
   int i,sum;
   i=1; sum=0;
   while(i<=100)
   {
```

```
        sum=sum+i;
        i++;
    }
    printf("%d\n",sum);
}
```

循环过程分析：

① 第一次循环。i = 1, sum = sum + i = 0 + 1 = 1，这里右边的 sum 的值为初值 0，将 1 赋给左边的 sum 后，sum 的最新值变成了 1。

② 第二次循环。i = 2, sum = sum + i = 1 + 2 = 3，这里右边的 sum 的值已经通过上一步的计算变成了 1。把 3 赋值给左边的 sum 后，sum 的最新值就成了 3。

③ 第三次循环。i = 3, sum = sum + i = 3 + 3 = 6，这里右边的 sum 的值已经通过上一步的计算变成了 3。把计算结果 6 赋值给左边的 sum 后，sum 的最新值就成了 6。

④ ……执行一百次后，i=101，条件 i<=100 不成立，结束循环，输出 sum 的值。

使用 while 语句应注意以下几点：

① while 语句中的表达式一般是关系表达式或逻辑表达式，只要表达式的值为真(非 0)即可继续循环。

② 循环体如包括一个以上的语句，则必须用{}括起来，组成复合语句。

5.4　do…while 语句

do…while 语句的语法格式为：

```
do{
    循环体语句;
}while(表达式);
```

do…while 语句的语义为：

① 执行循环体，跳转到②。

② 再判断表达式是否成立，如果成立，则跳转到①，否则跳转到③。

③ 跳出循环，循环结束。

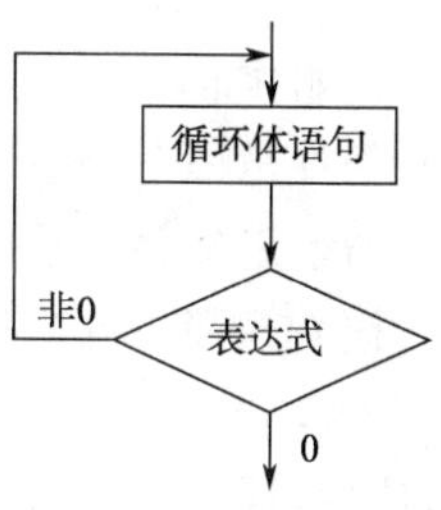

图 5.2　do…while 语句的执行过程

do…while 语句的执行过程如图 5.2 所示。

do…while 语句与 while 语句的不同在于：它先执行循环体语句，然后再判断表达式是否为真，如果为真则继续循环；如果为假，则终止循环。因此，do…while 语句至少要执行一次循环语句。

【例 5.3】用 do…while 语句求 100 以内奇数和。

程序如下：

```
#include "stdio.h"
main()
{
    int i,sum=0;
    i=1;
    do
```

```
{
      sum=sum+i;
      i++;i++;
}
while(i<=100);
printf("%d\n",sum);
}
```

5.5 for 语 句

● 微 课

for 语句

在C语言中，for语句使用最为灵活，它完全可以取代while语句。它的语句格式为：

```
for(表达式;表达式2;表达式3) 语句;
```

for语句的执行步骤如下：

① 先执行表达式1，跳转到第②步。

② 判断表达式2是否成立，如果成立，则跳转到第③步，否则跳转到第⑤步。

③ 执行循环体语句，执行完毕，跳转到第④步。

④ 执行表达式3，执行完毕，跳转到第②步。

⑤ 跳出循环，循环结束。执行for语句下面的一个语句。

for语句的执行过程如图5.3所示。

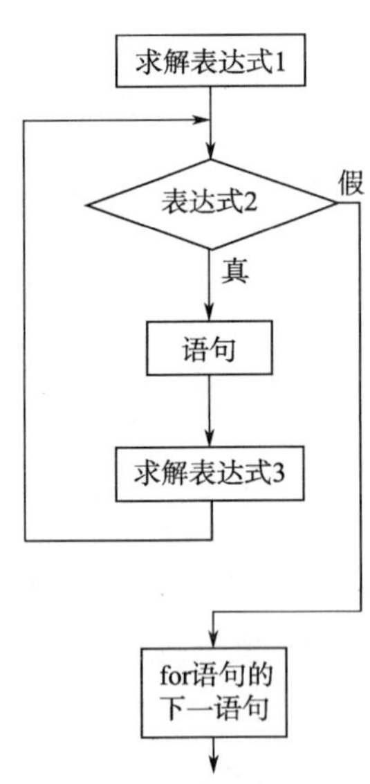

图 5.3 for语句的执行过程

for语句允许各种变体，但只有三种主要的语句：

① 初始化总是一个赋值语句，它用来建立循环控制变量。

② 条件是一个关系表达式，它决定什么时候退出循环。

③ 增量定义循环控制变量在每次循环时按什么方式变化。

for 语句最简单的应用形式也是最容易理解的形式如下：

```
for(循环变量赋初值;循环条件;循环变量增量) 语句;
```

循环变量赋初值总是一个赋值语句，它用来给循环控制变量赋初值；循环条件是一个关系表达式，它决定什么时候退出循环；循环变量增量，定义循环控制变量每循环一次后按什么方式变化。这三个部分之间用“;”分开。

例如：

```
for(i=1;i<=10;i++) sum=sum+i;
```

先给i赋初值1，判断i是否小于等于10，若是则执行语句，之后值增加1。再重新判断，直到条件为假，即 i>10 时，结束循环。

相当于：

```
i=1;
while(i<=10)
{    sum=sum+i;
     i++;
}
```

对于 for 循环中语句的一般形式，就是如下的 while 循环形式：

```
表达式 1;
while(表达式 2)
{
    语句;
    表达式 3;
}
```

注意：

① for 循环中的“表达式 1(循环变量赋初值)”、“表达式 2(循环条件)”和“表达式 3(循环变量增量)”都是选择项，即可以省略，但“;”不能省略。

② 省略了“表达式 1(循环变量赋初值)”，表示不对循环控制变量赋初值。

③ 省略了“表达式 2(循环条件)”，则不做其他处理时便成为死循环。

例如：

```
for(i=1;;i++)sum=sum+i;
```

相当于：

```
i=1;
while(1)
{sum=sum+i; i++;}
```

④ 省略了“表达式 3(循环变量增量)”，则不对循环控制变量进行操作，这时可在语句体中加入修改循环控制变量的语句。

例如：

```
for(i=1;i<=100;)
{sum=sum+i;i++;}
```

⑤ for(; ;)用于建立无限循环，它指定了一个无表达式的无限循环。但这种 for(; ;)结构不会产生死循环，因为在循环体的内部，当执行到 break 语句时，立即终止循环。

⑥ 表达式 2 一般是关系表达式或逻辑表达式，但也可是数值表达式或字符表达式，只要其值非零，就执行循环体。

例如：

```
for(i=0;(c=getchar())!='\n';i+=c);
```

又如：

```
for(;(c=getchar())!='\n';)
printf("%c",c);
```

5.6　循环的嵌套

5.6~5.7 节

一个循环内又包含另一个完整的循环结构即循环套循环，称为多重循环（嵌套循环）。按照循环的次数，分为二重循环、三重循环等。一般将处于内部的循环称为内循环，处于外部的循环称为外循环。一般单重循环只有一个循环变量，双重循环具有两个循环变量，多重循环有多个循环变量。

【例 5.4】打印出如下图案（菱形）：

```
      *
     ***
    ******
   ********
    ******
     ***
      *
```

程序分析：先把图形分成两部分来看待，前四行一个规律，后三行一个规律，利用双重 for 循环，第一层控制行，第二层控制列。

程序如下：

```
#include <stdio.h>
int main()
{
    int i,j,k;
    for(i=0;i<=3;i++)                  /*循环变量 i 控制行数*/
    {
        for(j=1;j<=3-i;j++)            /*循环变量 j 控制每行开始的空格数*/
            printf(" ");
        for(k=0;k<=2*i;k++)            /*循环变量 k 控制每行*号个数*/
            printf("*");
        printf("\n");
    }
    for(i=0;i<=2;i++)
    {
        for(j=1;j<=i+1;j++)
            printf(" ");
        for(k=0;k<=4-2*i; k++)
            printf("*");
        printf("\n");
    }
}
```

【例 5.5】输出如下所示的九九乘法表：

```
1*1= 1
1*2= 2  2*2= 4
1*3= 3  2*3= 6   3*3= 9
1*4= 4  2*4= 8   3*4=12  4*4=16
1*5= 5  2*5=10  3*5=15  4*5=20  5*5=25
1*6= 6  2*6=12  3*6=18  4*6=24  5*6=30  6*6=36
1*7= 7  2*7=14  3*7=21  4*7=28  5*7=35  6*7=42  7*7=49
1*8= 8  2*8=16  3*8=24  4*8=32  5*8=40  6*8=48  7*8=56  8*8=64
1*9= 9  2*9=18  3*9=27  4*9=36  5*9=45  6*9=54  7*9=63  8*9=72  9*9=81
```

程序如下：

```
#include <stdio.h>
main()
{
    int i,j;
    for(i=1;i<=9;i++)
    {
        for(j=1;j<=i;j++)
        {
            printf("%d*%d=%d\t",j,i,i*j);
```

```
        }
        printf("\n");
    }
}
```

5.7　几种循环的比较

① 4 种循环都可以用来处理同一个问题，一般可以互相代替。但一般不提倡用 goto 型循环。

② while 和 do…while 循环的循环体中应包括使循环趋于结束的语句。for 语句功能最强。

③ 用 while 和 do…while 循环时，循环变量初始化的操作应在 while 和 do…while 语句之前完成，而 for 语句可以在表达式 1 中实现循环变量的初始化。

④ 知道执行次数的时候一般用 for，条件循环时一般用 while。

5.8　break 和 continue 语句

5.8.1　break 语句

break 和 continue 语句

break 语句有两种用法。第一种用法是在 switch 语句中，退出当前 switch 语句，这在关于 switch 的用法中已经提到了。第二种用法是绕过一般的循环条件检验，立即强制性地中止一个循环。

当 break 语句用于 do…while、for、while 循环语句中时，可使程序中止循环而执行循环后面的语句，通常 break 语句总是与 if 语句联在一起，即满足条件时便跳出循环。

break 语句常用于在循环体内需要一个特殊的条件来立即中止循环。当一个循环内的 break 语句被执行时，循环立即中断，并转向循环体外的下一条语句。

【例 5.6】 break 语句示例。

程序如下：

```
#include <stdio.h>
main()
{
   int i;
   for(i=0;i<100;i++)
   {
      printf("%3d",i);
      if(i==10) break;
   }
}
```

这个程序在屏幕显示 0 到 10，然后终止。

注意：

① break 语句对 if…else 的条件语句不起作用。

② 在多层循环中，一个 break 语句只向外跳一层。

5.8.2　continue 语句

continue 语句的语法形式：

```
continue;
```

continue 语句有点像 break 语句，但 continue 不造成强制性的中断循环，而是跳过循环体中剩余的语句而强行执行下一次循环。continue 语句只用在 for、while、do…while 等循环体中,常与 if 条件语句一起使用，用来加速循环。

continue 语句流程图如图 5.4 所示。

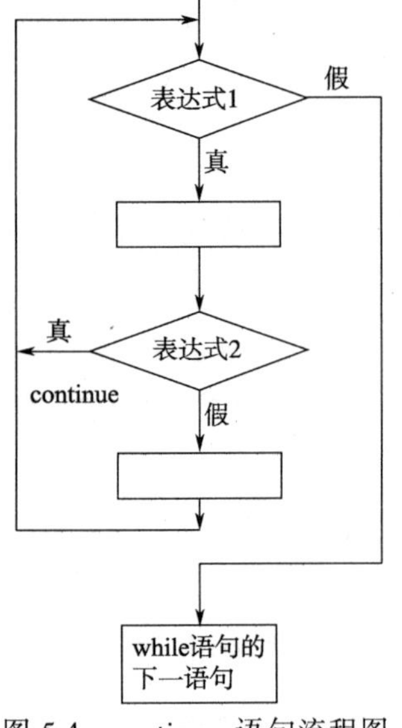

图 5.4 continue 语句流程图

【例 5.7】continue 语句示例。

程序如下：

```
#include <stdio.h>
main()
{
   int a;
   for(a=1;a<=5;a++)
   {
   if(a==3) continue;
      printf("%d\t",a);
  }
}
```

程序运行结果：

```
1  2  4  5
```

5.9 程 序 举 例

【例 5.8】编写程序，将从键盘输入的一行字符中所有的大写字母转换成小写字母，其他字符不变。

程序如下：

```
#include <stdio.h>
main()
{
   char ch;
   while((ch=getchar())!='\n')            /*当输入回车符时，退出循环*/
   {
      if(ch>='A'&&ch<='Z')
         ch+=32;                          /*大写字母转换成小写字母*/
      putchar(ch);
   }
   printf("\n");
}
```

【例 5.9】判断一个整数是否为素数（只能被自身和 1 整除的数）。

程序如下：

```
#include <math.h>
#include <stdio.h>
main()
{
   int num,i,flag=0;
```

```
   scanf("%d",&num);
   for(i=2;i<=sqrt(num);i++)
   {
      flag=0;
      if(num%i==0)
      {
         flag=1;
         break;
      }
   }
   if(flag==0)
      printf("%d is a prime number\n",num);
   else
      printf("%d is not a prime number\n",num);
}
```

【例 5.10】求 100 至 200 间的全部素数。

程序如下：

```
#include <math.h>
#include <stdio.h>
main()
{
   int num,i,k,n=0;
   for(num=101;num<=200;num+=2)
   {
      k=sqrt(num);
      for(i=2;i<=k;i++)
         if(num%i==0) break;
         if(i>=k+1)
         {
            printf("%4d",num);
            n=n+1;
         }
         if(n%10==0) printf("\n");
   }
   printf("\n");
}
```

本 章 小 结

C 语言中常用的循环结构有 while 循环和 for 循环，它们都可以用来处理同一个问题，一般可以互相代替。对于 while 和 do...while 循环，循环体中应包括使循环趋于结束的语句。对于 while 和 do...while 循环，循环变量的初始化操作应该在 while 和 do...while 语句之前完成，而 for 循环可以在内部实现循环变量的初始化。for 循环是最常用的循环，它的功能强大，一般都可以代替其他循环。

技 能 训 练

训练题目：计算并输出方程 $x^2+y^2+z^2=1989$ 的所有整数解。

分析题目：这个方程，对于 x、y、z 单独来看，任何一个数的绝对值不能超过 45，否则一定就大了，也就是 x、y、z 的循环条件一定都是-45~45。

考虑题目中都是平方项，所以如果 x、y、z 不是零，那么解一定是正负双倍的，因此求出一组解之后，如果任何一个变量不是 0，解的数量都翻倍。

因此，使用三重循环，x 最外层，z 最内层，依次进行推测。

课 后 习 题

一、填空题

1. 当执行以下程序段后，i 的值是________，j 的值是________，k 的值是________。

```
int a,b,c,d,i,j,k;
a=10;b=c=d=5;i=j=k=0;
for(;a>b;++b) i++;
while(a>++c) j++;
do k++; while(a>d++);
```

2. 以下程序段的输出结果是________。

```
int k,n,m;
n=10;m=1;k=1;
while(k++<=n) m*=2;
printf("%d\n",m);
```

3. 以下程序的输出结果是________。

```
#include <stdio.h>
main()
{   int x=2;
    while(x--);
    printf("%d\n",x);
}
```

二、选择题

1. C 语言中 while 和 do...while 循环的主要区别是（　　）。

   A. do...while 的循环体至少无条件执行一次

   B. while 的循环控制条件比 do...while 的循环控制条件严格

   C. do...while 允许从外部转到循环体内

   D. do...while 的循环体不能是复合语句

2. 设 x 和 y 均为 int 型变量，则执行下面的循环后 y 的值为（　　）。

```
for (y=1,x=1;y<=50;y++)
{  if (x>=10) break;
   if (x%2==1) {x+=5;continue;}
   x-=3;
}
```

A. 2　　B. 4　　C. 6　　D. 8

3. 有以下程序段:

```
int k,j,s;
for(k=2;k<6;k++,k++)
{  s=1;
   for(j=k;j<6;j++)  s+=j;}
printf("%d\n",s);
```

程序段的输出结果是(　　)。

A. 9　　B. 1　　C. 11　　D. 10

4. 有以下程序段:

```
int i,j,m=0;
for(i=1;i<=15;i+=4)
   for(j=3;j<=19;j+=4)  m++;
printf("%d\n",m);
```

程序段的输出结果是(　　)。

A. 12　　B. 15　　C. 20　　D. 25

5. 有以下程序段:

```
int n=10;
while(n>7)
{  n--;
   printf("%d\n",n);
}
```

程序段的输出结果是(　　)。

A. 10
9
8

B. 9
8
7

C. 10
9
8
7

D. 9
8
7
6

6. 有以下程序段:

```
int x=3;
do
{  printf("%3d",x-=2);
}
while(!(--x));
```

程序段的输出结果是(　　)。

A. 1　　B. 3 0　　C. 1 -2　　D. 死循环

7. 有以下程序:

```
#include <stdio.h>
main()
{  int i,sum;
   for(i=1;i<6;i++)  sum+=sum;
   printf("%d\n",sum);
}
```

程序的输出结果是(　　)。

A. 15　　B. 14　　C. 不确定　　D. 0

8. 以下叙述中正确的是（　　）。

A. do...while 语句构成的循环不能用其他语句构成的循环来代替

B. do...while 语句构成的循环只能用 break 语句退出

C. 用 do...while 语句构成循环时，只有在 while 后的表达式为非零时才能结束循环

D. 用 do...while 语句构成循环时，只有在 while 后的表达式为零时才能结束循环

三、编程题

1. 编写程序，输出从公元 2000 年至 3000 年所有闰年的年号，每输出 10 个年号换一行，判断是否闰年的条件是:

① 公元年数如能被 4 整除，而不能被 100 整除，则是闰年。

② 公元年数如能被 400 整除，也是闰年。

2. 编写程序，求 sum=1!+2!+3!+…+n!。

① 用 for 循环，计算 n=10 时 sum 的值。

② 用 while 循环，计算 sum 在 1000 内的最大值。

第6章

数　组

所谓数组是具有相同数据类型的变量集，并拥有相同的名字。数组中的每个元素都通过下标来访问。C 语言中的数组是一段连续的存储地址构成的，最低的地址对应第一个数组元素，最高的地址对应最后一个元素。数组可分为一维数组、二维数组和多维数组。按数组元素的类型不同，数组又可分为数值数组、字符数组、指针数组、结构数组等各种类别。

课 件

数组

学习目标

- 掌握一维数组、二维数组的定义、初始化及应用。
- 掌握数组元素的引用方法：下标法、数组名法。
- 掌握字符串的使用和字符串函数的应用。
- 掌握数组在程序设计中的应用。

6.1　一维数组的定义和引用

6.1.1　一维数组的定义方式

微 课

一维数组的定义和引用

一维数组的定义方式为：

```
类型说明符 数组名 [常量表达式];…;
```

在 C 语言中，数组必须有明确的说明，以便编译程序在内存中分配给它们空间，这里类型说明符是指数组的数据类型，即每个数组元素的类型。数组名是用户定义的数组标识符。常量表达式表示该数组中拥有多少个元素。

例如：

```
int a[10];             //说明整型数组 a，有 10 个元素
float b[10],c[20];     //说明实型数组 b，有 10 个元素，实型数组 c，有 20 个元素
char d[20];            //说明字符数组 d，有 20 个元素
```

对于数组类型说明应注意以下几点：

① 数组的类型实际上是指数组元素的取值类型。对于同一个数组，其所有元素的数据类型都是相同的。

② 数组名和变量名的书写规则相同，应符合标识符的书写规定。

③ 数组名不能与其他变量名相同。

例如：

```
main()
{
    int p;
    char p[10];
    …
}
```

是错误的。

④ 方括号中常量表达式表示数组元素的个数，如 p[10]表示数组 p 有 10 个元素。

⑤ 所有数组都以 0 作为第 1 个元素的下标，因此当定义

```
int p[10];
```

时，是说明有 10 个元素的整型数组，从 p[0]到 p[9]。

⑥ 方括号中必须用常量表示元素的个数，可以是符号常量或常量表达式，不能使用变量。

例如：

```
#define stu 5
main()
{
    int a[3+2],b[7+stu];
    …
}
```

是合法的。

但是下述说明方式是错误的。

```
main()
{
    int i=5;
    int a[i];    /*错误，i 为变量*/
    …
}
```

⑦ 允许在同一个类型说明中，说明多个数组和多个变量。

例如：

```
int a,b,c,d,s1[60],s2[100];
```

⑧ 数组元素在内存中的存储是：地址是由低到高并且是连续存储的。

6.1.2 一维数组的初始化

初始化指的是在定义数组时，为数组元素赋初值。给数组赋值的方法除了用赋值语句对数组元素逐个赋值外，还可采用初始化赋值和动态赋值的方法。

数组初始化赋值是指在数组定义时给数组元素赋予初值。数组初始化是在编译阶段进行的。这样将减少运行时间，提高效率。

例如：

```
int a[5]={3,2,-5,8,20};
```

等价于

```
a[0]=3; a[1]=2; a[2]=-5; a[3]=8; a[4]=20;
```

数组初始化说明：

① 其中在{ }中的各数据值即为各元素的初值，各值之间用逗号间隔。

例如：

```
int a[10]={ 4,1,-2,3,4,5,8,7,3,29 };
```

相当于

```
a[0]=4;a[1]=1...a[9]=29;
```

② 数组如果不初始化，那么其数组元素的值为随机数。

③ 给全部数组元素赋初值时，可不指定数组长度，如 int a[]={7,3,6,7,6};，编译系统会根据初值个数确定数组长度。

④ 可以给部分数组元素赋初值，如 int a[10]={7,3,6};，当{ }中值的个数少于元素个数时，只给前面部分元素赋值。表示只给 a[0] ~ a[2] 3 个元素赋值，而后 7 个元素自动赋 0 值。

⑤ 只能给元素逐个赋值，不能给数组整体赋值。

6.1.3　一维数组元素的引用

数组元素是组成数组的基本单元。数组元素也是一种变量，其标识方法为数组名后跟一个下标。下标表示了元素在数组中的顺序号。

数组元素的一般形式为：

```
数组名[下标]
```

其中下标只能为整型常量或整型表达式。

例如：

```
a[5]
a[i+j]
a[i++]
```

都是合法的数组元素。

数组元素通常也称下标变量。必须先定义数组，才能使用下标变量。在 C 语言中只能逐个地使用下标变量，而不能一次引用整个数组。

例如，输出有 100 个元素的数组必须使用循环语句逐个输出各下标变量：

```
for(i=0; i<100; i++)
    printf("%d",a[i]);
```

而不能用一条语句输出整个数组。

下面的写法是错误的：

```
printf("%d",a);
```

【例 6.1】定义 10 个元素的数组，并为数组元素赋初值 0~9，然后输出数组元素。

方法 1 程序如下：

```
#include "stdio.h"
main()
{
  int i,a[10];
  for(i=0;i<=9;i++)
```

```
        a[i]=i;
    for(i=9;i>=0;i--)
        printf("%d ",a[i]);
}
```

方法 2 程序如下：

```
#include "stdio.h"
main()
{
    int i,a[10];
    for(i=0;i<10;)
        a[i++]=i;
    for(i=9;i>=0;i--)
        printf("%d",a[i]);
}
```

【例 6.2】通过循环语句为数组元素赋奇数值。

程序如下：

```
#include "stdio.h"
main()
{
    int i,a[10];
    for(i=0;i<10;)
        a[i++]=2*i+1;
    for(i=0;i<=9;i++)
      printf("%d ",a[i]);
}
```

本例中用一个循环语句给 a 数组各元素送入奇数值，然后用第二个循环语句输出各个奇数。在第一个 for 语句中，表达式 3 省略了。在下标变量中使用了表达式 i++，用以修改循环变量。当然第二个 for 语句也可以这样做，C 语言允许用表达式表示下标。

6.1.4　一维数组程序举例

可以在程序执行过程中对数组作动态赋值。这时可用循环语句配合 scanf( )函数逐个对数组元素赋值。

【例 6.3】为数组动态赋值。

程序如下：

```
#include <stdio.h>
main()
{
    int i,max,a[10];
    printf("input 10 numbers:\n");
    for(i=0;i<10;i++)                    /*逐个输入 10 个数到数组 a 中*/
        scanf("%d",&a[i]);
    max=a[0];
    for(i=1;i<10;i++)
        if(a[i]>max) max=a[i];
```

```
  printf("maxnum=%d\n",max);  /*从 a[1]到 a[9]逐个与 max 中的内容比较，若比 max
的值大，则把下标变量送入 max 中，因此 max 总是在已比较过的下标变量中为最大者。比较结束，
输出 max 的值*/
}
```

【例 6.4】为数组元素顺序赋值。

程序如下：

```
#include <stdio.h>
main()
{
  int i,j,p,q,s,a[10];
  printf("\n input 10 numbers:\n");
  for(i=0;i<10;i++)
      scanf("%d",&a[i]);
  for(i=0;i<10;i++){
      p=i;q=a[i];
      for(j=i+1;j<10;j++)
  if(q<a[j]) { p=j;q=a[j]; }
      if(i!=p)
      {  s=a[i];
         a[i]=a[p];
         a[p]=s;
      }
      printf("%d",a[i]);
  }
}
```

本例程序中用了两个并列的 for 循环语句，在第二个 for 语句中又嵌套了一个循环语句。第一个 for 语句用于输入 10 个元素的初值。第二个 for 语句用于排序。本程序的排序采用逐个比较的方法进行。在 i 次循环时，把第一个元素的下标 i 赋于 p，而把该下标变量值 a[i]赋于 q。然后进入小循环，从 a[i+1]起到最后一个元素止逐个与 a[i]作比较，有比 a[i]大者则将其下标送 p，元素值送 q。一次循环结束后，p 即为最大元素的下标，q 则为该元素值。若此时 i≠p，说明 p、q 值均已不是进入小循环之前所赋之值，则交换 a[i]和 a[p]之值。此时，a[i]为已排序完毕的元素。输出该值之后转入下一次循环。对 i+1 以后各个元素排序。

6.2　二维数组的定义和引用

C 语言允许多维数组，多维数组的最简单的形式就是二维数组。实质上，二维数组也是由一维数组组成的。

微 课

二维数组的定义和引用

6.2.1　二维数组的定义

前面介绍的数组只有一个下标，称为一维数组，其数组元素也称单下标变量。在实际问题中很多量是二维的或多维的，因此 C 语言允许构造多维数组。多维数组元素有多个下标，以标识它在数组中的位置，所以也称多下标变量。本小节只介绍二维数组，多维数组可由二维数组类推得到。

二维数组定义的一般形式是：

```
类型说明符 数组名[常量表达式 1][常量表达式 2]
```

其中，常量表达式 1 表示第一维下标的长度；常量表达式 2 表示第二维下标的长度。

例如：

```
int a[3][4];
```

说明了一个 3 行 4 列的数组，数组名为 a，其下标变量的类型为整型。该数组的下标变量共有 3 ×4 个，即：

```
a[0][0],a[0][1],a[0][2],a[0][3]
a[1][0],a[1][1],a[1][2],a[1][3]
a[2][0],a[2][1],a[2][2],a[2][3]
```

二维数组在概念上是二维的，即是说其下标在两个方向上变化，下标变量在数组中的位置也处于一个平面之中，而不是像一维数组只是一个向量。但是，实际的硬件存储器却是连续编址的，也就是说存储器单元是按一维线性排列的。如何在一维存储器中存放二维数组，可有两种方式：一种是按行排列，即放完一行之后顺次放入第二行；另一种是按列排列，即放完一列之后再顺次放入第二列。在 C 语言中，二维数组是按行排列的。即先存放 a[0]行，再存放 a[1]行，最后存放 a[2]行。每行中的元素也是依次存放。

由于数组 a 说明为 int 类型，该类型占两个字节的内存空间，所以每个元素均占有两个字节。

6.2.2 二维数组元素的引用

二维数组的元素也称双下标变量，其表示的形式为：

```
数组名[下标][下标]
```

其中，下标应为整型常量或整型表达式。

例如：

```
a[3][4]
```

表示 a 数组 3 行 4 列的元素。

下标变量和数组说明在形式中有些相似，但这两者具有完全不同的含义。数组说明的方括号中给出的是某一维的长度，即可取下标的最大值；而数组元素中的下标是该元素在数组中的位置标识。前者只能是常量，后者可以是常量、变量或表达式。

【例 6.5】一个学习小组有 5 个人，每个人有三门课的考试成绩（见表 6.1）。求全组分科的平均成绩和各科总平均成绩。可设一个二维数组 a[5][3]存放 5 个人三门课的成绩。再设一个一维数组 v[3]存放所求得各分科平均成绩，设变量 average 为全组各科总平均成绩。

表 6.1 考 试 成 绩

人员	Math	Chinese	English
Anne	78	62	82
Jordan	86	83	87
Rose	90	85	79
Roth	68	72	77
Daisy	75	81	88

程序如下：

```
#include <stdio.h>
main()
{
  int i,j,s=0,average,v[3],a[5][3];
  printf("input score\n");
  for(i=0;i<3;i++)
  {
      for(j=0;j<5;j++)
        { scanf("%d",&a[j][i]);
          s=s+a[j][i];}
          v[i]=s/5;
          s=0;
        }
  average =(v[0]+v[1]+v[2])/3;
  printf("Math:%d\nChinese:%d\nEnglish:%d\n",v[0],v[1],v[2]);
  printf("total:%d\n",average);
}
```

程序中首先用了一个双重循环。在内循环中依次读入某一门课程的各个学生的成绩，并把这些成绩累加起来，退出内循环后再把该累加成绩除以 5 送入 v[i]之中，这就是该门课程的平均成绩。外循环共循环三次，分别求出三门课各自的平均成绩并存放在 v 数组之中。退出外循环之后，把 v[0]、v[1]、v[2]相加除以 3 即得到各科总平均成绩。最后按题意输出各成绩。

6.2.3　二维数组的初始化

二维数组初始化也是在类型说明时给各下标变量赋以初值。二维数组可按行分段赋值，也可按行连续赋值。

例如，对数组 a[5][3]：

① 按行分段赋值可写为：

```
int a[5][3]={ {80,75,92},{61,65,71},{59,63,70},{85,87,90},{76,77,85} };
```

② 按行连续赋值可写为：

```
int a[5][3]={ 80,75,92,61,65,71,59,63,70,85,87,90,76,77,85};
```

这两种赋初值的结果是完全相同的。

【例 6.6】二维数组初始化。

程序如下：

```
#include <stdio.h>
main()
{
  int i,j,s=0,average_1,v[3];
  int a[5][3]={{80,75,92},{61,65,71},{59,63,70},{85,87,90},{76,77,85}};
  for(i=0;i<3;i++)
  { for(j=0;j<5;j++)
    s=s+a[j][i];
    v[i]=s/5;
    s=0;
  }
```

```
  average_1=(v[0]+v[1]+v[2])/3;
  printf("math:%d\nc language:%d\ndFoxpro:%d\n",v[0],v[1],v[2]);
  printf("total:%d\n", average_1);
}
```

对于二维数组初始化赋值还有以下说明：

① 可以只对部分元素赋初值，未赋初值的元素自动取 0 值。

例如：

```
int a[3][3]={{1},{2},{3}};
```

是对每一行的第一列元素赋值，未赋值的元素取 0 值。赋值后各元素的值为：

```
1  0  0
2  0  0
3  0  0
```

又如：

```
int a [3][3]={{5,1},{0,0,2},{3}};
```

赋值后的元素值为:

```
5  1  0
0  0  2
3  0  0
```

② 如对全部元素赋初值，则第一维的长度可以不给出。

例如：

```
int a[3][3]={1,2,3,4,5,6,7,8,9};
```

可以写为：

```
int a[][3]={1,2,3,4,5,6,7,8,9};
```

③ 数组是一种构造类型的数据。二维数组可以看作由一维数组的嵌套而构成的。设一维数组的每个元素都又是一个数组，就组成了二维数组。当然，前提是各元素类型必须相同。根据这样的分析，一个二维数组也可以分解为多个一维数组。C 语言允许这种分解。

例如，二维数组 a[3][4]，可分解为三个一维数组，其数组名分别为：

```
a[0]
a[1]
a[2]
```

对这三个一维数组不需另作说明即可使用。这三个一维数组都有 4 个元素，例如，一维数组 a[0]的元素为 a[0][0],a[0][1],a[0][2],a[0][3]。

必须强调的是，a[0],a[1],a[2]不能当作下标变量使用，它们是数组名，不是一个单纯的下标变量。

6.2.4 二维数组程序举例

【例 6.7】将一个二维数组行和列元素互换，存到另一个二维数组中。

程序如下：

```
#include <stdio.h>
int main()
{
   int i,j,a[2][3]={ {1,2,3},{4,5,6} },b[3][2];
   printf("array a:\n");
```

```
    for(i=0;i<=1;i++)          /*处理 a 数组中的一行中各元素*/
    {
        for(j=0;j<=2;j++)      /*处理 a 数组中的某一列元素*/
        {
            printf("%5d",a[i][j]);
            b[j][i]=a[i][j];
        }
        printf("\n");
    }
    printf("array b:\n");
    for(i=0;i<=2;i++)
    {
        for(j=0;j<=1;j++)
        {
            printf("%5d", b[i][j]);
        }
        printf("\n");
    }
}
```

6.3　字 符 数 组

用来存放字符量的数组称为字符数组。

微 课

字符数组

6.3.1　字符数组的定义

字符数组的定义形式与前面介绍的数值数组相同。

例如：

```
char c[10];
```

由于字符型和整型通用，也可以定义为 int c[10]，但这时每个数组元素占 2 个字节的内存单元。字符数组也可以是二维或多维数组。

例如：

```
char c[5][10];
```

即为二维字符数组。

6.3.2　字符数组的初始化

字符数组也允许在定义时作初始化赋值。

例如：

```
char c[10]={'c',' ','p','r','o','g','r','a','m'};
```

赋值后各元素的值为：

c		p	r	o	g	r	A	m	\0

c[0]的值为'c'

c[1]的值为' '

c[2]的值为'p'

c[3]的值为'r'
c[4]的值为'0'
c[5]的值为'g'
c[6]的值为'r'
c[7]的值为'a'
c[8]的值为'm'
其中，c[9]未赋值，由系统自动赋予 \0 值。

当对全体元素赋初值时，也可以省去长度说明。

例如：

```
char c[]={'c',' ','p','r','o','g','r','a','m'};
```

这时 C 数组的长度自动定为 9。

6.3.3 字符数组的引用

【例 6.8】字符数组的引用

程序如下：

```
#include "stdio.h"
main()
{
  int i,j;
  char a[][5]={{'l','i','a', 'o',},{'n','i','n','g'}};
  for(i=0;i<=1;i++)
  {
      for(j=0;j<=3;j++)
         printf("%c",a[i][j]);
      printf("\n");
  }
}
```

本例的二维字符数组由于在初始化时全部元素都赋以初值，因此一维下标的长度可以不加以说明。

6.3.4 字符串和字符串结束标志

在 C 语言中，字符串实际上是使用 null 字符 '\0' 终止的一维字符数组。因此，一个以 null 结尾的字符串，包含了组成字符串的字符。在C语言中没有专门的字符串变量，通常用一个字符数组来存放一个字符串。前面介绍字符串常量时，已说明字符串总是以'\0'作为串的结束符。因此，当把一个字符串存入一个数组时，也把结束符'\0'存入数组，并以此作为该字符串是否结束的标志。有了'\0'标志后，就不必再用字符数组的长度来判断字符串的长度了。其实，无须把 null 字符放在字符串常量的末尾。C 编译器会在初始化数组时，自动把 '\0' 放在字符串的末尾。

C语言允许用字符串的方式对数组作初始化赋值。

例如：

```
char c[]={'m','y' ,' ','C',' ','p','r','o','g','r','a','m'};
```

可写为

```
char c[]={"my C program"};
```

或去掉{}写为

```
char c[]="my C program";
```

用字符串方式赋值比用字符逐个赋值要多占一个字节，用于存放字符串结束标志'\0'。

上面的数组 c 在内存中的实际存放情况如下：

m	y		C		p	r	o	g	r	a	m	\0

'\0'是由 C 编译系统自动加上的。由于采用了'\0'标志，所以在用字符串赋初值时一般无须指定数组的长度，而由系统自行处理。

应该说明的是，对一个字符数组，如果不作初始化赋值，则必须说明数组长度。例如：

```
char c[10];
```

6.3.5　字符数组的输入/输出

在采用字符串方式后，字符数组的输入和输出将变得简单方便。

1. 常见的字符串处理函数 printf( )、scanf( )

除了上述用字符串赋初值的办法外，还可用 scanf( ) 函数和 printf( ) 函数一次性输入/输出一个字符数组中的字符串，而不必使用循环语句逐个地输入/输出每个字符。

【例 6.9】 输出字符串。

程序如下：

```
#include "stdio.h"
main()
{
  char str1[]="student.";
  printf("%s\n",str1);  /*格式字符串为“%s”，表示输出的是一个字符串。而在输出表列
中给出数组名则可。不能写为：printf("%s",c[]); */
}
```

【例 6.10】 输入字符串。

程序如下：

```
#include "stdio.h"
main()
{
  char str2[15];
  printf("input string:\n");
  scanf("%s",str2);
  printf("%s\n",str2);
}
```

本例中由于定义数组长度为 15，因此输入的字符串长度必须小于 15，以留出一个字节用于存放字符串结束标志'\0'。

应该特别注意的是，当用 scanf( ) 函数输入字符串时，字符串中不能含有空格，否则将以空格作为串的结束符。例如，当输入的字符串中含有空格时，运行情况为：

```
input string:
   this is a book
```

输出为：

```
this
```

从输出结果可以看出空格以后的字符都未能输出。为了避免这种情况，可多设几个字符数组分段存放含空格的串。

程序可改写如下：

【例 6.11】输入/输出字符串。

程序如下：

```
#include "stdio.h"
main()
{
  char string1[6],string2[6],string3[6],string4[6];
  printf("input string:\n");
  scanf("%s%s%s%s",string1,string2,string3,string4);
  printf("%s %s %s %s\n",string1,string2,string3,string4);
}
```

本程序分别设了 4 个数组，输入的一行字符的空格分段分别装入 4 个数组。然后分别输出这 4 个数组中的字符串。

在前面介绍过，scanf( ) 的各输入项必须以地址方式出现，如 &a、&b 等。但在前例中却是以数组名方式出现的，这是为什么呢？这是由于在 C 语言中规定，数组名就代表了该数组的首地址。整个数组是以首地址开头的一块连续的内存单元。

例如，有字符数组 char c[10]，在内存可表示如下：

c[0]	c[1]	c[2]	c[3]	c[4]	c[5]	c[6]	c[7]	c[8]	c[9]

设数组 c 的首地址为 2000，也就是说 c[0]单元地址为 2000，则数组名 c 就代表这个首地址，因此在 c 前面不能再加地址运算符&。如写作 scanf("%s",&c);则是错误的。在执行函数 printf("%s",c) 时，按数组名 c 找到首地址，然后逐个输出数组中各个字符直到遇到字符串终止标志'\0'为止。

2. 专用字符数组的输入/输出函数

C 语言提供了丰富的字符串处理函数，大致可分为字符串的输入、输出、合并、修改、比较、转换、复制、搜索几类。使用这些函数可大大减轻编程的负担。用于输入/输出的字符串函数，在使用前应包含头文件 stdio.h，使用其他字符串函数则应包含头文件 string.h。

下面介绍几个最常用的字符串函数。

（1）字符串输出函数 puts( )

格式：puts(字符数组名)

功能：把字符数组中的字符串输出到显示器，即在屏幕上显示该字符串。

【例 6.12】puts( ) 函数示例。

程序如下：

```
#include "stdio.h"
#include "string.h"
main()
{
  char str1[]="student.";
```

```
  puts(str1);
}
```

作用：输出以 NULL 即\0 结束的字符串 str1，自动加上换行符。 Puts( ) 函数其实完全可以由 printf( ) 函数取代。当需要按一定格式输出时，通常使用 printf( ) 函数。

（2）字符串输入函数 gets( )

格式：gets(字符数组名)

功能：从标准输入设备键盘上输入一个字符串。

本函数得到一个函数值，即为该字符数组的首地址。

【例 6.13】gets( ) 函数示例。

程序如下：

```
#include "stdio.h"
#include "string.h"
main()
{
  char string[15];
  printf("input string:\n");
  gets(string);
  puts(string);
}
```

可以看出当输入的字符串中含有空格时，输出仍为全部字符串。说明 gets( ) 函数并不以空格作为字符串输入结束的标志，而只以回车符作为输入结束。这是与 scanf( ) 函数不同的。

6.3.6　常用的字符处理函数

C 语言定义了一系列的字符串处理函数用于字符串的处理，字符串函数定义在 string.h 中，因此，在使用字符串函数时，应在程序开始加上#include "string.h"。

1. 字符串连接函数 strcat( )

格式：strcat(字符数组 1,字符数组 2)

功能：把字符数组 2 中的字符串连接到字符数组 1 中字符串的后面，并删去字符数组 1 中字符串后的串标志“\0”。本函数返回值是字符数组 1 的首地址。

【例 6.14】strcat( )函数示例。

程序如下：

```
#include "string.h"
#include "stdio.h"
main()
{
  char string1[30]="My hometown is ";
  char string2[15];
  printf("input your hometown:\n");
  gets(string2);
  strcat(string1, string2);
  puts(string1);
}
```

本程序把初始化赋值的字符数组与动态赋值的字符串连接起来。要注意的是，字符数组应定义足够的长度，否则不能全部装入被连接的字符串。

2. 字符串复制函数 strcpy( )

格式：strcpy(字符数组名 1,字符数组名 2)

功能：把字符数组 2 中的字符串复制到字符数组 1 中。串结束标志“\0”也一同复制。字符数名 2，也可以是一个字符串常量。这时相当于把一个字符串赋予一个字符数组。

【例 6.15】strcpy( ) 函数示例。

程序如下：

```
#include "string.h"
#include "stdio.h"
main()
{
  char st1[15],st2[]="C Language";
  strcpy(st1,st2);
  puts(st1);
  printf("\n");
}
```

本函数要求字符数组 1 应有足够的长度，否则不能全部装入所复制的字符串。

3. 字符串比较函数 strcmp( )

格式：strcmp(字符数组名 1,字符数组名 2)

功能：按照 ASCII 码值顺序比较两个数组中的字符串，并由函数返回值返回比较结果。

字符串 1 = 字符串 2，返回值 = 0；

字符串 2 > 字符串 2，返回值 > 0；

字符串 1 < 字符串 2，返回值 < 0。

本函数也可用于比较两个字符串常量，或比较数组和字符串常量。

【例 6.16】strcmp( ) 函数示例。

程序如下：

```
#include "string.h"
#include "stdio.h"
main()
{ int k;
  static char string1[15], string2[]="C Language";
  printf("input a string:\n");
  gets(string1);
  k=strcmp(string1, string2);
  if(k==0) printf("string1=string2\n");
  if(k>0) printf("string1>string2\n");
  if(k<0) printf("string1<string2\n");
}
```

本程序中把输入的字符串和数组 string2 中的串比较，比较结果返回到 k 中，根据 k 值再输出结果提示串。当输入为 math 时，由 ASCII 码值可知“math”大于“C Language”故 k > 0，输出结果"string1> string2"。

4. 测字符串长度函数 strlen( )

格式：strlen(字符数组名)

功能：测字符串的实际长度（不含字符串结束标志'\0'）并作为函数返回值。

【例 6.17】strlen( ) 函数示例。

程序如下：

```
#include "string.h"
#include "stdio.h"
main()
{ int k;
  static char string[]="C language";
  k=strlen(string);
  printf("The lenth of the string is %d\n",k);
}
```

6.4　程 序 举 例

【例 6.18】把一个整数按大小顺序插入已排好序的数组中。

分析：为了把一个数按大小插入已排好序的数组中，应首先确定排序是从大到小还是从小到大进行的。设排序是从大到小进序的，则可把欲插入的数与数组中各数逐个比较，当找到第一个比插入数小的元素 i 时，该元素之前即为插入位置。然后从数组最后一个元素开始到该元素为止，逐个后移一个单元。最后把插入数赋予元素 i 即可。如果被插入数比所有的元素值都小，则插入最后位置。

程序如下：

```
#include "stdio.h"
main()
{
 int i,j,p,q,s,n,a[11]={127,3,6,28,54,68,87,105,162,18};
 for(i=0;i<10;i++)
 { p=i;q=a[i];
   for(j=i+1;j<10;j++)
   if(q<a[j]) {p=j;q=a[j];}
   if(p!=i)
   {
     s=a[i];
     a[i]=a[p];
     a[p]=s;
   }
   printf("%d ",a[i]);
     }
     printf("\ninput number:\n");
     scanf("%d",&n);
     for(i=0;i<10;i++)
       if(n>a[i])
       {for(s=9;s>=i;s--) a[s+1]=a[s]; break;}
       a[i]=n;
```

```
        for(i=0;i<=10;i++)
          printf("%d ",a[i]);
        printf("\n");
    }
```

本程序首先对数组 a 中的 10 个数从大到小排序并输出排序结果。然后输入要插入的整数 n。再用一个 for 语句把 n 和数组元素逐个比较，如果发现有 n>a[i]时，则由一个内循环把 i 以下各元素值顺次后移一个单元。后移应从后向前进行（从 a[9]开始到 a[i]为止）。后移结束跳出外循环。插入点为 i，把 n 赋予 a[i]即可。如所有的元素均大于被插入数，则并未进行过后移工作。此时 i=10，结果是把 n 赋予 a[10]。最后一个循环输出插入数后的数组各元素值。

程序运行时，输入数 47。从结果中可以看出 47 已插入到 54 和 28 之间。

【例 6.19】在二维数组 a 中选出各行最大的元素组成一个一维数组 b。

```
a=( 3   16  87  65
    4   32  11  108
    10  25  12  37)
b=(87 108 37)
```

分析：在数组 A 的每一行中寻找最大的元素，找到之后把该值赋予数组 B 相应的元素即可。

程序如下：

```
#include "stdio.h"
main()
{
    int a[][4]={3,16,87,65,4,32,11,108,10,25,12,27};
    int b[3],i,j,l;
    for(i=0;i<=2;i++)
    { l=a[i][0];
        for(j=1;j<=3;j++)
        if(a[i][j]>l) l=a[i][j];
        b[i]=l;}
    printf("\narray a:\n");
    for(i=0;i<=2;i++)
    { for(j=0;j<=3;j++)
        printf("%5d",a[i][j]);
        printf("\n");}
      printf("\narray b:\n");
    for(i=0;i<=2;i++)
    printf("%5d",b[i]);
    printf("\n");
}
```

程序中第一个 for 语句中又嵌套了一个 for 语句组成了双重循环。外循环控制逐行处理，并把每行的第 0 列元素赋予 l。进入内循环后，把 l 与后面各列元素比较，并把比 l 大者赋予 l。内循环结束时 l 即为该行最大的元素，然后把 l 值赋予 b[i]。等外循环全部完成时，数组 b 中已装入了 a 各行中的最大值。后面的两个 for 语句分别输出数组 a 和数组 b。

【例 6.20】输入 5 个国家的名称按字母顺序排列输出。

分析：5 个国家名应由一个二维字符数组来处理。然而 C 语言规定可以把一个二维数组当成多个一维数组处理，因此本题又可以按 5 个一维数组处理，而每一个一维数组就是一个国家名字符串。用字符串比较函数比较各一维数组的大小，并排序，输出结果即可。

程序如下：

```
#include "string.h"
#include "stdio.h"
main()
{
    char st[20],cs[5][20];
    int i,j,p;
    printf("input country's name:\n");
    for(i=0;i<5;i++)
      gets(cs[i]);
    printf("\n");
    for(i=0;i<5;i++)
    { p=i;strcpy(st,cs[i]);
      for(j=i+1;j<5;j++)
            if(strcmp(cs[j],st)<0) {p=j;strcpy(st,cs[j]);}
          if(p!=i)
          {
          strcpy(st,cs[i]);
          strcpy(cs[i],cs[p]);
          strcpy(cs[p],st);
    }
    puts(cs[i]);
    }printf("\n");
}
```

本程序的第一个 for 语句中，用 gets() 函数输入 5 个国家名字符串。上面说过 C 语言允许把一个二维数组按多个一维数组处理，本程序说明 cs[5][20]为二维字符数组，可分为 5 个一维数组 cs[0]，cs[1]，cs[2]，cs[3]，cs[4]，因此在 gets() 函数中使用 cs[i]是合法的。在第二个 for 语句中又嵌套了一个 for 语句组成双重循环。这个双重循环完成按字母顺序排序的工作。在外层循环中把字符数组 cs[i]中的国名字符串复制到数组 st 中，并把下标 i 赋予 p。进入内层循环后，把 st 与 cs[i]以后的各字符串作比较，若有比 st 小者则把该字符串复制到 st 中，并把其下标赋予 p。内循环完成后如 p 不等于 i 说明有比 cs[i]更小的字符串出现，因此交换 cs[i]和 st 的内容。至此已确定了数组 cs 的第 i 号元素的排序值。然后输出该字符串。在外循环全部完成之后即完成全部排序和输出。

本 章 小 结

数组作为 C 语言中构造数据类型的一种，是 C 语言中比较复杂的数据类型之一。本章通过介绍一维数组、二维数组、字符数组以及数组元素的概念，结合具体实例分析，便于掌握数组的使用方法。

技能训练

训练题目：输入10个整数存入数组a，再输入一个整数x，在数组a中查找x。找到输出x在10个整数中的序号（从1开始），找不到则输出"no found！"。

说明：输入10个整数到数组a中，输入一个整数到变量x中。接下来将x与数组中数组元素依次比较，即判断当前的数组元素是否等于变量x，若是，则在变量师中记录 i+1后退出循环；若否，则继续循环。

课后习题

一、填空题

1. 若有定义:

```
double  w[10];
```

则w数组元素下标上限是________，下限是________。

2. 以下程序的输出结果是________。

```
#include <stdio.h>
main()
{  int arr[10],i,k=0;
   for(i=0;i<10;i++) arr[i]=i;
   for(i=0;i<4;i++) k+=arr[i]+i;
   printf("%d\n",k);
}
```

二、选择题

1. 下面程序段的运行结果是（　　）。

```
char a[3],b[]="China";
a=b;
printf("%s",a);
```

A. 输出 China　　B. 输出 Ch　　C. 输出 Chi　　D. 编译错误

2. 若有说明：int a[][3]={1,2,3,4,5,6,7}，则a数组第一维的大小是（　　）。

A. 2　　B. 3　　C. 4　　D. 不确定的值

3. 以下程序段给数组所有元素输入数据:

```
#include <stdio.h>
main()
{  int a[10],i=0;
   while (i<10) scanf("%d",____);
   …
}
```

应在下画线处填入的是（　　）。

A. a+(i++)　　B. &a[i+1]　　C. a+i　　D. &a[++i]

4. 有以下程序:

```
#include <stdio.h>
main()
```

```
{  int n[2]={0},i,j,k=2;
   for(i=0;i<k;i++)
     for(j=0;j<k;j++) n[j]=n[i]+1;
   printf("%d\n",n[k]);
}
```

程序的输出结果是（　　）。

A. 不确定的值　　B. 3　　C. 2　　D. 1

5. 以下能正确定义一维数组的选项是（　　）。

A. int a[5]={0,1,2,3,4,5};

B. char a[]={'0','1','2','3','4','5','\0'};

C. char a={'A','B','C'};

D. int a[5]="0123";

6. 已知字母 A 的 ASCII 码值为 65，若变量 kk 为 char 型，则以下不能正确判断出 kk 中的值为大写字母的表达式是（　　）。

A. kk>='A'&& kk<='Z'　　B. !(kk>='A'||kk<='Z')

C. (kk+32)>='a'&&(kk+32)<='Z'　　D. isalpha(kk)&&(kk<91)

7. 若有定义:int a[2][3];，则以下选项中对 a 数组元素正确引用的是（　　）。

A. a[2][!1]　　B. a[2][3]　　C. a[0][3]　　D. a[1>2][!1]

8. 有以下程序:

```
#include  <stdio.h>
main()
{  int  s[12]={1,2,3,4,4,3,2,1,1,1,2,3},c[5]={0},i;
   for(i=0;i<12;i++)  c[s[i]]++;
   for(i=1;i<5;i++)  printf("%d",c[i]);
   printf("\n");
}
```

程序的运行结果是（　　）。

A. 1 2 3 4　　B. 2 3 4 4　　C. 4 3 3 2　　D. 1 1 2 3

9. 以下叙述中正确的是（　　）。

A. 字符串常量"str1"的类型是字符串数据类型

B. 有定义语句：char str1[ ] = "str1";，则数组 str1 将包含 4 个元素

C. 字符数组的每个元素可存放一个字符，并且最后一个元素必须是'\0'字符

D. 下面的语句用赋初值方式来定义字符串，其中'\0'是必需的

```
char  str1[ ]={'s','t','r','1','\0'};
```

10. 以下叙述中正确的是（　　）。

A. 函数调用 strlen(s);会返回字符串 s 实际占用内存的大小（以字节为单位）

B. 当拼接两个字符串时，结果字符串占用的内存空间是两个原串占用空间

C. 两个字符串可以用关系运算符进行大小比较

D. C 语言本身没有提供对字符串进行整体操作的运算符

11. 若有以下程序:

```
#include <stdio.h>
```

```
main()
{  char  a[20], b[ ]="The sky is blue.";
   int  i;
   for  (i=0;i<7;i++)      scanf("%c",&b[i]);
   gets(a);
   printf("%s%s\n", a,b);
}
```

执行时若输入：（其中<Enter>表示回车符）

```
Fig flower is red. <Enter>
```

则输出结果是（　　）。

A. wer is red.fig flo is blue.　　B. Fig flower is red.The sky is blue.

C. wer is red,Fig flo　　D. wer is red.The sky is blue.

12. 下列选项中，能够满足"只要字符串 s1 等于字符串 s2，则执行 ST"要求的是（　　）。

A. if (strcmp(s2,s1)==0)　ST;　　B. if (strcpy(s2,s1)==0)　ST;

C. if (s1==s2)　ST;　　D. if (s1-s2==0)　ST;

13. 以下合法的数组定义是（　　）。

A. int a[3][ ]={0,1,2,3,4,5};　　B. int a[ ][3] ={0,1,2,3,4};

C. int a[2][3]={0,1,2,3,4,5,6};　　D. int a[2][3]={0,1,2,3,4,5};

三、编程题

1. 编写程序计算 1~5 的阶乘，将结果保存到一维数组 w 中，并输出。

2. 编写程序，从键盘输入一个 4×5 的矩阵，输出该矩阵的转置矩阵。

3. 下面程序的功能是统计一个字符串中数字字符和小写字符的个数，请判断下面程序的正误，如果错误请改正过来。

```
#include "string.h"
#include "stdio.h"
main()
{
    char ch[80];
    int i,m,n;
    gets(ch);
    while(ch[i]!='\0')
    {
        if(ch[i]>='0'||ch[i]<='9')
           m++;
        if(ch[i]>='a'||ch[i]<='z')
           n++;
        i++;
    }
    printf("m=%d,n=%d",m,n);
}
```

第7章 函数

前面各章的C程序中都只有一个函数main()，但实际的C程序往往由多个函数组成。函数是C程序的基本模块，C语言中的函数相当于其他高级语言的子程序。C语言不仅提供了极为丰富的库函数，还允许用户建立自己定义的函数。用户可把自己的算法编成一个个相对独立的函数模块，然后用调用的方法来使用函数。

课件

函数

可以说C程序的全部工作都是由各式各样的函数完成的，所以也把C语言称为函数式语言。由于采用了函数模块式的结构，C语言易于实现结构化程序设计，使程序的层次结构清晰，便于程序的编写、阅读、调试。

学习目标

- 掌握函数的定义。
- 掌握函数的调用和参数的传递原则。
- 掌握函数的嵌套调用和递归调用。
- 掌握变量的存储类别。
- 掌握内部函数和外部函数。

7.1 函数概述

7.1.1 函数的基本形式

微课

函数的定义及调用

【例7.1】C程序的组成。

程序如下：

```
#include "stdio.h"
printstar()                              /*定义printstar()函数*/
{
   printf("* * * * * * * * * *\n");
}
printmessage()                           /*定义printmessage()函数*/
{
   printf("  How are you!\n");
```

```
}
main()
{    printstar();                         /*调用 printstar()函数*/
     printmessage();                      /*调用 printmessage()函数*/
     printf("* * * * * * * * * *\n");     /*调用 printf()函数*/
}
```

程序运行结果如图 7.1 所示。

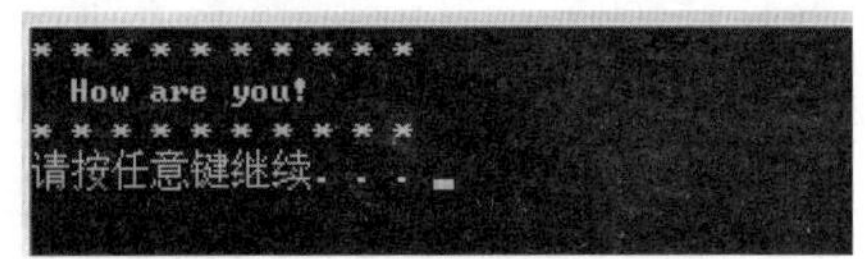

图 7.1　例 7.1 运行结果

例 7.1 题程序由三个函数组成：主函数 main( )、printstar( )和 printmessage( )。其中，printstar( )和 printmessage( )都是用户定义的函数，分别用来输出一行星号和一行信息；printf( )是系统提供的库函数。由例 7.1 可以看出：

① 一个 C 程序文件由一个或多个函数组成。一个 C 程序文件是一个编译单位，即以文件为单位进行编译，而不是以函数为单位进行编译。

② C 程序的执行总是从主函数 main( )函数开始，完成对其他函数的调用后再返回到主函数 main( )函数，最后由主函数 main( )函数结束整个程序。一个 C 源程序必须有也只能有一个主函数 main( )。

③ 所有函数都是平行的，即在定义函数时是互相独立的，一个函数并不从属于另一函数，即函数不能嵌套定义，但可以嵌套调用，还可以自己调用自己，但不能调用 main( )函数。

7.1.2　函数的定义

从用户的角度看，函数有两种：系统库函数（即标准函数）和用户自定义函数。前面使用的 printf( )函数就是系统库函数，是由系统提供的，用户可以直接使用。库函数虽然有很多，但不能完全满足用户的需求，这时就要根据用户自身的需要，定义新的函数，这样的函数就是用户自定义函数，如前面的 printstar( )函数。

函数定义的格式如下：

```
类型标识符　函数名(形式参数表)
{
  函数体
}
```

参数说明：

① “类型标识符”说明了函数返回值（即函数值）的类型，它可以是前面章节介绍的各种数据类型。若函数无返回值，则函数的类型为 void；若函数值类型为整型（int），可以省略，也就是说函数类型默认是整型。

② “函数名”是函数存在的标识符，要符合标识符命名的规定，不能与系统关键字同名。

③ “形式参数表”用于指明函数调用时，调用函数传递给该函数的数据类型和数据个数。形式参数表中的参数可以有多个，相邻参数间用逗号“,”间隔；若没有参数，则形式参数表为空或用 void 表示，但函数名后的“( )”必须存在。例如：

```
void Hello()
{    printf ("Hello,world \n");
}
```

Hello( )函数是一个无参函数，当被其他函数调用时，输出 Hello,world 字符串。

④ 形式参数表中的每个参数都必须进行类型定义，格式是：

```
类型 1  参数 1,类型 2 参数 2,…
```

其放在“( )”内，也可以放在函数名下面。

⑤ “函数体”就是函数的功能。其由若干语句组成，包括说明语句和可执行语句；函数体中可以没有语句，但花括号不可省略。

⑥ 函数不允许嵌套定义，即在一个函数的函数体内不能再定义另一个函数。

⑦ 一个函数的定义，可以放在程序中的任意位置，主函数 main( )之前或之后。

【例 7.2】定义一个求两个数中较大数的函数。

程序如下：

```
#include "stdio.h"
int max(int x,int y)                         /*定义一个函数 max()*/
{    int z;
     z=x>y?x:y;
     return(z);                              /*将 z 的值作为函数 max()的值*/
}
```

例 7.2 中，第 2 行说明 max( )函数是一个整型函数，其返回的函数值是一个整数。形式参数为 x、y，类型均为整型，x、y 的具体值是由主调函数在调用时传递过来。在{}中的函数体内，除形式参数外还使用变量 z，变量 z 的值是 x 与 y 的较大值，return 语句的作用是将 z 的值作为函数值带回到主调函数中。函数形式参数的定义还可以等价以下形式：

```
int max(x,y)                                 /*函数值的缺省类型为 int*/
int x,y;                                     /*函数形参的定义放在函数名的下面*/
{    int z;
     z=x>y?x:y;
     return(z);                              /*将 z 的值作为函数 max()的返回值*/
}
```

7.1.3　函数的调用与参数

一个被定义好的函数只有被调用，才能实现函数的功能。一个不被调用的函数是没有任何作用的。函数调用的一般格式如下：

```
函数名(实际参数表)
```

如果是调用无参函数，则实际参数表可以没有，但( )不能省略，如 printstar( )。在函数定义时出现的是形式参数表（形参），而调用时出现的是实际参数表（实参），正确理解它们的区别是非常重要的。

1. 函数的形参与实参

函数的参数分为形参和实参两种。形参出现在函数定义中，在整个函数体内都可以使用，离开该函数则不能使用。实参出现在主调函数中，进入被调函数后，实参也不能使用。形参和实参的功能是实现数据传递。在发生函数调用时，主调函数把实参的值传递给被调函数的形参，从而实现主调函数向被调函数的数据传递。

函数的形参和实参具有以下特点：

① 实参可以是常量、变量、表达式、函数等。无论实参是何种类型，在进行函数调用时，它们都必须具有确定的值，以便把这些值传递给形参。因此，应预先用赋值、输入等方法，使实参获得确定的值。

② 形参只有在被调用时，才分配内存单元；调用结束时，即刻释放所分配的内存单元。因此形参只有在该函数内有效。调用结束返回到主调用函数后，则不能再使用形参变量。

③ 实参对形参的数据传递是单向的，即只能把实参的值传递给形参，而不能把形参的值反向地传递给实参。

④ 实参和形参占用不同的内存单元，即使同名也互不影响。

⑤ 在调用时函数的实参和对应的形参个数和类型必须一致。

【例 7.3】通过函数调用，从键盘输入两个数，求它们的最大值。

程序如下：

```
/*实参对形参的数据传递。*/
#include "stdio.h"
int max(int x,int y)                    /*x、y 是形参*/
{    int z;
     z=x>y?x:y;
     return (z);                        /*将 z 的值作为函数 max()的值*/
}
main()
{    int a,b,c;
     scanf("%d,%d",&a,&b);              /*定义实参 n，并初始化*/
     c=max(a,b) ;                       /*调用函数，a、b 是实参*/
printf("max =%d.\n",c);
}
```

程序运行结果如图 7.2 所示。

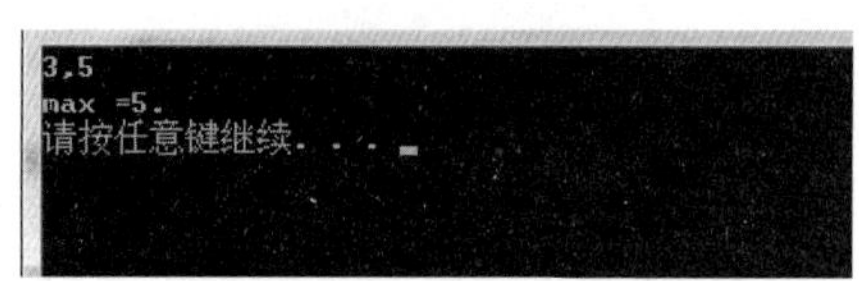

图 7.2 例 7.3 运行结果

从例 7.3 可以看到：程序由主函数 main( )和求最大值函数 max( )两个函数组成。在函数 max( )中定义两个整型形参 x、y，在主函数中通过“max(a, b)”调用该函数，其中 a、b 是实参，在函数调用时实参是把值传递给形参，如图 7.3 所示。

main( ):	实参a	6	实参b	9
max ( ):	形参x	6	形参y	9

图 7.3 例 7.3 中的参数传递

在函数调用时，首先是实参的值传递给形参，形参得到值，参加相应的运算。如图 7.3 中的形参 x、y 分别得到实参 a、b 的值，然后 x、y 可以参加求最大值的运算。

函数调用时把实参的值单向传递给形参（单向值传递），这时形参的改变不影响实参，实参与形参分别占用自己的内存单元；被调函数调用结束后，实参仍保留并维持原值，形参单元被释放。函数参数值的其他传递方式将在 7.1.6 节讲述。

2．函数调用的方式

按函数调用在程序中出现的位置来分，可以有以下三种调用方式：

（1）函数语句

把函数调用作为一个语句。例如：printf ("%d",a);scanf ("%d",&b);，这时一般不要求函数带回值，只要求函数完成一定的操作。

（2）函数表达式

函数调用出现在一个表达式中，这种表达式称为函数表达式。这时要求函数带回一个确定的值以参加表达式的运算。例如：

```
c=max(a, b)
```

函数 max( )是表达式的一部分，把函数的返回值赋给 c。

（3）函数实参

函数调用作为另一个函数调用的实参。这种情况是把该函数的返回值作为实参进行传递，因此要求该函数必须是有返回值的函数。例如：max(max(a,b),c)。

把例 7.3 改成求三个数的最大值，修改后流程图如图 7.4 所示。

程序如下：

```
#include "stdio.h"
int max(int x,int y)     /*x、y 是形参*/
{   int z;
    z=x>y?x:y;
    return (z);           /*将 z 的值作为函数 max() 的值*/
}
main()
{   int a,b,c,d;
    scanf("%d,%d, %d",&a,&b,&C);
    d=max(max(a,b),c);   /*求 a、b、c 的最大值*/
    printf("max=%d\n.",d);
}
```

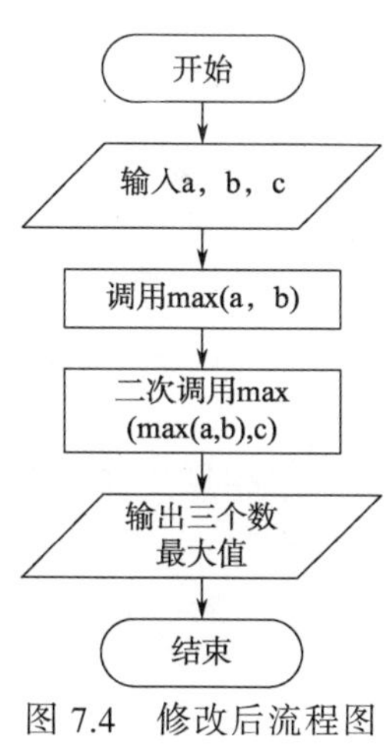

图 7.4　修改后流程图

程序运行结果如图 7.5 所示。

图 7.5　修改后运行结果

主函数中语句 d= max(max(a, b),c);的执行方式为：先调用一次函数 max(a,b)，将调用的返回值作为实参，再次调用该函数，最后该函数返回值就是三个数的最大值。本程序中函数 max( )被调用了两次。

7.1.4 对被调用函数的声明

在一个函数中调用另一函数（即被调用函数）需要具备以下条件：

① 被调用的函数必须是已经存在的函数。

② 如果使用库函数，一般还应该在本程序开头用#include 命令将调用有关库函数时所用到的信息包含到本程序中来，如#include "stdio.h"。

③ 如果使用用户自己定义的函数，而且该函数与调用它的函数（即主调函数）在同一个文件中，一般还应该在主调函数中对被调用函数进行"原型声明"。原型声明有两种形式：

类型标识符 函数名(参数类型 1,参数类型 2,…);

类型标识符 函数名(参数类型 1 参数 1,参数类型 2 参数 2,…);

例如：
```
int sum(int,int);
int sum(int x,int y);
```

【例 7.4】通过函数调用，从键盘输入两个整数，求它们的和。

程序如下：
```
/*函数的原型声明*/
#include "stdio.h"
main()
{    int sum(int x,int y);                    /*对被调用函数 sum()的原型声明*/
    int a,b,c;
    scanf("%d,%d",&a,&b);
    c=sum(a,b) ;
    printf("sum =%d.\n",c);
}
int sum(int x,int y)                          /*函数 sum()的定义*/
{   int z;
    z=x+y;
    return(z);
}
```

程序运行结果如图 7.6 所示。

图 7.6 例 7.4 运行结果

只要把函数定义加上";"就构成了函数声明语句。

C 语言规定，以下几种情况可以不在调用函数前对被调用函数进行声明：

① 如果函数值是整型或字符型，可以不必进行声明。

② 如果被调用函数的定义出现在主调函数之前，可以不必进行声明，如例 7.3 所示，由于函数 max( )定义在 main( )之前，在 main( )内可以不进行声明，因为在编译是从上向下扫描的。

③ 如果已在所有函数定义之前（在程序的开头），在函数的外部进行了函数声明，则在各个函数中不必对所调用的函数再进行声明。

【例 7.5】在程序的开头进行函数声明。

程序如下：

```
#include "stdio.h"
int f1(int);                          /*在程序开头对函数 f1()、f2()进行原型声明*/
float f2(float,float);
main()                                /*在 main()内对被调用函数 f1()不用声明*/
{   x1= f1(b);                        /*调用函数 f1()*/
    …
}
int f1(int a)                         /*对被调用函数 f2()不用声明*/
{   c=f2(a1,b1);                      /*调用函数 f2()*/
    …
}
float f2(float x,float y)             /*定义函数 f2()*/
{   …
}
```

例 7.5 程序中函数的声明放在程序开头，这是一种统一、有效的方法，这样就不必在各个主调函数内分别进行声明，书写的程序既清晰规范又不容易出错。

④ 对库函数的调用不需要再声明，但必须把该函数的头文件用#include 命令包含在程序头部。

7.1.5　函数的返回值与函数类型

在本章前面的内容中已经使用过函数的返回值，下面进行详细介绍。

微 课

函数的返回值及参数

1．函数的返回值

函数的返回值（函数值）是指函数被调用之后，执行被调函数体中的程序段所取得的并返回给主调函数的值。函数的返回值是通过函数中的 return 语句获得的。return 语句有三种格式：

格式 1：`return(表达式);`

格式 2：`return  表达式 ;`

格式 3：`return;`

格式 1 和格式 2 功能等价：从被调用函数返回到主调函数的调用点，并返回一个值给主调函数。

格式 3 的功能：从被调用函数返回到主调函数的调用点，无返回值。

使用 return 语句还要注意以下几点：

① 若被调用函数中无 return 语句，则执行完被调函数体的最后一条语句返回。

② 若被调用函数有返回值，则必须使用格式 1 或格式 2 的返回语句，且在函数定义时指出返回值的类型。如例 7.2 中的定义函数 max( )：

```
int max(int x,int y)
{   int z;
    z= x>y?x:y;
    return(z);
}
```

在函数头部函数返回值的类型定义为 int，函数体中的语句 return (z);将变量 z 的值作为函数的返回值，z 的值的类型也是 int，同定义的返回类型一致。

2．函数类型

在定义函数时，对函数类型的说明就是函数值的类型。该类型的确定应注意以下几点：

① 函数值的类型应与 return 语句中返回值表达式的类型一致。如果不一致，则以定义函数类型为准。

② 如函数值为整型（int），则在函数定义时可省略。

③ 不返回函数值的函数，可以使用关键字 void 明确定义为“空类型”。一旦函数被定义为空类型后，就不能在主调函数中使用被调函数的函数值，否则会出错。

【例 7.6】通过函数调用，从键盘输入两个实型数据，求它们的和。

程序如下：

```
/*返回值类型不一致的处理*/
#include "stdio.h"
int s(float x,float y);                          /*对函数 s()的原型声明*/
main()
{   float a=1.5,b=3.2;
    printf("sum =%d.\n",s(a,b));
}
int s(float x,float y)                           /*函数 s()的定义*/
{   return(x+y);                                 /*函数 s()的返回值*/
}
```

程序运行结果如图 7.7 所示。

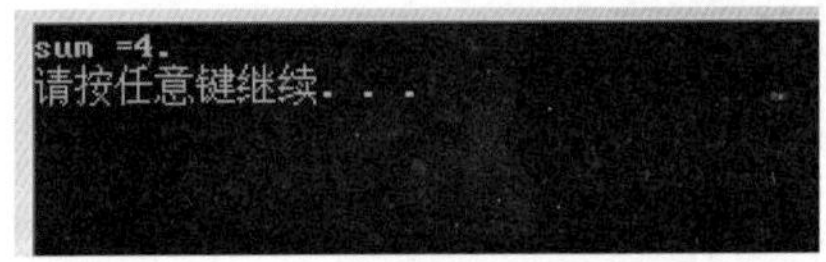

图 7.7　返回类型不一致结果

为什么程序的结果不是 4.7 呢？虽然函数 s( )的形参均是实型，所以 return(x+y);的结果也是实型，但是函数 s()定义时函数值的类型为整型，在不一致时，以定义时为准。x+y=4.7，把 4.7 转换为整型就是 4。

【例 7.7】说明 void 关键字的作用。

程序如下：

```
#include "stdio.h"
void f1()
{   printf("hello!\n.")
}
void main()
{   int a;
    a=f1();                                  /*编译出错，应改为 f1();*/
}
```

编译结果如图 7.8 所示。

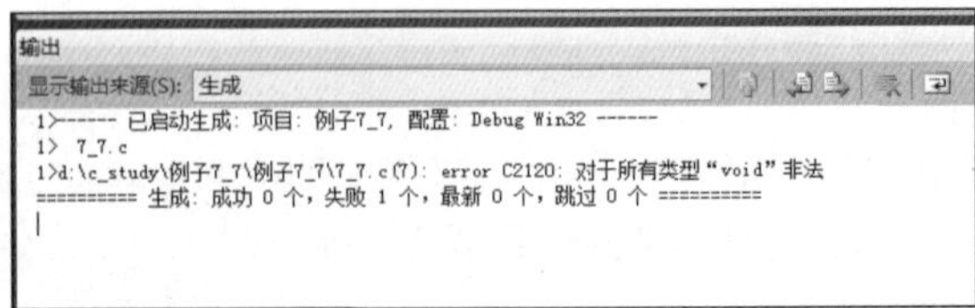

图 7.8　编译出错

例 7.7 程序中，函数 f1( )定义为空类型，在主函数中使用语句 a=f1( );是错误的。因为函数 f1( )没有返回值，不能在主调函数中使用被调函数的函数值。为了使程序有良好的可读性并减少出错，凡不要求返回值的函数都应定义为空类型。

7.1.6　函数的参数传递

函数调用时实参与形参的传递方式有两种：值传递方式和地址传递方式。

1．值传递方式

前面已经介绍过这种方式——单向值传递。这种方式的特点是：形参是函数中的局部变量。实参可以是常量、变量、函数、数组元素或表达式。

在函数调用时，值传递方式只是把实参的值传递给形参，实参与形参占用不同的内存单元；调用结束后，实参仍保留并维持原值，形参单元被释放。在调用过程中，形参的改变并不影响实参。数组元素作实参，采用的也是单向值传递方式。

【例 7.8】 通过函数调用交换两个变量的值。

程序流程图如图 7.9 所示。

程序如下：

```
#include "stdio.h"
void swap(int x,int y)                    /*将参数声明为值传递方式*/
{   int temp;
    temp=x;
    x=y;
    y=temp;
    printf("x=%d,y=%d\n",x,y);
}
void main()
{   int a=3,b=5;
    swap(a,b);                            /*调用函数 swap(),参数为值传递方式*/
    printf("a=%d,b=%d",a,b);
}
```

程序运行结果如图 7.10 所示。

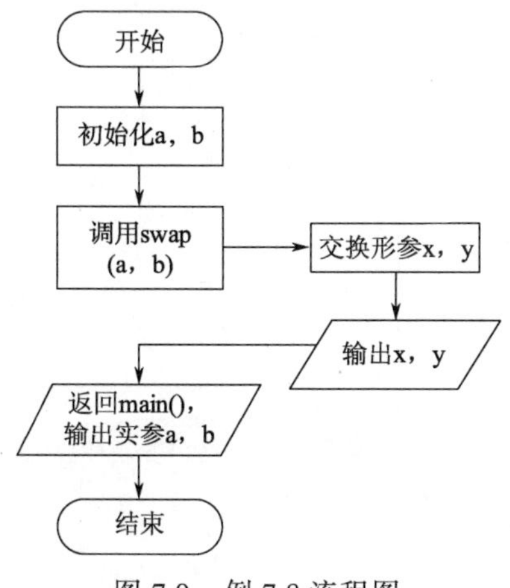

图 7.9　例 7.8 流程图

图 7.10　交换变量运行结果

例 7.8 程序中：函数调用时，函数 swap( )中的形参 x、y 在接收了实参 a、b 的值后，经过运算发生了交换，由于形参和实参分别占用自己的存储空间，所以实参 a、b 的值在调用前后并没有发生改变。若形参和实参同名，也不会相互影响，因为它们是不同的变量。如把例 7.8 改为：

```
#include "stdio.h"
void swap(int a,int b)                    /*将参数声明为值传递方式*/
{   int temp ;
    temp=a;
    a=b;
    b=temp;
    printf("a=%d,b=%d\n",a,b);
}
void main()
{   int a=3,b=5;
    swap(a,b);                            /*调用函数 swap(),参数为值传递方式*/
    printf("a=%d,b=%d",a,b);
}
```

程序运行结果如图 7.11 所示。

图 7.11　同名情况运行结果

因为形参是在函数 swap( )中定义的，实参是在 main( )定义的，虽然名字相同，却是两个不同的实体。在没有进行函数调用时，形参是不占用内存的，它只是在被用期间被分配内存来接收实参的值，一旦调用结束就释放内存。该问题可以采用地址传递方式解决，如后面讲的指针。

数组元素作为函数实参时，参数的传递方式与普通变量是完全相同的，在发生函数调用时，把作为实参的数组元素的值传递给形参，实现单向值传递，例 7.9 说明了这种情况。

【例 7.9】判断一个整数数组中各元素的值，若大于 0 则输出该值，若小于或等于 0 则输出 0 值。

程序流程图如图 7.12 所示。

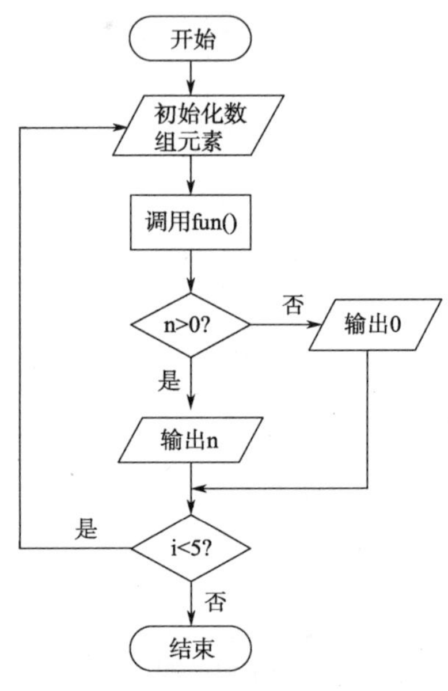

图 7.12　例 7.9 流程图

程序如下：

```
#include "stdio.h"
void fun(int n)
{   if(n>0)
      printf("%d ",n);
    else
      printf("%d ",0);
}
main()
{   int a[5],i;
```

```
    for(i=0;i<5;i++)
    {
      scanf("%d",&a[i]);
      fun(a[i]);                              /*数组元素作为函数实参*/
    }
}
```

程序运行结果如图 7.13 所示。

图 7.13　例 7.9 运行结果

例 7.9 程序中：首先定义了一个无返回值函数 fun( )，并定义其形参 n 为整型变量。在函数体中根据 n 值输出相应的结果；在 main( )函数中用一个 for 语句输入数组各元素，每输入一个就以该元素作实参调用一次 fun( )函数，即把 a[i]的值传递给形参 n，供 fun( )函数使用。

用数组元素作实参时，只要数组类型和函数的形参类型一致即可，并不要求函数的形参也是下标变量。换句话说，对数组元素的处理是按普通变量对待的。

2．地址传递方式

把实参地址传递给形参——地址传递方式，这种方式的特点是：形参是数组或指针（指针将在第 9 章中介绍）。实参要求是数组名。

用数组名作函数参数，参数的传递就是地址传递。因为数组名代表了数组的起始地址，所以是把数组的起始地址传递给了形参数组，实际上是形参数组和实参数组为同一数组，共同使用一段内存空间，被调函数中对形参数组的操作其实就是对实参数组的操作，它能影响实参数组的元素值，即形参的改变影响实参。

值传递与地址传递的区别主要是看传递的是参数的值还是参数的地址。

【例 7.10】用冒泡法对数组中 10 个整数按由小到大的顺序排序。

程序流程图如图 7.14 所示。

程序如下：

```
#include "stdio.h"
void sort(int b[10])                              /*将参数声明为地址传递方式*/
{   int i,j,t;
    for(j=0;j<9;j++)
      for(i=0;i<9-j;i++)
        if(b[i]>b[i+1])
        { t=b[i]; b[i]=b[i+1]; b[i+1]=t; }
}
main()
{   int a[10],i;
    for(i=0;i<10;i++)
```

```
      scanf("%d ",&a[i]);
    sort(a);                              /*实参 a 必须是数组名*/
    for(i=0;i<10;i++)
      printf("%d ",a[i]);
}
```

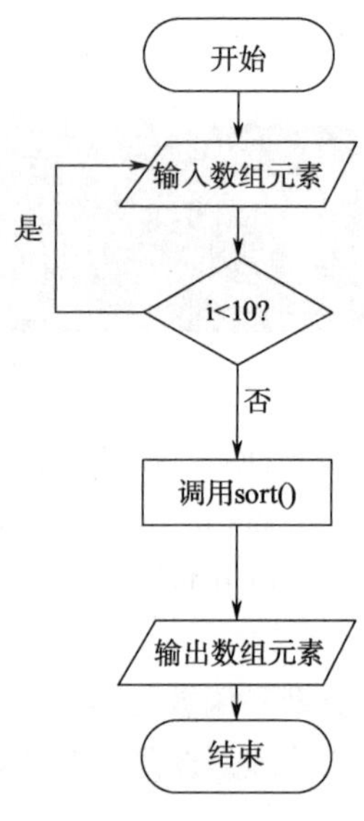

图 7.14 例 7.10 流程图

程序运行结果如图 7.15 所示。

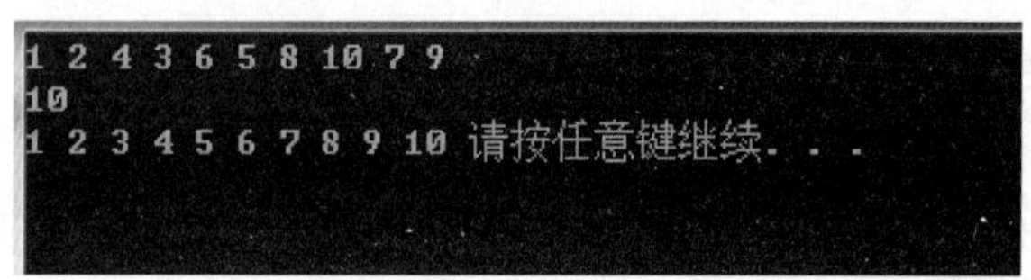

图 7.15 例 7.10 运行结果

从例 7.10 程序可以得到：

① 用数组名作函数参数，应该在主调函数和被调用函数中分别定义数组，例 7.10 中 b 是形参数组名，a 是实参数组名，分别在其所在函数中定义，不能只在一方定义。

② 实参数组与形参数组类型应一致，如不一致，结果将出错。

③ 实参数组和形参数组大小可以一致也可以不一致，C 编译对形参数组大小不做检查，只是将实参数组的首地址传给形参数组，两个数组共占同一段内存单元。

④ 形参数组也可以不指定大小，在定义数组时在数组名后面跟一个空的[]，为了在被调用函数中处理数组元素的需要，可以另设一个参数，传递数组元素的个数。例 7.10 程序可以改写为：

```
#include "stdio.h"
void sort(int b[],int n)                /*形参数组不指定大小，n 表示元素个数*/
{   int i,j,t;
    for(j=0;j<n-1;j++)
```

```
    for(i=0;i<n-1-j;i++)
      if(b[i]>b[i+1])
      {  t=b[i];b[i]=b[i+1];b[i+1]=t; }
}
main()
{   int i;
    int a[5]={1,3,2,4,6};
    int b[10]={1,3,2,4,6,8,7,10,5,9};
    sort(a,5);                         /*实参 5 代表数组元素的个数*/
    printf("output a: ");
    for(i=0;i<5;i++)
      printf("%d ",a[i]);
    printf("\n");
    sort(b,10);                        /*实参 10 代表数组元素的个数*/
    printf("output b: ");
    for(i=0;i<10;i++)
      printf("%d ",b[i]);
}
```

程序运行结果如图 7.16 所示。

```
output a: 1 2 3 4 6
output b: 1 2 3 4 5 6 7 8 9 10 请按任意键继续. . .
```

图 7.16　修改后运行结果

以上程序中，在两次调用 sort( )函数时，实参数组的大小是不同的。第一次调用时，实参数组 a 长度是 5，这时形参数组 b 得到的长度也是 5；第二次调用时，实参数组 b 长度是 10，这时形参数组 b 得到的长度也是 10。

可以用多维数组名作为实参和形参，在被调用函数中对形参数组定义时可以指定每一维的大小，也可以省略第一维的大小说明。

【例 7.11】有一个 3×4 的矩阵，求其中的最大元素。

程序流程图如图 7.17 所示。

程序如下：

```
/*用多维数组名作实参和形参*/
#include "stdio.h"
max(int array[][4])
{   int i,j,k,max;
    max=array[0][0];
    for(i=0;i<3;i++)
      for(j=0;j<4;j++)
        if(array[i][j]>max)  max=array[i][j];
      return(max);
}
```

```
main()
{   static int a[3][4]={{1,3,5,7},{2,4,6,8},{15,17,34,12}};
    printf("max is %d.\n ",max(a));
}
```

程序运行结果如图 7.18 所示。

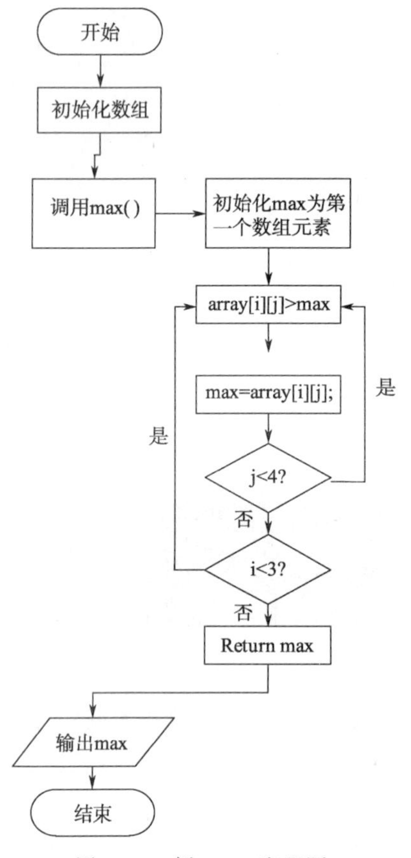

图 7.17　例 7.11 流程图

图 7.18　例 7.11 运行结果

上例题程序中：用二维数组名 array 作为函数的形参，在函数调用是实参也必须是数组名，实参数组 a 把数组的起始地址传递给形参，在调用期间形参和实参共用一段存储空间。

7.1.7　函数的嵌套调用和递归调用

1．函数的嵌套调用

函数的嵌套调用就是一个函数在被调用时，该函数又调用了其他函数。C 语言允许嵌套调用，但不允许嵌套定义。嵌套调用关系如图 7.19 所示。

图 7.19 是一个两层嵌套调用的示例，即 main( )函数调用 f1( )函数，f1( )函数调用 f2( )函数，执行的顺序如图中数字所示。嵌套调用的执行原则是：要先执行完被调用函数，才能返回到函数调用点的下一条语句继续执行。

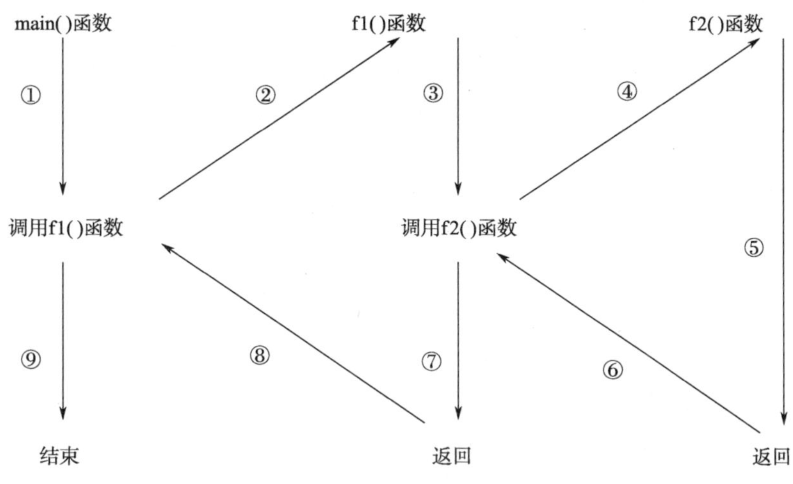

图 7.19　嵌套调用示例

【例 7.12】 函数的嵌套调用。

程序如下：

```
#include "stdio.h"
main()
{   f1();                          /*调用 f1()函数*/
    printf("33333333\n ");
}
void f1()
{   printf("11111111\n ");
    f2();                          /*调用 f2()函数*/
}
void f2()                          /*定义 f2()函数*/
{   printf("22222222\n ");
}
```

程序运行结果如图 7.20 所示。

图 7.20　例 7.12 运行结果

C 语言不能嵌套定义函数，但可以嵌套调用函数。

2．函数的递归调用

函数的递归调用是指一个函数在函数体内直接或间接地调用它自身。递归调用的过程可分为如下两个阶段：

① 第一阶段称为“递推”：将原问题不断地分解为新问题，逐渐地从未知的方向向已知的方向推测，最终达到递归结束条件，这时递推阶段结束。

② 第二个阶段称为“回归”：从递归结束条件出发，按照递推的逆过程，逐一求值回归，

最后到达递推的开始处，结束回归阶段，完成递归调用。

使用递归的方法编写的程序简洁清晰，但程序执行起来在时间和空间上开销较大，这是因为递归的过程中占用较多的内存单元存放“递推”的中间结果。

在递归调用中，调用函数又是被调用函数，执行递归函数将反复调用其自身。每调用一次就进入新的一层。例如，有函数fun( )如下：

```
int fun(int x)
{   int y;
    z=fun(y);
    return z;
}
```

这是一个递归调用函数，但是运行该函数将无休止地调用其自身，这当然是不正确的。为了防止递归调用无终止地进行，必须在函数内有终止递归调用的手段。常用的办法是加条件判断，满足某种条件后就不再作递归调用，然后逐层返回。

【例 7.13】用递归计算 n!。

程序如下：

```
#include "stdio.h"
long pow(int n)
{   if(n==1)  return 1;                      /*递归结束条件*/
    else return  n*pow(n-1);                 /*pow()递归调用自己*/
}
main()
{   int n;
    long y;
    scanf("%d",&n);
    y=pow(n);
    printf("%d!=%ld\n",n,y);
}
```

程序运行结果如图 7.21 所示。

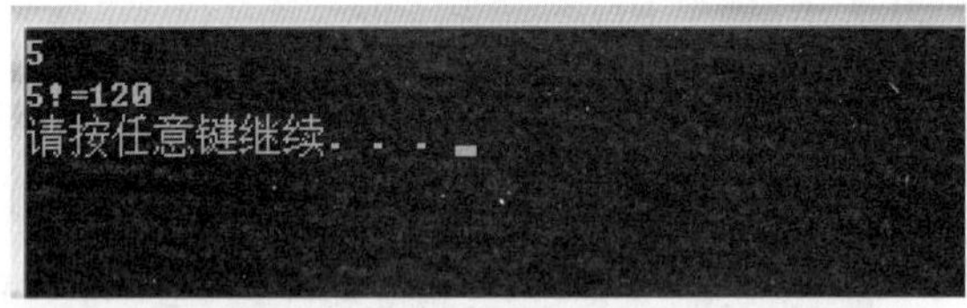

图 7.21　例 7.13 运行结果

下面分析上面例题程序的执行过程，设 n 的值是 3：

① 主函数 main( )在语句 y=pow(n)中对函数 pow( )开始进行第一次调用，由于实参 n=3，进入函数 pow( )后，形参 n=3，不等于 1，应该执行 3*pow(2)。

② 为了计算 pow(2)，将引起对函数 pow( )的第二次递归调用，重新进入函数，形参 n=2，不等于 1，应该执行 2*pow(1)。

③ 为了计算 pow(1)，将引起对函数 pow( )的第三次递归调用，重新进入函数，形参 n=1，满足递归终止条件，执行语句 return 1;，返回调用点（即回到第二次调用层）执行 2*pow(1)=2*1=2，完成第二次调用，返回结果 pow(2)=2，返回到第一次调用层；接着执行 3*pow(2)=3*2=6，最后

返回主函数。

以上递归调用的过程如图 7.22 所示。

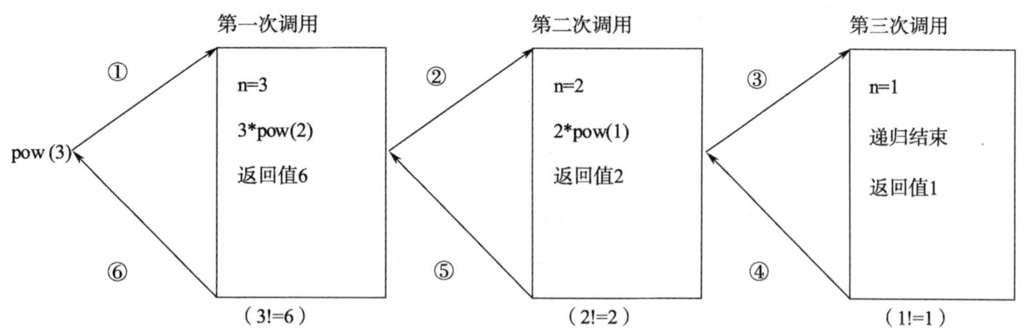

图 7.22　例 7.13 的函数调用过程

从图 7.22 可以看出，递归调用实际上是一种特殊的嵌套调用，特殊在每次嵌套调用的是同一个函数，但每次调用时，给出的参数 n 不同，好像是同一个函数做不同的事情。例如，第一次调用的形参 n=3，第二次调用的形参 n=2，第三次调用的形参 n=1。虽然每次调用的是同一个函数，但处理的数据不同。递归的返回与嵌套调用的返回类同，也是逐层返回。

7.2　局部变量和全局变量

变量的作用域是指变量能被使用的程序范围。根据变量定义的位置不同，其作用域也不同，据此将 C 语言中的变量分为局部变量和全局变量。

微 课

局部全局变量及存储

7.2.1　局部变量

在一个函数体内定义的变量是局部变量（包括形参），它的作用域是定义它的函数，也就是说只有该函数才能使用它定义的局部变量，其他函数不能使用这些变量，所以局部变量也称“内部变量”。

【例 7.14】局部变量的作用域。

程序如下：

```
#include "stdio.h"
int f1(int a)                              /*函数 f1()*/
{   int b,c;                               /*a、b、c 作用域仅限于函数 f1()中*/
    …
}
int f2(int x)                              /*函数 f2()*/
{   int y,z;                               /*x、y、z 作用域仅限于函数 f2()中*/
    …
}
main()
{   int m,n;                               /*m、n 作用域仅限于函数 main()中*/
    …
}
```

例 7.14 程序中：函数 f1( )内定义了三个变量，a 为形参，b、c 为一般变量；在 f1( )的范围内 a、b、c 有效，或者说 a、b、c 变量的作用域限于 f1( )中；同理，x、y、z 的作用域限于 f2( )中；m、n 的作用域限于 main( )函数中。

关于局部变量的作用域还要说明以下几点：

① 主函数 main( )中定义的局部变量，也只能在主函数中使用，其他函数不能使用。同时，主函数也不能使用其他函数中定义的局部变量。因为主函数也是一个函数，与其他函数是平行关系。

② 形参变量也是局部变量，属于被调用函数；实参变量则是调用函数的局部变量。

③ 允许在不同的函数中使用相同的变量名，它们代表不同的对象，分配不同的单元，互不干扰，也不会发生混淆。

④ 在复合语句中也可定义变量，其作用域只在复合语句范围内。

【例 7.15】 复合语句内的局部变量的作用域。

程序如下：

```
#include "stdio.h"
main()
{   int x,y,z;                          /*main()内的局部变量x、y、z*/
    x=1;
    y=++x;
    z=++y;
    {
      int x=3,y=4;                      /*复合语句内的局部变量x、y*/
      printf("x=%d,y=%d,z=%d\n ",x,y,z);
      z++;
    }
    printf("x=%d,y=%d,z=%d\n ",x,y,z);
}
```

程序运行结果如图 7.23 所示。

图 7.23　例 7.15 运行结果

例 7.15 程序中，定义了复合语句内的局部变量 x、y，它们的作用域是复合语句内，若和函数内的局部变量同名，则在复合语句内的复合语句的局部变量优先。

7.2.2　全局变量

在函数外部定义的变量称为全局变量。其作用域是：从全局变量的定义位置开始，到本程序文件结束。全局变量可被作用域内的所有函数直接引用，所以全局变量又称外部变量。全局变量不属于任何一个函数。

【例 7.16】全局变量的作用域。

程序如下：

```
#include"stdio.h"
int a1,b1;                              /*全局变量 a1、b1 作用域是整个程序*/
int f1(int a)
{   int b,c;                            /*a、b、c 作用域仅限于函数 f1()中*/
    …
}
int a2,b2;                              /*全局变量 a2、b2 作用域是函数 f2()、main()*/
int f2(int x)
{   int y,z;                            /*x、y、z 作用域仅限于函数 f2()中*/
    …
}
main()
{   int m,n;                            /*m、n 作用域仅限于函数 main()中*/
    …
}
```

例 7.16 程序中：a1、b1 和 a2、b2 都是定义在函数体外的全局变量，但它们作用域是不同；a1、b1 可以被整个程序访问，而 a2、b2 只能被函数 f2( )和 main( )使用，函数 f1( )却不能使用 a2、b2。

要想使 a1、b1 和 a2、b2 作用域相同，可以采用两种方法：一是把 a2、b2 定义放在程序开头；二是不改变定义位置，使用关键字 extern 在需要的地方进行说明。全局变量说明的一般形式为：

```
extern  数据类型  全局变量[,全局变量 2…];
```

【例 7.17】输入正方体的长宽高 l、w、h。求体积及三个面 x*y、x*z、y*z 的面积。

程序如下：

```
#include "stdio.h"
int s1,s2,s3;                              /*全局变量 s1、s2、s3 的定义*/
int vs(int a,int b,int c)
{   int v;
    v=a*b*c;
    s1=a*b;
    s2=b*c;
    s3=a*c;
    return v;
}
main()
{   int v,l,w,h;
    scanf("%d,%d,%d",&l,&w,&h);
    v=vs(l,w,h);
    printf("v=%d,s1=%d,s2=%d,s3=%d\n",v,s1,s2,s3);
}
```

程序运行结果如图 7.24 所示。

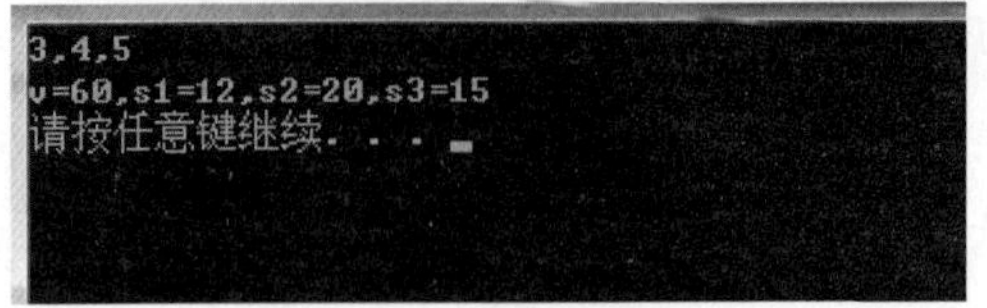

图 7.24　例 7.17 运行结果

例 7.17 程序中定义了三个全局变量 s1、s2、s3，用来存放三个面积，其作用域为整个程序。函数 vs()用来求正方体体积和三个面积，函数的返回值为体积 v。由主函数完成长、宽、高的输入及结果输出。由于 C 语言规定函数返回值只有一个，当需要增加函数的返回数据时，用全局变量是一种很好的方式。

例 7.17 中，如不使用全局变量，在主函数中就不可能取得 v、s1、s2、s3 四个值。而采用了全局变量，在函数 vs( )中求得的 s1、s2、s3 值在 main( )中仍然有效，因此全局变量是实现函数之间数据通信的有效手段。

对于全局变量还有以下几点说明：

① 对于局部变量的定义和说明，可以不加区分。而对于全局变量则不然，全局变量的定义和全局变量的说明并不是一回事。全局变量只能定义一次。而全局变量的说明，出现在要使用该全局变量的函数内，可以出现多次。

全局变量在定义时就已分配了内存单元，全局变量定义可作初始赋值，全局变量说明不能再赋初始值，只是表明在函数内要使用某全局变量。

② 全局变量可加强函数模块之间的数据联系，但是又使函数要依赖这些变量，因而使得函数的独立性降低。从模块化程序设计的观点来看这是不利的，因此在不必要时尽量不要使用全局变量。

③ 在同一源文件中，允许全局变量和局部变量同名。在局部变量的作用域内，全局变量不起作用。

【例 7.18】全局变量的定义与说明。

程序如下：

```
#include "stdio.h"
int vs(int xl,int xw)
{   extern int xh;                       /*全局变量 xh 的说明*/
    int v ;
    v=xl*xw*xh;                          /*直接使用全局变量 xh 的值*/
    return v;
}
main()
{   extern int xw,xh;                    /*全局变量的说明*/
    int xl=5;                            /*局部变量的定义*/
    printf("xl=%d,xw=%d,xh=%d\nv=%d",xl,xw,xh,vs(xl,xw));
}
int xl=3,xw=4,xh=5;                      /*全局变量 xl、xw、xh 的定义*/
```

程序运行结果如图 7.25 所示。

图 7.25　例 7.18 运行结果

例 7.18 程序中，全局变量在最后定义，因此在前面函数中对要用的全局变量必须进行说明。全局变量 xl、xw 与 vs( )函数的形参 xl、xw 同名。全局变量都作了初始化赋值，main( )函数中也对 xl 作了初始化赋值。执行程序时，在 printf( )语句中调用 vs( )函数，实参 xl 的值应为 main( )中定义的 xl 值，等于 5，全局变量 xl 在 main( )内不起作用；实参 xw 的值为全局变量 xw 的值为 4，进入 vs 后这两个值传递给形参 xl、xw，vs( )函数中使用的 xh 为全局变量，其值为 5，因此 v 的计算结果为 100，返回主函数后输出。

【例 7.19】全局变量与局部变量同名。

程序如下：

```
#include "stdio.h"
int y=5;
void f1()
{    y=10;                              /*全局变量 y 赋值，f1()中没有定义该变量*/
     printf("y=%d\n",y);
}
main()
{    int y=3;                           /*定义局部变量 y*/
     f1();
     printf("y=%d\n",y);                /*输出的是 main()内的局部变量 y*/
}
```

程序运行结果如图 7.26 所示。

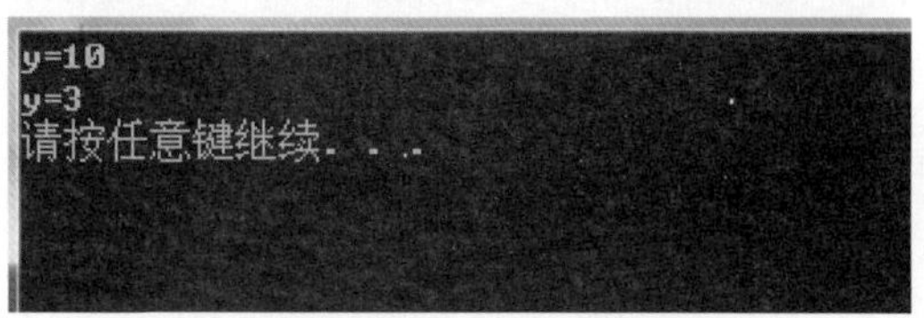

图 7.26　例 7.19 运行结果

例 7.19 中，在同一个程序文件中，全局变量 y 与 main( )内的局部变量 y 同名，则在 main( )内起局部变量优先。

7.3　变量的存储类别

变量按照作用域的不同分为局部变量和全局变量。从变量值存在的时间（即生存期）角度来分，可以分为静态存储和动态存储。所谓静态存储，是指在程序运行期间分配固定的存储空间的方式。而动态存储则是在程序运行期间根据需要进行动态分配空间的方式。

先看一下内存中供用户使用的存储空间的情况，这个存储空间可分为三部分：

① 程序区（放代码）。

② 静态存储区（放数据）。

③ 动态存储区（放数据）。

数据分别存放在静态存储区和动态存储区中。静态存储区用于存放静态型变量，这些变量在程序编译阶段就已被分配内存并一次性地进行初始化了，以后不再进行变量的初始化工作；动态存储区用于存放动态型变量，这些变量在函数调用阶段进行内存分配，函数调用结束后将自动释放其所占用的内存空间。

静态存储区存放全局变量和局部静态变量（有 static 说明）。

在动态存储区中存放以下数据：

① 函数形参变量。在调用函数时给形参变量分配存储空间。

② 局部变量（未加上 static 说明的局部变量，即自动变量）。

③ 函数调用时的现场保护和返回地址等。

在C语言中，对变量的存储类型说明有以下 4 种：

① auto：自动变量。

② register：寄存器变量。

③ extern：全局变量。

④ static：静态变量。

自动变量和寄存器变量属于动态存储方式，全局变量和静态局部变量属于静态存储方式。

7.3.1 局部变量的存储

1．动态存储——自动变量

前面所讲的例题中函数定义的局部变量都是自动变量，只是省略了关键字 auto。当函数被调用时，自动变量临时被创建于动态存储区，函数执行完毕，自动撤销。自动变量的定义格式如下：

```
[auto] 数据类型 变量表;
```

关键字 auto 可以省略，若省略则默认为自动变量。例如：

```
{   int i,j,k;
    char c;
    …
}
```

等价于：

```
{   auto int i,j,k;
    auto char c;
    …
}
```

自动变量的存储特点是：

① 函数被调用时分配存储空间，调用结束就释放。

② 变量定义时不初始化，它的值是不确定的。

③ 由于自动变量的作用域和生存期，都局限于定义它的函数内（或复合语句），因此不同

的函数中允许使用同名的变量而不会混淆。即使在函数内定义的自动变量，也可与该函数局部的复合语句中定义的自动变量同名。

【例 7.20】函数局部的复合语句中定义的自动变量同名。

程序如下：

```
#include "stdio.h"
main()
{   auto int a,s=50,p=50;
    scanf("%d",&a);
    if(a>0)
    {  auto int s,p;
       s=a+a;
       p=a*a;
       printf("s=%d p=%d\n",s,p);
    }
    printf("s=%d p=%d\n",s,p);
}
```

程序运行结果如图 7.27 所示。

图 7.27　例 7.20 运行结果

例 7.20 程序在 main( )函数中和复合语句内两次定义了变量 s、p，为自动变量。按照 C 语言的规定，在复合语句内，应由复合语句中定义的 s、p 起作用，故 s 的值应为 a+a，p 的值为 a*a。退出复合语句后的 s、p 应为 main( )所定义的 s、p，其值在初始化时给定，均为 100。从输出结果可以分析出两个 s 和两个 p 虽变量名相同，但却是两个不同的变量。

2．静态存储——静态局部变量

如果希望局部变量的值在离开作用域后仍能保持，则将定义为静态局部变量。静态局部变量的定义格式如下：

```
static  数据类型  变量表;
```

静态局部变量存储特点是：

① 静态局部变量属于静态存储。在程序执行过程中，即使所在函数调用结束也不释放。换句话说，在程序执行期间，静态局部变量始终存在。

② 若定义时不初始化，初始值是 0。且每次调用它们所在的函数时，不再重新赋初值，只是保留上次调用结束时的值。

【例 7.21】静态局部变量和动态局部变量的比较。

程序如下：

```
#include "stdio.h"
int fun(int a)
{   static int c=3;                         /*定义静态局部变量 c*/
```

```
    auto int b=0;                        /*定义动态局部变量b*/
    b=b+1;
    c=c+1;
    return (a+b+c);
}
main()
{   int a=2,i;
    for(i=0;i<=2;i++)
    printf("%d  ",fun(a));
}
```

程序运行结果图 7.28 所示。

图 7.28 例 7.21 运行结果

例 7.21 程序的执行过程是：在 main( )第一次调用函数 fun( )时，b=0、c=3，函数返回值是 a+b+c=2+1+4=7；由于变量 c 是静态局部变量，调用结束后并不释放仍可保留 4，而 b 是自动变量，调用结束后就释放了；第二次调用函数 fun( )时，b=0、c=4（上次调用结束时的值），函数返回值是 a+b+c=2+1+5=8；第三次调用函数 fun( )时，b=0、c=5（上次调用结束时的值），函数返回值是 a+b+c=2+1+6=9。

3. 寄存器存储——寄存器变量

一般情况下，变量的值都是存储在内存中的，为提高执行效率，C 语言允许将局部变量的值存放到寄存器中，这种变量就称为寄存器变量。定义格式如下：

```
register  数据类型  变量表;
```

例如：`register  int   i;`

【例 7.22】求 1+2+3+……+1000

程序如下：

```
#include "stdio.h"
void main()
{   register long i,s=0;
    for(i=1;i<=1000;i++)
       s=s+i;
    printf("s=%ld\n",s);
}
```

程序运行结果如图 7.29 所示。

图 7.29 例 7.22 运行结果

本程序循环 1000 次，i 和 s 都将频繁使用，因此可定义为寄存器变量。

寄存器变量存储的特点是：

① 只有动态局部变量才能定义成寄存器变量，即全局变量和静态局部变量不行。

② 允许使用的寄存器数目是有限的，不能定义任意多个寄存器变量。

7.3.2　全局变量的存储

全局变量属于静态存储方式。根据全局变量是否可以被其他程序文件中的函数使用，又把全局变量分为静态全局变量和非静态全局变量，使用 static 和 extern 关键字来定义，当未对全局变量指定存储类别时，隐含为 extern 类别。

1. 静态全局变量

静态全局变量就是只允许被本程序文件中的函数访问，不允许被其他程序文件中的函数访问。定义格式为：

```
static  数据类型  全局变量表;
```

【例 7.23】 静态全局变量的作用域只是局限在定义它的文件。

f1.c

```
static int a=2;
main()
{   sub();
    printf("%d",a);
}
```

f2.c

```
extern int a;
void sub()
{   a=a+a;
}
```

例 7.23 中，文件 f1.c 定义了静态全局变量 a，这就限制了 a 的作用域只是在 f1.c 内，即使在文件 f2.c 中加上对变量 a 的声明（extern int a;），也不能将 a 的作用域扩展到 f2.c 内，函数 sub( )是不能访问静态全局变量 a，本程序在编译时就会报错，如图 7.30 所示。

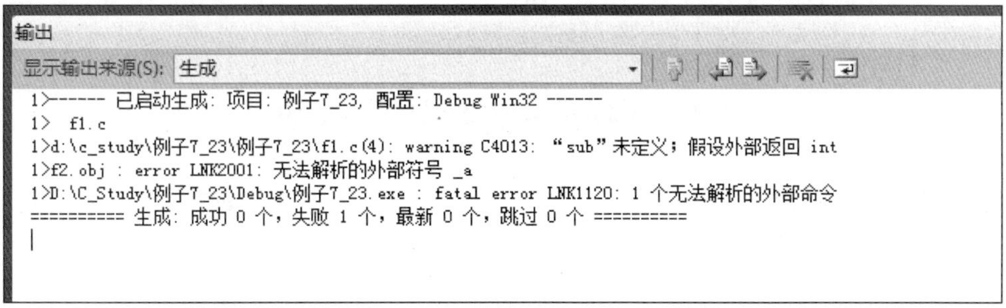

```
输出
显示输出来源(S): 生成
1>------ 已启动生成: 项目: 例子7_23, 配置: Debug Win32 ------
1>  f1.c
1>d:\c_study\例子7_23\例子7_23\f1.c(4): warning C4013: "sub"未定义；假设外部返回 int
1>f2.obj : error LNK2001: 无法解析的外部符号 _a
1>D:\C_Study\例子7_23\Debug\例子7_23.exe : fatal error LNK1120: 1 个无法解析的外部命令
========== 生成: 成功 0 个，失败 1 个，最新 0 个，跳过 0 个 ==========
```

图 7.30　编译错误

2. 非静态全局变量

允许被本程序文件中的函数访问，也允许被其他程序文件中的函数访问的全局变量就是非静态全局变量。在 7.2.2 节介绍的全局变量就是非静态全局变量。

定义时只要省略 static 关键字即可，全局变量隐含为 extern 类别。其他源文件中的函数访问非静态全局变量时，需要在访问函数所在的源程序文件中进行声明，格式为：

```
extern  数据类型  全局变量表;
```

【例 7.24】全局变量的作用域的扩展。

f1.c

```
int a=2;
main()
{   sub();
    printf("%d",a);
}
```

f2.c

```
extern int a;
void sub()
{   a=a+a;
}
```

例 7.24 中，文件 f1.c 定义了全局变量 a，a 的作用域是在 f1.c 内，但其他程序文件也可以访问它，如在文件 f2.c 中加上对变量 a 的声明（extern int a;），将 a 的作用域扩展到 f2.c 内，函数 sub 就能访问全局变量 a。

注意：在函数内使用 extern 声明变量，表示访问本程序文件中的全局变量；而函数外（通常在文件开头）的 extern 声明变量，表示访问其他文件中的全局变量。

静态局部变量和静态全局变量同属静态存储方式，但两者区别较大：

① 定义的位置不同。静态局部变量在函数内定义，静态全局变量在函数外定义。

② 作用域不同。静态局部变量属于局部变量，其作用域仅限于定义它的函数内；虽然生存期为整个源程序，但其他函数是不能使用它的。

静态全局变量在函数外定义，其作用域为定义它的源文件内；生存期为整个源程序，但其他源文件中的函数也是不能使用它的。

③ 初始化处理不同。静态局部变量，仅在第一次调用它所在的函数时被初始化，当再次调用定义它的函数时，不再初始化，而是保留上一次调用结束时的值。而静态全局变量是在函数外定义的，不存在静态局部变量的“重复”初始化问题，其当前值由最近一次给它赋值的操作决定。

7.4 内部函数和外部函数

● 微 课

内外部函数及案例

一个 C 语言程序可以由多个程序文件组成，每个程序文件都可以包含若干函数，根据函数能否被其他程序文件调用，将函数区分为内部函数和外部函数。

7.4.1 内部函数

内部函数又称静态函数，是只能被本程序文件中的其他函数调用的函数，而其他程序文件中的函数不能调用。定义使用关键字 static，格式如下：

```
static  类型标识符  函数名(形参表)
{       函数体      }
```

【例 7.25】内部函数的作用域。

f1.c

```
int a=2;
main()
{   sub();
    Printf("%d",a);
}
```

f2.c

```
extern int a;
static void sub()
{    a=a+a;
}
```

例 7.25 中，文件 f2.c 定义了静态函数 sub( )，这就限制了 sub( )的作用域只是在 f2.c 内，所以 f1.c 中函数调用语句 sub( );是错误的，编译时会报错，如图 7.31 所示。

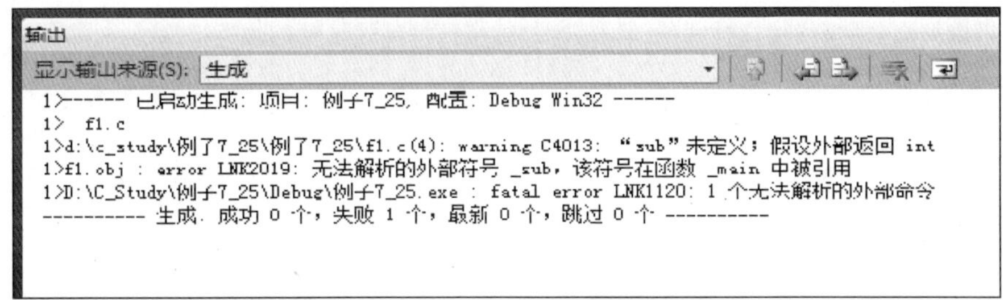

图 7.31　编译错误

7.4.2　外部函数

外部函数就是可以被所有程序文件调用的函数。定义时使用关键字 extern，定义格式如下：

```
[extern]  类型标识符  函数名(形参表)
{      函数体     }
```

函数的隐含类别为 extern 类别。所以本节之前定义的函数都是外部函数。

外部函数是否可以被其他程序随便调用呢？还不行，因为函数也有一个作用域的问题，在前面章节中的对被调用函数的原型声明，实际上就是扩展函数的作用域，要想被其他函数调用成功，还必须在其他程序文件中用函数原型对其进行声明。函数原型声明的格式如下：

```
[extern]  类型标识符  函数名(形参表);
```

【例 7.26】外部函数的作用域。

f1.c

```
extern int fun1(int x);
extern int fun2(int y);
main()
{   int a=2,b,c;
    b= fun1(a);
    c= fun2(a);
    printf("%d,%d",b,c);
}
```

f2.c

```
int fun1(int x)
{
   return x+1;
}
extern int fun2(int y)
{
   return y*y;
}
```

例 7.26 中程序文件 f2.c 中定义的函数 fun1( )、fun2( )都是外部函数，在文件 f1.c 中调用外部函数 fun1( )、fun2( )，要进行函数原型声明。但是，主函数调用其他文件中的外部函数可以不加外部函数声明，例 7.26 中文件 f1.c 中函数声明的两条语句可以省略。

7.5 程序举例

【例 7.27】计算 s=1！+2！+3！+4！+5！。

程序流程图如图 7.32 所示。

程序如下：

```
#include "stdio.h"
long f1(int n)
{   long m=1;
    int i;
    for(i=1;i<=n;i++)
      m=m*i;
    return m;
}
void main()
{   int i;
    long s=0;
    for(i=1;i<=5;i++)
      s=s+f1(i);
    printf("\ns=%ld\n",s);
}
```

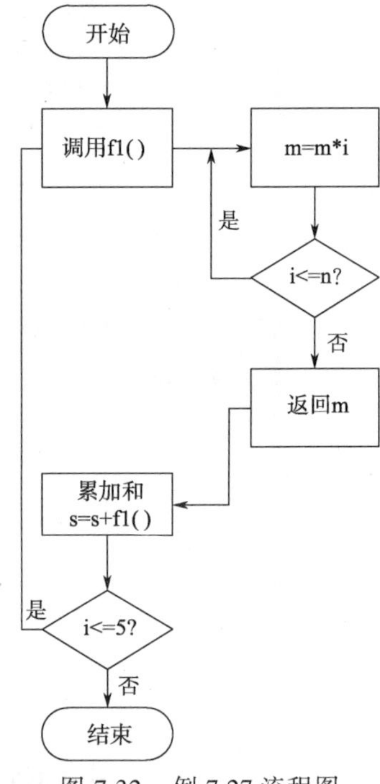

图 7.32 例 7.27 流程图

程序运行结果如图 7.33 所示。

图 7.33 例 7.27 运行结果

【例 7.28】编写函数求 x 的 y 次幂。

程序如下：

```
#include "stdio.h"
double fun(double x,int y)
{   if(y==1)  return x;
    else return x*fun(x,y-1);
}
void main()
{   double x;
    int y;
    scanf("%lf,%d",&x,&y);
    printf("x^y=%.2lf",fun(x,y));
}
```

程序运行结果如图 7.34 所示。

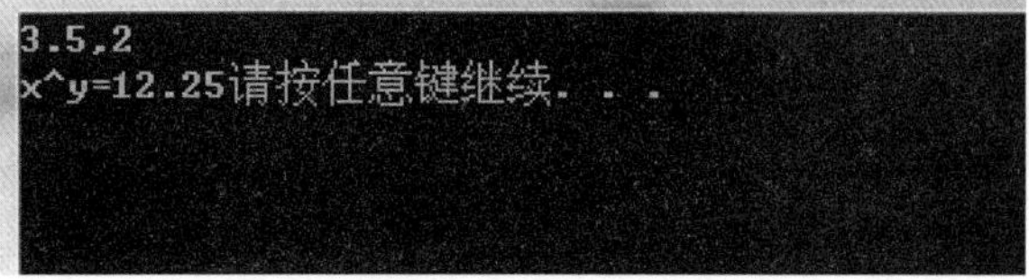

图 7.34　例 7.28 运行结果

【例 7.29】编写函数用选择法将一个数组升序排列。

程序如下：

```
#include "stdio.h"
void sort(int b[10])
{   int i,j,k,t;
    for(i=0;i<9;i++)
    { k=i;
      for(j=i+1;j<9;j++)
        if(b[j]<b[k])  k=j;
      if(k!=i)
      {  t=b[k];b[k]=b[i];b[i]=t;   }
    }
}
void main()
{   int i,k,a[10];
    for(i=0;i<10;i++)
      scanf("%d",&a[i]);
    sort(a);
    for(i=0;i<10;i++)
      printf("%d ",a[i]);
}
```

程序运行结果如图 7.35 所示。

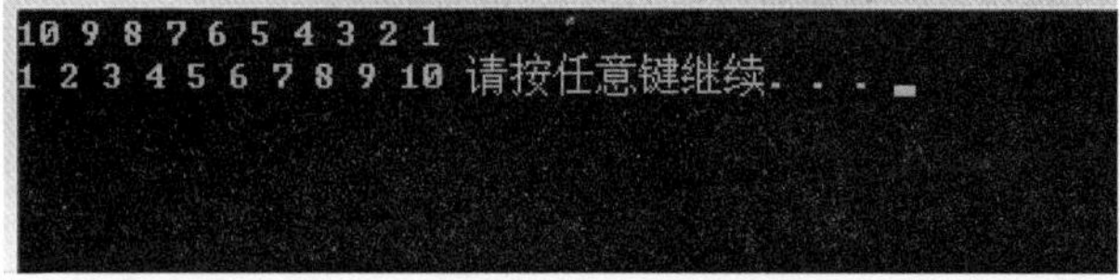

图 7.35　例 7.29 运行结果

【例 7.30】编写函数求二维数组（4×4）的转置矩阵，即行列互换。

程序如下：

```
#include "stdio.h"
#define N 4
int a[N][N];
void fun(a)
int a[4][4];
{   int i,j,t;
    for(i=0;i<N;i++)
        for(j=i+1;j<N;j++)
        {
```

```
            t=a[i][j]; a[i][j]=a[j][i]; a[j][i]=t;
        }
}
void main()
{  int i,j;
   for(i=0;i<N;i++)
    for(j=0;j<N;j++)
     scanf("%d",&a[i][j]);
    fun(a);
    for(i=0;i<N;i++)
    {
      for(j=0;j<N;j++)
        printf("%5d",a[i][j]);
      printf("\n");
    }
}
```

程序运行结果如图 7.36 所示。

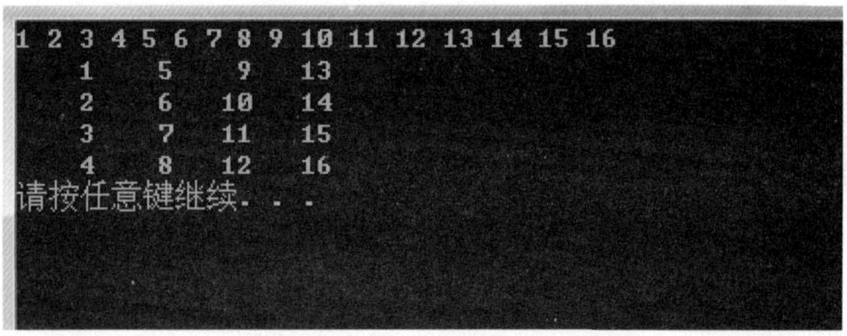

```
1 2 3 4 5 6 7 8 9 10 11 12 13 14 15 16
    1    5    9   13
    2    6   10   14
    3    7   11   15
    4    8   12   16
请按任意键继续. . .
```

图 7.36　例 7.30 运行结果

【例 7.31】编写函数统计字符串中字母的个数。

程序如下：

```
#include "stdio.h"
int fun(char c)
{   if(c>='a'&& c<='z' || c>='A' && c<='Z')
      return(1);
    else  return(0);
}
void main()
{   int i,num=0;
    char str[255];
    gets(str);
    for(i=0;str[i]!='\0';i++)
    if(fun(str[i])) num++;
    puts(str);
    printf("num=%d\n",num);
}
```

程序运行结果如图 7.37 所示。

图 7.37　例 7.31 运行结果

【例 7.32】编写判断素数的函数，求 high 以内的所有素数之和。

分析：判断素数的算法，我们在以前学习循环的时候已经学过了，在这里只是把这个算法用函数的形式表示出来。

程序如下：

```
#include "stdio.h"
#include "math.h"
int fun(int m)                                    /*此函数用于判别素数*/
{   int f=1,i,k;
    k=sqrt(m);
    for(i=2;i<=k;i++)
      if(m%i==0) break;
    if(i>=k+1)f=1;
    else f=0;
    return  f;
}
void main()
{   int high,i;
    long s=0;
    scanf("%d",& high);
    for(i=1;i<=high;i++)
      if(fun(i)==1) s=s+i;
    printf("s=%d",s);
}
```

程序运行结果如图 7.38 所示。

图 7.38　例 7.32 运行结果

本 章 小 结

通过本章的学习，读者能够掌握 C 语言函数的模块化编程思想，可以设计并上机调试完整的 C 函数程序，尤其对函数中的局部变量、全局变量及函数的嵌套调用、递归调用等相关操作加以理解并能在实践中加以运用。

技 能 训 练

函数是实践性很强的知识点，函数的学习有其自身的特点，必须通过大量的编程训练，在实践中掌握编程知识，培养编程能力，并逐步理解和掌握函数实现的思想和方法。

训练题目 1：找出下面程序的错误，改正并上机调试出正确结果。

(1)
```
#include "stdio.h"
main()
{   int x,y;
    printf("%d\n",sum(x+y));
    int sum(a,b);
    {
        int a,b;
        return(a+b);
    }
}
```

(2)
```
#include "stdio.h"
main()
{   int x,n,s;
    s=fun(x,n);
}
fun(y)
{   int i,p=1;
    for(i=1;i<=n;i++)
    p=p*i;
}
```

训练题目 2：编写函数计算某两个自然数之间所有自然数的和，主函数调用求 1～50、50～100 的和。

```
#include "stdio.h"
int fun(int a,int b)
{   int i;
    int sum=0;
    for(i=a;i<=b;i++)
      sum+=i;
    return sum;
}
main()
{   printf("%d\n",fun(50,100));
    printf("%d\n",fun(1,50));
}
```

程序运行结果：

```
3825
1275
```

训练题目 3：编写两个函数，分别求两个正数的最大公约数和最小公倍数，用主函数调用这两个函数并输出结果。两个正数由键盘输入。

```
#include "stdio.h"
hcf(int u,int v)                    /*求最大公约数*/
```

```
{   int a,b,t,r;
    if(u>v)
    {  t=u; u=v; v=t;
    }
    a=u;b=v;
    while((r=b%a)!=0)
    {
      b=a; a=r;
    }
    return(a);
}
Lcd(int u,int v,int h)                  /*求最小公倍数*/
{   return(u*v/h);
}
main()
{   int u,v,h,l;
    scanf("%d,%d",&u,&v);
    h=hcf(u,v);
    l=Lcd(u,v,h);
    printf("%d,%d\n",h,l);
}
```

训练题目 4：编写程序已知某个学生 5 门课程的成绩，求平均成绩。

```
#include "stdio.h"
float aver(float a[])
{   int i;
    float av,s=a[0];
    for(i=1;i<5;i++)
      s=s+a[i];
    av=s/5;
    return av;
}
void main()
{   float sco[5],av;
    int i;
    for(i=0;i<5;i++)
      scanf("%f",&sco[i]);
    av=aver(sco);
    printf("average score is %5.2f\n",av);
}
```

课 后 习 题

一、填空题

1. 计算 10 个学生 1 门功课的平均成绩。

```
float average(float array[10])
{   int i;
    float aver,sum=array[0];
    for(i=1;i<=9;i++)
```

```
      sum=__________ ;
    aver=sum/10 ;
    return(aver) ;
}
main()
{   float score[10],aver;
    int i;
    for(i=0;i<10;i++)
      scanf("%f",&score[i]);
    aver=____________;
    printf("%f", aver);
}
```

2. 程序的功能是求 n!（n 的阶乘）的值。

```
#include "stdio.h"
unsigned long fun(int n);
main()
{   int m;
    scanf("%d",&m);
    printf("%d!=%ld\n",m,fun(m));
}
unsigned long fun(int n)
{
    unsigned long p;
    if(n>1)
      p=________;
    else
      p=1L;
    return(p);
}
```

3. 函数 fun( )用于求一个 3×4 矩阵中的最小元素。

```
fun(int  a[][4])
{   int i,j,k,min;
    min=a[0][0];
    for(i=0;i<3;i++)
    for(j=0;j<4;j++)
      if(  __________  )
         min=a[i][j];
    return(min);
}
```

4. 下面程序中，函数 fun( )的功能是：把给定的两个字符串连接起来。

```
#include "stdio.h"
#include "Conio.h"
void fun(s1,s2)
char s1[],s2[];
{   int i,j;
    i=0;
    while(s1[i]!='\0')
      i++;
```

```
    j=0;
    while(s2[j]!='\0')
    {  ________
      j++;
    }
    s1[i+j]=______ ;
}
main()
{   char s11[30],s22[10];
    scanf("%s%s",s11,s22);
    fun(s11,s22);
    printf("%s",s11);
}
```

5. 有n个数已经按由小到大次序排序后存放到数组a中，以下程序要输入一个数，要求按原来次序将它插入到数组中。

```
#include "stdio.h"
main()
{   int  a[10]={2,4,6,7,45,60,67};
    int x,i,n=6;
    scanf("%d",&x);
    for(i=n;i>=0;i--)
    if(a[i]>x)
       a[i+1]=a[i];
    else
      break;
      ________;
    n++;
    for(i=0;i<=n;i++)
      printf("%d",a[i]);
}
```

二、选择题

1. 以下说法中正确的是（　　）。
   A. C语言程序总是从第一个定义的函数开始执行
   B. 在C语言程序中，要调用的函数必须在main()函数中定义
   C. C语言程序总是从main()函数开始执行
   D. C语言程序中的main()函数必须放在程序的开始部分
2. 在C语言中，函数的隐含存储类别是（　　）。
   A. auto　　B. static　　C. extern　　D. 无存储类别
3. C语言中，可用于说明函数的是（　　）。
   A. auto 或 static　　B. extern 或 auto
   C. static 或 extern　　D. auto 或 register
4. 在C语言中，以下叙述中不正确的是（　　）。
   A. 函数中的自动变量可以赋初值，每调用一次，赋一次初值
   B. 在调用函数时，实在参数和对应形参在类型上只需赋值兼容

C. 外部变量的隐含类别是自动存储类别

D. 函数形参可以说明为 register 变量

5. 调用函数时，基本类型变量作函数实参，它和对应的形参（　　）。

A. 各自占用独立的存储单元　　B. 共占用一个存储单元

C. 同名时才能共用存储单元　　D. 不占用存储单元

6. 以下函数调用语句有（　　）个参数。

```
fun1(1,x,fun2(a,b,c),(a+b,a-b));
```

A. 4　　B. 5　　C. 6　　D. 7

7. 函数返回值的类型是由（　　）所决定。

A. return 语句中的表达式类型

B. 调用该函数的主调函数类型

C. 系统临时

D. 在定义函数时所指定的函数类型

8. 以下对 C 语言函数的有关描述中，正确的是（　　）。

A. 调用函数时，只能把实参的值传递给形参，形参的值不能传递给实参

B. 既可以嵌套定义又可以递归调用

C. 函数必须有返回值，否则不能使用函数

D. 有调用关系的所有函数必须放在同一个源程序文件中

9. 以下函数的定义中，（　　）含有语法错误。

A.
```
fun()
{   int x,y;
    scanf("%d",&x);
    y=x*x;
    return(y);
}
```

B.
```
double fun(float x)
{   return(sqrt(x));
}
```

C.
```
fun_3(x,y)
int x;char y;
{   int I;
    for(I=1;I<x;I++);
    printf("%C"y);
}
```

D.
```
double 4fun(x);
{   double x,y;
    y=exp(x);
    return y;
}
```

10. 下面程序段中调用 fun( )函数传递实参 a 和 b:

```
main()
{  char a[10],b[10];
   fun(a,b);
   ...
}
```

则在 fun( )函数首部中，对形参错误的定义是（　　）。

A. fun(char a[10],b[10]){...}　　B. fun(char al[],char a2[]){...}

C. fun(char p[10],char q[10]){…}　　　D. fun(char * s1,char *s2){…}

三、程序分析题

1. 有如下程序：

```
long  fib(int  n)
{   if(n>2)  return(fib(n-1)+fib(n-2));
    else  return(2);
}
main()
{   printf("%d\n",fib(3));
}
```

该程序的输出结果是________。

2. 程序执行后变量 w 中的值是________。

```
int fun1(double a)
{   return a*=a;}
int fun2(double x,double y)
{   double a=0, b=0;
    a=fun1(x);
    b=fun1(y);
    return(int)(a+b);
}
main()
{   double w;
    w=fun2(1.1,2.0);
    …
}
```

3. 下面程序的运行结果是________。

```
int m=4,n=6;
max(int x,int y)
{   int max;
    max=x>y?x:y;
    return(max);
}
main()
{   int m=10;
    printf("%d\n",max(m,n));
}
```

4. 下面程序的运行结果是________。

```
fun(int p)
{   int k=1;
    static t=2;
    k=k+1;
    t=t+1;
    return(p*k*t);
}
main()
{   int x=4;
    fun(x);
```

```
   printf("%d\n",fun(x));
}
```

5. 以下程序的运行结果________。

```
#include "stdio.h"
int a=100;
fun()
{   int a=10;
    printf("%d,",a);
}
main()
{   printf("%d,",a++);
    {   int a=30;
        printf("%d,",a);
    }
    fun();
    printf("%d",a);
}
```

6. 当运行以下程序时，输入abcd，程序的输出结果是________。

```
insert(char str[])
{   int i;
    i=strlen(str);
    while(i>0)
    {  str[2*i]=str[i];
       Str[2*i-1]= '*';
       i--;}
    printf("%s\n",str);
}
main()
{  char str[40];
    scanf("%s",str);
    insert(str);
}
```

7. 下述程序的运行结果是________。

```
#include "stdio.h"
void fun(int x)
{   putchar('0'+(x% 10));
    fun(x/10);
}
void main()
{   printf("\n");
    fun(1234);
}
```

8. 下面程序的运行结果是________。

```
int a=1,k=10;
fun(int x,int y)
{   static int m=1;
    m=m+a;
    return(m+x*y);
```

```
}
main()
{   int a=5,b;
    b=fun(a,k);
    b=fun(a,k);
    printf("%d",b);
}
```

9. 以下程序的输出结果是________。

```
int  m=13;
int  fun2(int x,int y)
{   int  m=3;
    return(x*y-m);
}
main()
{   int  a=7,b=5;
    printf("%\n",fun2(a,b)/m);
}
```

10. 下列程序执行后输出的结果是________。

```
fun(char p[][10])
{   int n=0, i;
    for(i=0;i<7;i++)
       if(p[i][0]== 'T ')n++;
    return n;
}
main()
{   char str[][10]={"Mon","Tue","Wed","Thu","Fri","Sat","Sun"};
    printf("%d\n",fun(str));
}
```

四、编程题

1. 写一个判断素数的函数，在主函数输入一个整数，输出是否素数的信息。

2. 编写函数计算$1-\frac{1}{3}+\frac{1}{5}-\frac{1}{7}+\ldots+(-1)^n\frac{1}{2n+1}$，用主函数调用它。

3. 将一个字符串中另一个字符串中出现的字符删除。

4. 某班有 5 个学生，三门课。分别编写三个函数实现以下要求：

（1）求各门课的平均分。

（2）找出有两门以上不及格的学生，并输出其学号和不及格课程的成绩。

（3）找出三门课平均成绩为 85～90 分的学生，并输出其学号和姓名。

主程序输入 5 个学生的成绩，然后调用上述函数输出结果。

第8章 预处理命令

● 课 件

预处理命令

在 C 语言中，凡是以“#”号开头的语句都称为编译预处理命令，前面在程序开头使用的#include、#define 开始的语句行就是编译预处理命令行。所谓编译预处理，就是在 C 编译程序对 C 源程序进行编译前，由专门的预处理程序对这些编译预处理命令行进行处理的过程。C 语言提供多种预处理功能，如宏定义（#define）、文件包含（#include）、条件编译（#ifdef）等。合理使用预处理功能可使编写的程序便于阅读、修改、移植和调试，也有利于模块化程序设计。预处理命令必须在一行的开头以“#”开头，末尾不能有“;”，以区别于一般语句。本章主要学习宏定义、文件包含两种预处理命令的使用方法。

学习目标：

- 不带参数的宏定义命令的使用。
- 带参数的宏定义命令的使用。
- 文件包含命令的使用。

8.1 宏 定 义

● 微 课

宏定义

在 C 语言中，符号常量就是一种宏。#define 是定义宏的预处理命令，它将一个标识符定义成一个字符串，该标识符称为宏名，被定义的字符串称为替换文本。程序在编译之前，要将这些宏名使用替换文件进行替换，这个替换操作称为宏替换。宏替换之后再执行编译操作。宏替换时要遵守“先替换，后计算”的原则，宏替换时并不做语法检查，替换结束之后进行编译，编译时才会对替换后的结果进行语法检查，检查无误后才能进行正常的计算。根据宏定义中有无参数，可以分为两种形式的宏定义：不带参数的宏定义和带参数的宏定义。

8.1.1 不带参数的宏定义

1. 不带参数的宏定义格式

不带参数的宏定义功能相当于定义一个符号常量，使用宏名代替一个字符串，简化了程序的书写，增强了程序的通用性和可读性。定义格式如下：

```
#define  宏名  字符串
```

例如：

```
#define  PI  3.1415926
```

2．不带参数的宏定义说明

① 宏定义的命令是#define。define 并不是 C 语言的关键字，它与符号“#”相结合表示一个预处理命令。通常符号“#”与 define 直接书写，中间不加空格。如果用户在符号“#”与 define 之间添加了空格，编译时也可以通过，但没有意义。

② 上例中宏名为 PI，全部使用大写字母定义。语法上宏名的大小写并无要求，但是为了区分变量名、数组名或函数名，规范上宏名一般用大写字母书写。

③ 使用宏名简化了程序的书写。上例中替换文本为字符串 3.1415926，用户在编写程序时用到的所有 3.1415926 都可以写成 PI。从书写长度上看，字符串 3.1415926 书写长度为 9，宏名 PI 书写长度为 2，明显简化了程序的书写，减小了书写错误发生的概率。从书写含义上看，字符串 3.1415926 只是一组数字，没有什么含义，宏名 PI 拥有数学中圆周率的含义，增强了程序的可读性。但注意并不是任何情况下，宏名定义成什么符号就表示什么含义，因情况而异。

④ 宏定义在程序编译之前要做宏替换。宏替换的功能是把程序中所有出现宏名的位置用替换文本进行原样替换，即程序中所有出现的宏名 PI 的位置用替换文本 3.1415926 替换。

⑤ 宏替换时 C 语言编译器不做语言检查。宏替换只是用替换文本简单替换宏名，不做语法检查，即使替换文本的数据格式出现问题，预编译也不会报错。假设宏定义写成如下格式：

```
#define  PI  3.141a5926
```

此时，替换文本中出现了字母。如果程序中宏名 PI 出现在数学表达式中，宏替换时也会正常执行，但在编译时就会出现错误，提示“operator has no effect; expected operator with side-effect”，含义是宏替换后操作符不能使用，因为 3.141a5926 不是数值型数据，不能参与数学表达式的运算。

⑥ 宏定义不是 C 语句，结尾不用书写分号。但书写分号也不是错误，只不过替换文本内容发生改变。假设宏定义写成如下格式：

```
#define  PI  3.1415926;
```

替换文本不再是 3.1415926，而是“3.1415926;”。替换文本内容比以前定义时多了一个分号，在进行宏替换时，分号也会出现在表达式中。

⑦ 宏定义从定义点开始有效，一直到源程序结束。宏定义通常书写在源程序的上面、函数的外面，这样一来所有函数都可以使用宏名。如果想提前结束宏名的作用范围，可以使用#undef 命令。假设有如下书写程序：

```
#define  PI  3.1415926
void  fun1()
{
   …
}
#undef  PI
void  fun2()
{
   …
}
```

宏名 PI 能在函数 fun1()中使用，但不能在函数 fun2()中使用。因为在函数 fun2()定义之前，宏名 PI 已经用#undef PI 结束定义，不能再次使用。

⑧ 后定义的宏名可以引用前面定义的宏名，原则是层层替换。假设有如下书写程序：

```
#define  R    2+3
#define  PI   3.1415926
#define  L    2*PI*R
```

先定义两个单一的宏名 R 和 PI，然后定义一个引用了宏名 R 和 PI 的宏名 L。按照层层替换的原则，宏名 L 被替换结果为 2*3.1415926*2+3。由于宏替换时先替换，后计算，所以理解成 2*3.1415926*5 的结果是错误的。

为了防止出现歧义，定义宏名时，复杂的替换文本两侧可以添加括号。比如，宏名 R 的定义格式改写方式如下：

```
#define  R  (2+3)
```

宏名 L 被替换结果为 2*3.1415926*(2+3)，这样一来，编译后计算的结果就和预期的计算结果保持一致。

⑨ 字符串中出现与宏名同名的符号不做替换处理。假设有如下书写程序：

```
printf("宏名 PI 的内容是:%f\n", PI);
```

输出语句中宏名 PI 出现了两次，但第一次出现在双引号中，属于普通的字符，不做宏替换处理，第二次出现在双引号之外，正常执行宏替换。

⑩ 宏名一次定义，可以多次使用。定义数组时，数组的长度可以用宏名代替。当数组长度发生改变时，只需修改宏定义语句的替换文本，实现一改全改，增强了程序的通用性。

假设有如下程序：

```
#define  N  5
int   a[N];
int   b[N][N];
```

如果一维数组 a 的长度与二维数组每行元素的个数都变成 10，只需修改宏名 N 的替换文本，修改后的语句为：

```
#define  N  10
```

⑪ 宏名不分配内存空间。对于变量名系统会分配内存空间用于存放数据，对于宏名只是一个名词，系统不会为其分配内存空间，功能只是用来做字符串替换。

【例 8.1】使用不带参数的宏定义计算球的体积。

程序如下：

```
#include <stdio.h>
#define  PI  3.1415926
#define  R  3.0
#define  V  4.0/3.0*PI*R*R*R
void main()
{
   printf("球的体积 V=%f\n",V);
}
```

8.1.2　带参数的宏定义

1. 带参数的宏定义格式

带参数的宏定义功能类似于函数，但与函数执行过程又不完全相同。带参数的宏定义不仅要做字符串的替换，还要做参数的替换。定义格式如下：

```
#define   宏名(参数名列表)   字符串
```

例如：

```
#define V(a,b,h)   a*b*h
```

2. 带参数的宏定义说明

① 宏名后括号内是形式参数。上例中定义一个带参数的宏名 V，包含 a、b、h 三个形参。

② 在带参数的宏定义中，形参不需定义类型。宏名和形参只是一个名词，只是用于字符串的替换，系统不会为其分配内存，所以不用指定类型。

③ 使用带参数的宏定义时要提供实参，实参将内容原样传给形参。宏替换时，程序中出现的宏名 V 用字符串 a*b*h 替换，字符串中的形参 a、b、h 用实参的内容原样替换。

④ 宏定义参数替换方向从左到右。函数有参数时，实参传给形参的方向是从右到左，并且是先计算出实参的结果后传值给形参。而宏定义的实参并不计算结果，原样把内容传给形参进行替换，并且方向是从左到右，编译时才进行计算，与函数相反。

⑤ 宏名与括号之间没有空格。如果宏定义成如下格式：

```
#define  V  (a,b,h)  a*b*h
```

宏替换后，宏名 V 就被替换成“(a,b,h)　a*b*h”，宏名 V 由带参数的宏定义就变成了不带参数的宏定义。

【例 8.2】使用带参数的宏定义和函数对比计算矩形的面积。

程序如下：

```
#include <stdio.h>
#define  S(w,h)  w*h                 /*定义带参数宏定义计算矩形面积*/
int  fun(int w,int h)                /*定义函数计算矩形面积*/
{
   printf("w=%d,h=%d\n",w,h);        /*输出形参接收实参的计算结果*/
   return w*h;                       /*返回矩形面积*/
}
void main()
{
   int a=1,b=2,c=3,d=4;
   int x=5;
   printf("函数运行后结果:%d\n",fun(x,x));
   printf("函数运行后结果:%d\n",fun(a+b,c+d));
   printf("带参宏定义运行后结果:%d\n",S(a+b,c+d));
}
```

程序运行结果如图 8.1 所示。

图 8.1　例 8.2 运行结果

说明：

- ✓ 定义了带参数宏名 S，包含 w 和 h 两个形参，使用字符串 w*h 替换。
- ✓ 定义函数 fun( )，包含两个形参 w 和 h。
- ✓ 第一次调用函数 fun( )，实参 x 和 x 的值传给形参 w 和 h，输出 5*5 的计算结果 25。
- ✓ 第二次调用函数 fun( )，实参的计算结果 3 和 7 传给形参 w 和 h，输出 3*7 的计算结果 21。
- ✓ 调用带参数的宏定义，从左到右方向实参原样替换形参，替换结果为 a+b*c+d，即 1+2*3+4，计算结果为 11。
- ✓ 如果宏定义改成#define S(w,h)　(w)*(h)，方向从左到右替换，替换结果为(1+2)*(3+4)，计算结果为 21。

8.2　文 件 包 含

● 微 课

文件包含

在 C 语言中，为了提高程序的开发效率，系统为用户提供了大量的库函数。用户在使用这些库函数时需要把其所在的头文件包含到当前源程序之中，这个操作称为文件包含。#include 是文件包含的命令，它把指定的文件模块内容插入到#include 所在的位置，当程序编译连接时，系统会把所有#include 指定的文件连接生成可执行代码。用户不用再重新定义这些函数即可直接使用，避免了重复工作。

文件包含必须以#开头，表示这是编译预处理命令，行尾不能用分号结束。

#include 所包含的文件可以是系统的头文件，也可以文件包含用户自定义的文件。其扩展名是.c 时，表示包含普通 C 语言源程序；是.h 时，表示 C 语言程序的头文件。C 语言系统中大量的定义与声明是以头文件形式提供的。

1. 文件包含定义格式

文件包含可以有两种书写格式，定义格式如下：

格式 1：`#include <文件名>`

格式 2：`#include "文件名"`

例如：

```
#include <stdio.h>
#include <math.h>
#include  "file1.c"
```

2. 文件包含的说明

① 文件包含的命令是#include。 include 并不是 C 语言的关键字，是预定义标识符，“#”

号后面直接书写 include，不用书写空格。

② 使用“<>”括起文件名，这种写法为标准方式，在系统指定的“包含文件目录”下搜索被包含的文件。

③ 使用双引号括起文件名，系统首先到当前目录下搜索被包含的文件，如果没找到，再到系统指定的“包含文件目录”下进行搜索。

④ 一条文件包含命令，只能指定一个被包含文件。如果要包含多个文件，则要使用多条文件包含命令。

⑤ 标准的输入/输出函数定义在头文件 stdio.h 中，因此在使用标准输入/输出库函数时要把头文件 stdio.h 包含到当前文件中。

⑥ 数学计算函数定义在头文件 math.h 中，因此在使用数学计算函数时要把头文件 math.h 包含到当前文件中。

⑦ 用户可以自己定义一些函数供自己和其他用户使用，可以使用.h 为文件扩展名保存，也可以使用.c 为文件扩展名保存，比如 file1.h 或 file1.c。用户自定义文件一般保存在当前目录下，所以使用格式 2 进行文件包含。

⑧ 文件包含可以嵌套，即被包含文件中又可以包含其他文件。假设有如下书写程序：

文件 file1.h：

```
void  fun1()
{
    …
}
```

文件 file2.h：

```
#include  "file1.h"
void  fun2()
{
  …
}
```

文件 file3.c

```
#include "file2.h"
void main()
{
    …
}
```

file3.c 文件包含了 file2.h 文件，而被包含的 file2.h 文件包含了 file1.h 文件。

⑨ 使用文件包含可以实现团队开发。一个大程序，通常分为多个模块，并由多个程序员分别编写。通过使用文件包含功能，可以将多个模块共用的数据或者函数集中编写到一个文件中，这样一来，凡是使用其中数据或函数的程序员，只要把这个文件包含到当前文件下即可，不必重复定义它们，从而减少了重复劳动和定义不一致造成的错误。

⑩ VC 中常用头文件有：

stdio.h　　标准输入/输出头文件
string.h　　字符串操作函数头文件
math.h　　数学库函数头文件

ctype.h　　　字符操作函数头文件

stdlib.h　　　常用函数库头文件

【例 8.3】使用边角边公式计算三角形的面积。

程序如下：

```
#include <stdio.h>
#include <math.h>                    /*文件包含数学函数头文件*/
#define  PI  3.1415926
void main()
{
   float  a,b;                       /*定义两条边长*/
   int  c;                           /*定义角度，单位为度数*/
   float  s;                         /*定义面积*/
   printf("输入两条边长:");          /*输出函数*/
   scanf("%f,%f",&a,&b);             /*输入函数*/
   printf("输入两条边的夹角角度:");
   scanf("%d",&c);
   s=1.0/2*a*b*sin(c*PI/180);       /*应用边角边公式计算面积 */
   printf("三角形面积是:%f\n",s);
}
```

说明：

✓ 开头是文件包含标准输入/输出头文件 stdio.h 和数学计算函数头文件 math.h。

✓ 使用边角边公式计算三角形面积，其中使用到了正弦函数 sin( )，函数的定义在 math.h 头文件中。

✓ 输出函数 printf( )、输入函数 scanf( )在头文件 stdio.h 中。

✓ 定义宏名 PI 代替字符串 3.1415926。

✓ 正弦函数 sin( )的形参是弧度，因此要把角度转成弧度后计算正弦值。

本 章 小 结

本章主要讲解了宏定义、文件包含两种预处理命令的定义格式和使用方法。通过实例阐述了不带参数的宏定义和带参数的宏定义使用方式上的区别；通过实例介绍了文件包含的使用。

技 能 训 练

训练题目 1：带参数的宏定义的使用，读下列程序，分析下列程序的运行结果（见图 8.2）。

```
#define  ADD(x)   x+x
void main()
{
   int m=2,n=2,k=4;
   int sum=ADD(m+n)*k;
   printf("sum=%d\n",sum);
}
```

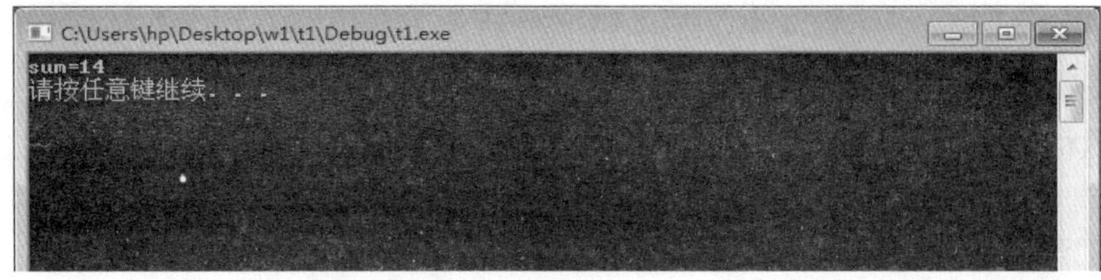

图 8.2　训练题目 1 运行结果

训练题目 2：判断宏定义的作用域，读下列程序，分析下列程序的运行结果（见图 8.3）。

```
#include <stdio.h>
void main()
{
    int b=5;
    #define  b  2               /*判断 b 的作用域*/
    #define  f(x)  b*(x)        /*判断 f 的作用域*/
    int  y=3;
    printf("%d\n",f(y+1));
    #undef  b
    printf("%d\n",f(y+1));
    #define  b  3               /*判断 b 的作用域*/
    printf("%d\n",f(y+1));
}
```

图 8.3　训练题目 2 运行结果

课 后 习 题

一、选择题

1. 下面选项中关于编译预处理的叙述正确的是（　　）。

   A、凡是以#号开头的行，都被称为编译预处理命令行

   B、预处理命令行必须使用分号结尾

   C、预处理命令行不能出现在程序的最后一行

   D、预处理命令行的作用域是到最近的函数结束处

2. 以下关于宏定义的说法正确的是（　　）。

   A. 宏名必须大写

   B. 宏替换时要进行语法检查

   C. 宏替换不占用运行时间

   D. 宏定义中不能引用已有的宏名

3. 在宏定义#define PI 3.14 中，宏名 PI 代替的是一个（   ）。

A. 常量 B. 单精度数

C. 双精度数 D. 字符串

4. 在文件包含预处理命令使用形式中，当#include 后面的文件名用" "号括起时，寻找被包含文件的方式是（   ）。

A. 直接按系统设定的标准方式搜索目录

B. 先在源程序的目录下搜索，再按系统设定的标准方式搜索

C. 仅搜索源程序目录

D. 仅搜索当前目录

5. 以下选项中的编译预处理命令行正确的是（   ）。

A. #define int INT

B. ##define eps 0.001

C. #DEFINE TRUE

D. #define PI 3.14

6. 有以下程序：

```
#include <stdio.h>
#define PT 3.5;
#define S(x) PT*x*x;
main()
{
    int a=1,b=2;
    printf("%4.1f\n",S(a+b));
}
```

程序运行后的输出结果是（   ）。

A. 14.0

B. 31.5

C. 7.5

D. 程序有错无输出结果

7. 以下叙述中正确的是（   ）。

A. 预处理命令行必须位于 C 源程序的起始位置

B. 在 C 语言中，预处理命令行都以“#”开头

C. 每个 C 程序必须在开头包含预处理命令行：#include <stdio.h>

D. C 语言的预处理不能实现宏定义和条件编译的功能

8. 以下叙述中正确的是（   ）。

A. 在一个程序中，允许使用任意数量的#include 命令行

B. 在包含文件中，不得再包含其他文件

C. #include 命令行不能出现在程序文件的中间

D. 虽然包含文件被修改了，包含该文件的源程序也可以不重新进行编译和连接

9. 以下程序的输出结果是（   ）。

```
#define  SQR(X)  X*X
main()
{
   int a=16,k=2,m=1;
   a/=SQR(k+m)/SQR(k+m);
   printf("%d\n",a);
}
```

A. 16　　B. 2　　C. 9　　D. 1

10. 以下 for 语句构成的循环执行了（　　）次。

```
#include <stdio.h>
#define N 2
#define M N+1
#define NUM (M+1)*M/2
main()
{
   int i,n=0;
   for(i=1;i<=NUM;i++)
   {
      n++; printf("%d",n);
   }
   printf("\n");
}
```

A. 5　　B. 6　　C. 8　　D. 9

11. 以下有关宏替换的叙述错误的是（　　）。

A. 宏名必须用大写字母表示
B. 宏替换不占用运行时间
C. 宏名不具有类型
D. 宏替换只是字符替换

12. 下面叙述中正确的是（　　）。

A. 宏定义是 C 语句，所以要在行末加分号
B. 可以使用#undef 命令来终止宏定义的作用域
C. 在进行宏定义时，宏定义不能层层嵌套
D. 对程序中用双引号括起来的字符串内的字符，与宏名相同的要进行置换

二、编程题

1. 用带参的宏定义实现两个整数相除的余数。
2. 定义一个带参的宏实现两个整数的交换，并利用它交换两个一维数组。

第9章 指针

课件
指针

指针是C语言中的一种重要数据类型。通过指针的使用，编程人员可以像汇编语言一样操作内存地址，加快了数据的存取速度，提高了程序的运行效率。利用指针变量可以表示各种数据结构，能方便地使用数组和字符串，从而编出精练而高效的程序。

学习目标：

- 了解指针的基本概念。
- 掌握变量和指针。
- 掌握数组和指针。
- 掌握指针数组。
- 掌握指向指针的指针。
- 掌握函数与指针。

9.1 指针的概念

微课
指针概念及变量与指针

指针是C语言中重要的概念，也是难理解的概念。要弄清C语言中指针的概念，必须首先了解计算机基本组成与计算机工作原理。计算机由输入设备、输出设备、内存储器、运算器、控制器五大部分组成。如图9.1所示，程序员编写C语言源程序，通过键盘输入到内存中。然后对源程序编译、连接，当用户发出运行命令，计算机就按照程序的语句自动顺序执行，这就是计算机程序存储运行原理。

C 程序中的主函数，子函数存储在程序存储区，变量、常量、数组、结构体存储在数据存储区。程序存储区、数据存储区在内存中是以多个存储单元形式存放的，每个存储单元由一个字节（8个二进制位）组成，每个存储单元都有地址，如图9.1所示的第一个存储单元的地址是2000。在C语言中函数变量、常量、数组、结构体通常占用连续多个存储单元，其地址为最前面存储单元的地址，即首地址，以后就称为“地址”。在C语言中地址就称为指针。以整型变量a为例，假设整型变量占两个字节，变量a占有2000、2001两个连续的存储单元，则最前面的存储单元的地址2000就是变量a的地址，也是变量a的指针。在计算机中数据是通过数据总线传输的。要把数据准确地输入到内存储器中，必须知道存储单元的地址，即通过地址找到存储单元，此过程称为“寻址”。这就如同将报纸投送到报箱中，而每个报箱都有报箱号一样。只有知道了报箱号（地址）才能将报纸（数据）投送到正确的报箱中。在计算机中寻址是由计算机地址总线自动完成的，地址相当于目的存储单元的“指向标”，形象地将地址称为“指针”。

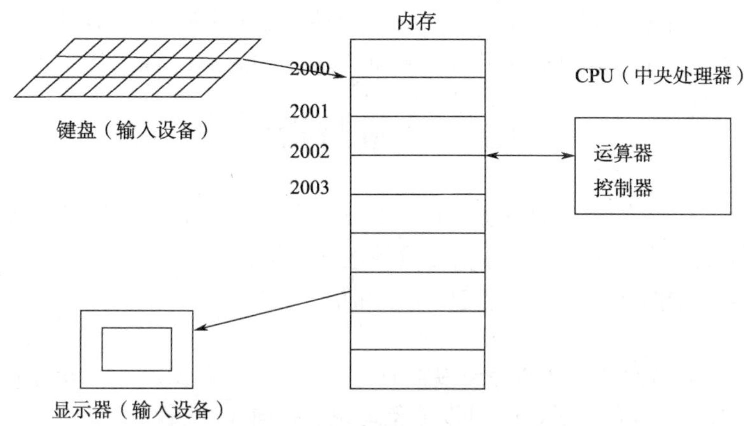

图 9.1　计算机基本组成

在 C 语言中，访问变量可以通过变量名直接存取变量的值，称为“直接访问”，就是前几章所使用的访问变量方法。有了变量的指针，就可以通过变量的指针间接存取变量的值，称为“间接访问”。变量的指针是常量，即变量一经定义，其地址就确定了。定义一个专门存放变量指针的变量称为指针变量，其语法格式为：

基类型　*指针变量名;

其中，基类型是指指针变量所存放地址相对应变量的类型，基类型可以是 int、float、char、double、long 等，例如，基类型为 int 的指针变量，只能存储 int 型变量的地址，基类型为 float 的指针变量，只能存储 float 型变量的地址；“*”是一个标志，指示其后面变量是一个指针变量。

【例 9.1】 定义指针变量。

程序如下：

```
#include "stdio.h"
void main()
{   int a,b,*p1=&a,*p2;
    float c,d,*q1=&c,*q2;
    p2=&b;
    q2=&d;
    printf("%ld, %ld, %ld, %ld\n",p1,p2,q1,q2);
}
```

例 9.1 中，整型变量 a,b 的地址可以通过取地址符运算符“&”得到。“&”运算符是一个单目运算符，其优先级与！、++、--相同，右结合，其功能为取其后变量的地址。a、b 的指针分别为&a、&b、其为常量。主函数中定义了整型指针变量 p1、p2，而 p1、p2 变量前面的“*”是一个标志，说明其后的变量是一个指针变量，而不是一个普通变量。定义完指针变量 p1、p2 后，必须将一个整型变量的地址赋给指针变量。给指针变量赋值有两种方法：第一种是在定义的时候就赋初值，例如“*p1=&a”，其中“*”是一个标志，“p1=&a”是将 a 的地址赋给指针变量 p1；第二种方法是先定义指针变量，然后在执行语句中给指针变量赋值，例如“p2=&b”，注意在定义时&p2 已经说明 p2 是一个指针变量，但它没有存放任何变量的地址。在执行语句中，将&b 即 b 的地址赋给指针变量 p2，p2 前面不能有“*”，“*”标志只能出现在变量定义语句中。指针变量 q1、q2 的基类型为 float 型，则 q1、q2 只能存放 float 型的变量地址，其赋值方法与 p1、p2 类似。定义指针变量时，给变量赋值的两种方法采用哪一种都可以。还要注意，变量 a、b、c、d 的定义要先于对其地址的引用，例如，语句“int *p1=&a,a;”是错误的。

9.2 变量与指针

在 9.1 节中我们讨论了指针的概念。每个变量都有一个地址，变量地址是常量，变量地址也称指针。可以定义一个变量，专门存放变量的地址（指针），该变量称为指针变量。如图 9.2 所示，定义变量 a 和指针变量 p。

```
int a,*p=&a;
```

p　　　　a
&a →

图 9.2　指针变量

变量 a 为整型，p 为指针，其基类型为整型，即只能存放整型变量的指针。p 存放变量 a 的地址&a，可以形象地说 p 指向 a，或者说指针变量指向哪个变量，其含义就是指针变量存放着该变量的指针（地址）。

9.2.1 指针变量的引用

除了直接访问变量外，还可以通过指针（地址）间接访问变量，其一般形式为：

*指针变量

此形式只能出现在可执行语句中，不能出现在变量定义语句中，变量定义中的“*”只是一个标志，而此处的“*”是一个指针运算符（或称“间接访问运算符”），其含义是间接访问指针变量所指向的变量，其优先级为 2 级，右结合。其优先级与！、++、&（取地址）等运算符同级。例 9.1 中，指针变量 p1 指向整型变量 a，在可执行语句中*p1 与变量 a 完全等价，语句“*p1=10;”的含义就是将 10 赋给变量 a（p1 指向的变量）。

【例 9.2】指针变量的引用。

程序如下：

```
#include "stdio.h "
void main()
{   int *p1,*p2,a,b;
    float *q,c,d;
    a=b=2;
    c=d=a+b;
    p1=&a;p2=&b;
    *p1=3;*p2=4;
    q=&c;
    *q=*p1+*p2;
    printf("%d,%d\n",a,*p1);
    printf("%d,%d\n",b,*p2);
    printf("%f,%f\n",c,d);
}
```

程序运行结果如图 9.3 所示。

图 9.3　例 9.2 运行结果

程序 main( )函数体的第一行、第二行为变量定义语句，即非执行语句，在程序编译阶段完成。其中的“*”是一个标志，标志后的 p1、p2、q 为指针变量。main( )函数体的第三行及以下均为可执行语句，在程序运行阶段完成。p1 存放 a 的指针，即 p1 指向 a，同理，p2 指向 b。*p1 中的“*”为间接访问 p1 指向的变量，由于 p1 指向 a，因此*p1 为间接访问变量 a，即*p1 与 a 等价。a 的值原来等于 2，现在“*p1=3;”，等价于“a=3;”，故 a 的值为 3。同理，b 的值原来为 2，现在为 4。基类型为实型的指针 q 指向实型变量 c，则*q 与 c 等价，等于*p1 与*p2 的和，也就是 a 与 b 的和，值为 7。

【例 9.3】 输入 a、b 两个实型数，通过指针的方法，降序输出 a、b。

程序如下：

```
#include "stdio.h"
void main()
{   float *pa,*pb,*p,a,b;
    pa=&a;pb=&b;
    scanf("%f%f",pa,pb);
    if(a<b)
    {p=pa;pa=pb;pb=p;}
    printf("%f,%f\n",*pa,*pb);
}
```

程序运行结果如图 9.4 所示。

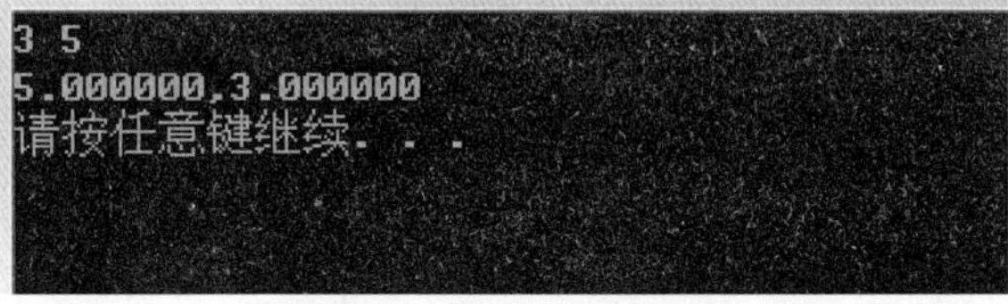

图 9.4　例 9.3 运行结果

main( )函数体的第二行定义，pa 指向 a，pb 指向 b。由于 pa、pb 存放的是 a、b 的地址，所以第三行输入语句用 pa、pb 代替&a、&b 完全可行。main( )函数体的第四行是一个选择结构，如果 a 小于 b，则将 pa 和 pb 的值互换，则 pa 指向 b，pb 指向了 a。main( )函数体的最后一行打印*pa、*pb 就是打印 b 和 a 的值，b 的值大于 a，所以降序输出的目的达到。如果 a 小于 b 不成立，则 pa 和 pb 的值保持原值，最后一行打印*pa、*pb 就是 a 和 b 的值，由于 a 小于 b 不成立，即 a 大于等于 b，显然也符合降序输出的目的。

9.2.2 指针变量作为函数参数

前面我们讲过，函数实在参数向形式参数传递为单向值传递，即实参的值可以传递给形参，但形参的值不会影响实参的值。如果形参为指针变量，相对应的实参必须是变量的指针（地址）。变量的地址由调用程序的实参传递给被调用程序的形参，那么形参、实参的地址值是相等的，即形参、实参指向同一个变量。

【例 9.4】输入两个实数，通过子函数的方法，将这两个实数由小到大排序。

程序如下：

```
#include "stdio.h"
void swap(float *p1,float*p2)
{  float t;
   t=*p1;*p1=*p2;*p2=t;
}
void main()
{  float a,b;
   scanf("%f%f",&a,&b);
   if(a>b)
     swap(&a,&b);
   printf("%f,%f\n",a,b);
}
```

主函数从键盘上输入两个变量 a、b，如果 a 小于等于 b，if 语句条件不成立，则直接运行最后一行输出 a、b，显然其值为由小到大。如果 a 大于 b，则 if 语句条件成立，执行语句 swap(&a,&b); 调用子函数 swap( )。调用后实参&a、&b 传递给形参 p1、p2。注意，形参的定义必须分别进行，语句中"*"为定义形参指针变量 p1、p2 的标志，而不是运算符。传递的结果如图 9.5 所示。

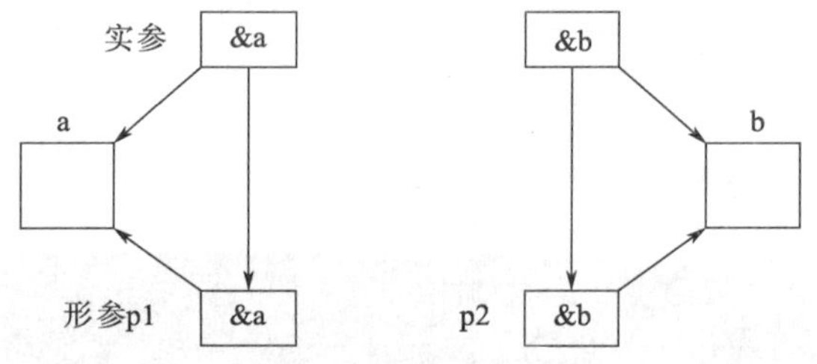

图 9.5　swap( )函数实参、形参传递

实参&a 传递给形参 p1，实参&b 传递给形参 p2，即 p1 的值为&a，p2 的值为&b，p1 指向 a，p2 指向 b，则*p1 与变量 a 等价，*p2 与变量 b 等价。子函数体的第二行三条语句的功能为*p1 与*p2 值互换，等价于变量 a 与变量 b 互换。子函数遇到"}"返回主函数后，由于 a 与 b 的值已互换，显然 a 的值小于 b，输出的值由小到大。

指针变量作为子函数的形参，相对应的实参为主函数某个变量的指针（地址）。主函数调用子函数时，实参的指针值传送给形参，则实参、形参指向主函数中的同一变量，通过形参可以间接访问主函数的变量。在子函数中通过间接访问改变该变量的值，返回主函数后该变量值的变化得以保留。要实现变量在主函数和子函数中的双向传递，可以将变量的地址作为主函数调用语句的实参，指针变量作为子函数形参。函数调用时，实参的值传递给形参，形参指向了主函数中的变量，在子函数中就可通过形参间接访问主函数中的变量，从而实现该变量的双向传递。

【例 9.5】输入三个数，输出其最大值和最小值。

程序流程图如图 9.6 所示。

程序如下：

```
#include "stdio.h"
void max_min(int *p1,int *p2,int *p3)
    {  int max,min;
       max=min=*p1;
       if(max<*p2) max=*p2;
       if(max<*p3) max=*p3;
       if(min>*p2) min=*p2;
       if(min>*p3) min=*p3;
       *p1=max; *p3=min;
}
void main()
{   int a,b,c;
    scanf("%d%d%d",&a,&b,&c);
    max_min(&a,&b,&c) ;
    printf("max=%d, min%d\n",a,c );
}
```

程序运行结果如图 9.7 所示。

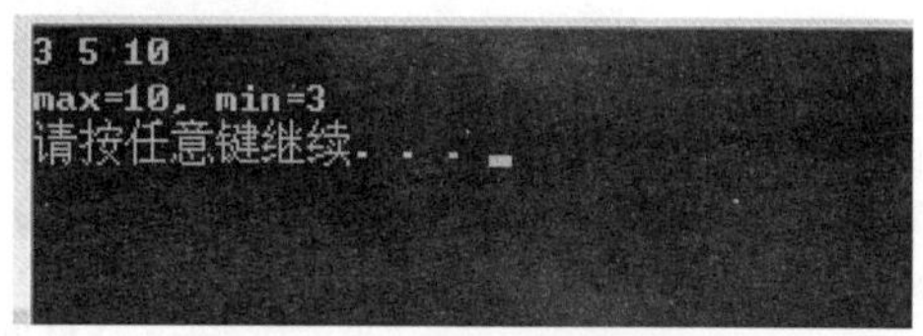

图 9.7 例 9.5 运行结果

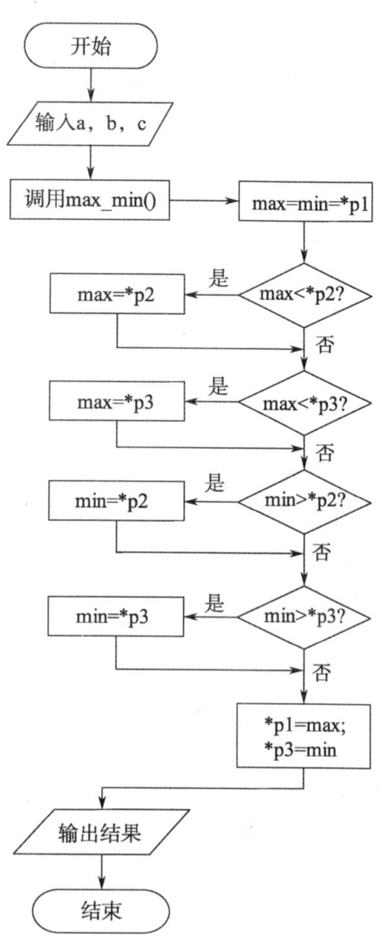

图 9.6 例 9.5 流程图

参照例 9.4 对该例题进行分析。注意子函数中的*p1、*p2、*p2 与主函数中的 a、b、c 分别是同一个变量。

9.3 数组与指针

9.3.1 指向数组元素的指针

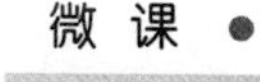

数组、字符串与指针

数组由多个同类型数组元素组成。例如，语句“int a[10];”定义整型数组 a 由 10 个整型数组元素组成，分别为 a[0]～a[9]。在 C 语言中，数组占用连续的存储单元，其各数组元素的地址分别为&a[0]～&[9]。

如图 9.4 所示，根据 C 语言编译系统的规定，数组名为数组的首地址。a 为数组 a 的首地址。由于数组一经定义其存储位置就确定了，所以数组名 a 为常量，而数组元素 a[0] 则是变量。

数组元素 a[0]的指针（地址）为 a，数组 a[1]的地址就是 a+1，数组 a[2]的地址为 a+2，数组 a[9]的地址为 a+9，如图 9.8 所示。这里 a+1 并不是指地址 a 加上 1 个存储单元，而是指加上一个数组元素所占的存储单元。C 语言中，指针加 1，是由系统根据该指针的基类型，自动加上一个基类型变量所需的存储单元个数，这里的 1 不是一个字节的存储单元，而是一个基类型量占用的存储空间。由于数组名 a 为常量，所以“a++;”是不允许的。

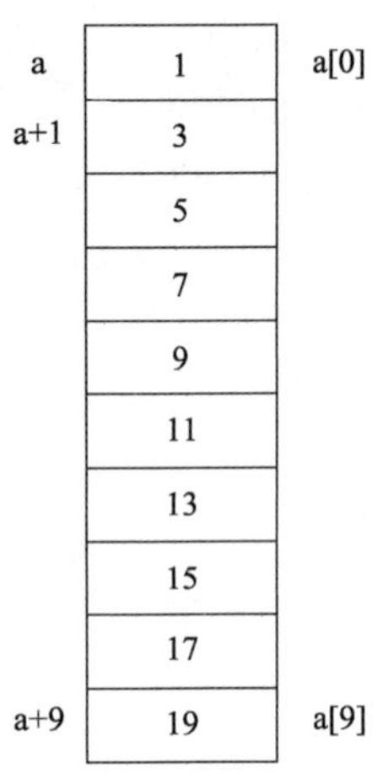

图 9.8　一维数组

9.3.2　通过指针引用数组元素

通过数组元素的指针（地址）可以间接访问数组元素，其一般形式为：

*指针

例如，数组元素 a[2]的指针为 a+2，通过指针访问数组元素的表达式为*(a+2)。实际上数组中的“[]”为变址运算符，“[]”前的等号为变址运算的首地址，“[]”中的表达式的值为变址运算的相对地址，例如数组元素 a[2]的地址为“[]”前的变址运算首地址 a 加上“[]”中的相对地址 2，即 a+2，然后再进行指针运算（间接访问运算）*（a+2）。

一般地，a[n]与*(a+n)完全等价，其中 n 为数组元素的下标。注意，下标 n 不能超界。

【例 9.6】通过数组名输入数组，然后按逆序输出数组。

程序流程图如图 9.9 所示。

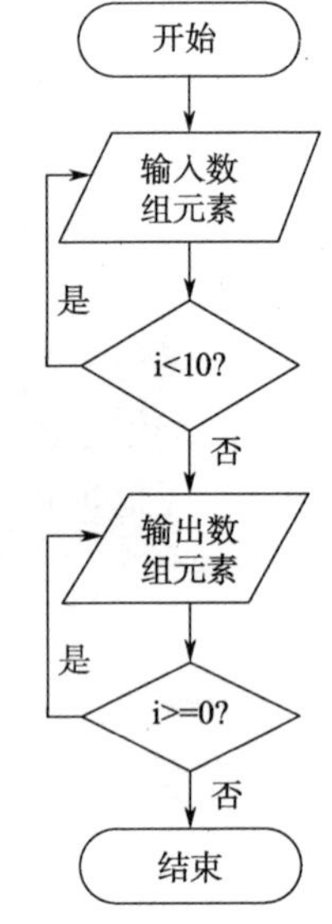

图 9.9　例 9.6 流程图

程序如下：

```
#include "stdio.h"
void  main()
{   int  a[10],i;
    for(i=0;i<10;i++)
      scanf("%d",a+i);
    for(i=9;i>=0;i--)
      printf("%d ",*(a+i));
    printf("\n");
}
```

程序运行结果如图 9.10 所示。

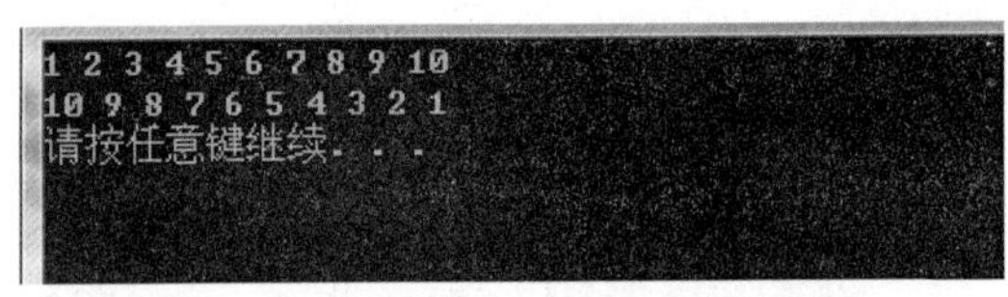

图 9.10　例 9.6 流程图

这个程序非常简单，定义完数组 a 和变量 i 后，通过循环语句输入各数组元素的值。输入函数 scanf( )的输入项为各数组元素的地址，所以写作 a+i，其与&a[i]完全等价。输出时，通过控制下标由 9 到 0 依次递减 1，从而实现逆序输出。由于 a+i 为各数组元素的地址，则*(a+i)就是该地址所对应的变量，该表达式与 a[i]完全等价。

【例 9.7】用指针变量，输入数组，然后按逆序输出。

程序如下：

```
#include "stdio.h"
void main()
{   int a[10],i,*p;
    for(p=a,i=0;i<10;i++)
```

```
    scanf("%d",p++);
  for(p=a+9;p>=a;p--)
    printf("%d ",*p);
  printf("\n");
}
```

该程序的设计思想和程序功能与例 9.6 基本相同。程序中定义了一个指向整型的指针变量 p。循环输入时，设 p 的初值为 a，则 p 指向 a[0]。输入项为 p++，p 写在++前面，先使用 p 的值，p 指向 a[0]，故第一次循环输入的是 a[0]的值。输入 a[0]的值后，指针 p 加 1，这样 p 就指向了 a[1]，下次循环输入的就是 a[1]的值。输出时，使用指针变量 p 作为循环变量，其初值为 a+9，终值为 a，每次循环 p 值减 1，指针 p 从最后一个元素 a[9]开始，依次指向 a[9]～a[0]，输出项为*p，实现了数组元素的逆序输出。注意，本程序中的指针变量 p 不能用数组名 a 替换，因为数组名 a 为常量。

由以上两例，可以看到指针可以进行加减运算。指向数组元素首地址的指针加 1，该指针就指向数组的下一个元素；指针减 1，则指针又指向首个数组元素。

设 p、q 为两个指向整型的指针变量，p 和 q 可以进行减操作，其逻辑意义是两指针指向的变量之间相差几个整型存储单元。p 和 q 还可以进行比较，如果 p 大于 q，则说明 p 所指向的变量的存储地址要大于 q 所指向的变量的存储地址。

9.3.3　用数组名作函数参数

数组名作为函数形式参数时，数组名代表一个数组的首地址。调用函数时，形式参数接受由实参传递过来的值，才有确定的值。当实参为主函数的数组名时，实参传给形参，形参也指向实参数组的首个元素。这样，实参、形参均指向同一个主函数数组。

【例 9.8】编写一个求数组元素平均值的通用函数，调用该函数求两个长度不同数组的平均值。

程序流程图如图 9.11 所示。

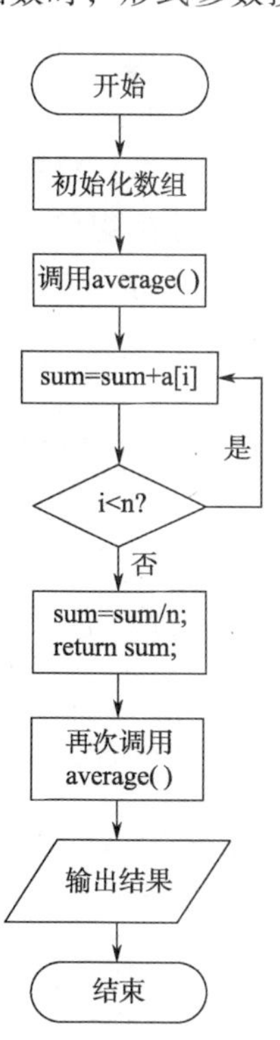

图 9.11　例 9.8 流程图

程序如下：

```
#include "stdio.h"
float average(int a[],int n)
{   int i;
    float sum=0.0;
    for(i=0;i<n;i++)
      sum=sum+a[i];
    sum=sum/n;
    return sum;
}
void main()
{   int a[5]={1,2,3,4,5};
    int b[8]={6,5,4,2,9,7,4,10};
    float x1,x2;
    x1=average(a,5);
    x2=average(b,8);
```

```
    printf("%f\n",x1);
    printf("%f\n",x2);
}
```

程序运行结果如图 9.12 所示。

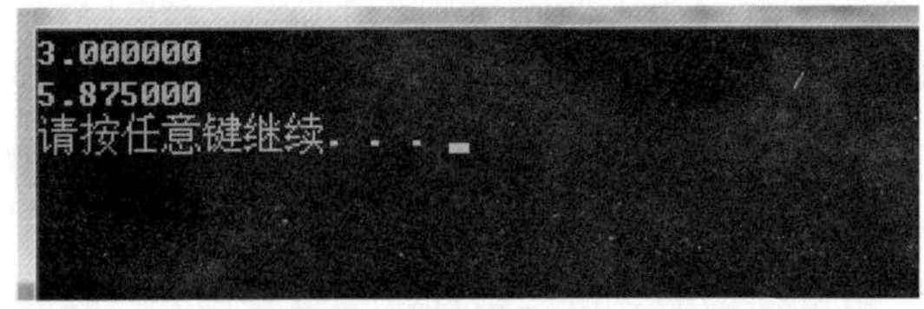

图 9.12 例 9.8 运行结果

子函数中的 float 表示函数返回值为实型，average( )为函数名，函数名可由用户指定。

Average( )函数中有两个形式参数 a 和 n，其中 a 为数组名，n 为整型变量。有的读者认为 a[] 为形参名，这是错误的。在定义形式参数时，“[]”只是一个标志，表示“[]”前的形参 a 为数组名。此处也可以定义为 int *a，a 为指向整型变量的指针，同理“*”为定义指针 a 时的标志。子函数语句块中，用循环语句将形参数组的第 0～n-1 个元素累加起来放到实型变量 sum 中，sum 除以 n 得到数组元素的平均值再赋给 sum，最后将 sum 的值作为函数值并返回到主函数。主函数中定义两个数组，其长度不一样。第 1 次调用 average( )函数时，数组名 a 作为函数的一个实参，数组长度 5 作为函数第二个实参。调用子函数 average( )，实参的值单向传递给形参，所以，形参 a 的值等于主函数中的实参 a，即形参 a 指向实参数组 a 的首地址，而形参 n 的值等于实参 5。形参 a 为主函数组 a 的首地址，长度 n 为 5，则算出的平均值 sum 是该数组的平均值。调用结束后，将函数返回值给变量 x1。第 2 次调用时，实参为数组名 b 和整型常量 8。调用时，实参的值单向传送给形参 a 和 n，则形参 a 就是主函数数组 b 的首地址，长度等于 8。函数调用结束后，子函数就将数组 b 的元素平均值计算出来，然后赋给变量 x2。本例的子函数可以计算任意长度整型数组的元素平均值，具有一般性。请你设计一个函数，将任意长度的整型数组由小到大排序，进一步深入掌握这种方法。

形参定义 int a[]与 int *a 是等价的，前者在子程序采用常用的下标法引用数组元素。后者可采用指针法，也可采用下标法。例 9.8 程序可改写如下：

```
#include "stdio.h"
float average ( int *a,int n )
{   int i;
    float sum=0.0;
    for(i=0;i<n;i++)
      sum+=*(a+i);
    sum=sum/n;
    return sum;
}
void main()
{   int a[5]={1,2,3,4,5};
    int b[8]={6,5,4,2,9,7,4,10};
    float x1,x2;
    x1=average(a,5);
    x2=average(b,8);
```

```
    printf("%f\n",x1);
    printf("%f\n",x2);
}
```

9.3.4　二维数组与指针

1. 二维数组元素的地址（指针）

二维数组的地址比一维数组的地址要复杂一些。下面以二维数组 int a[3][4]为例进行说明。二维数组 a 由三行元素组成，第 0 行 a[0][0]、a[0][1]、a[0][2]、a[0][3]，第 1 行 a[1][0]、a[1][1]、a[1][2]、a[1][3]，第 2 行 a[2][0]、a[2][1]、a[2][2]、a[2][3]，如图 9.13 所示。二维数组 a 的一行有 4 个元素，每一行的地址称为行地址，每个元素也有地址，称为元素地址。

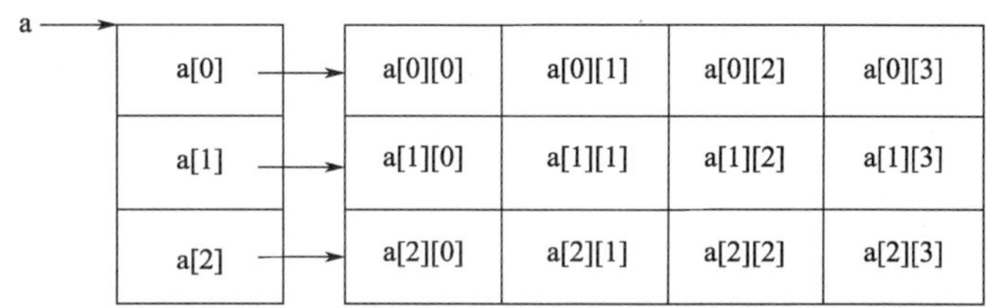

图 9.13　二维数组

例如，一个楼内有三层，每层均有 4 个房间，每个楼层有地址，每个房间也有地址，但是地址的层次是不同的。楼层地址加 1，其地址为上一层楼的地址；房间地址加 1，指的是旁边房间的地址。C 语言管理二维数组地址分为行地址和元素地址。行地址加 1，就指向下一行的地址，可见行地址（指针）加 1 移动的是一行数组元素的地址空间。行指针（地址）指向一行元素，二维数组的一行为一维数组，行指针可以理解为指向一个一维数组的指针，该数组的长度为二维数组的列宽。C 语言规定二维数组名为数组首行行指针。上面的二维数组 a[3][4]的第 0、1、2 行的行指针分别为 a、a+1、a+2。行指针进行指针运算或变址运算后，就是该行首个元素的指针。例如，a[0][0]的指针为 a[0]或*a，a[1][0]的指针为 a[1]或*(a+1)，a[2][0]的指针为 a[2]或*(a+2)。首列元素的指针加 1，就是下一列元素的指针。a[0][1]的指针为 a[0]+1 或*a+1，a[1][1]的指针为 a[1]+1 或*(a+1)+1，a[2][1]的指针为 a[2]+1 或*(a+2)+1。一般地，a[i][j]元素的指针为*(a+i)+j。a+i 为行地址，行地址进行指针运算*(a+i)为该行首列元素 a[i][0]的指针，再加上 j 就是 a[i][j]的指针。通过指针可访问该元素，故*(*(a+i)+j)与 a[i][j]等价。

【例 9.9】用指针法输入/输出二维数组。

程序流程图如图 9.14 所示。

程序如下：

```
#include "stdio.h"
void main()
{   int i,j,a[3][4];
    for(i=0;i<3;i++)
      for(j=0;j<4;j++)
        scanf("%d",a[i]+j);            /*或者 scanf("%d",*(a+i)+j);*/
    for(i=0;i<3;i++)
    {   for(j=0;j<4;j++)
          printf("%d  ",*(a[i]+j));   /*或者 printf("%d  ",*(*(a+i)+j));*/
```

```
        printf("\n");
    }
}
```

程序运行结果如图 9.15 所示。

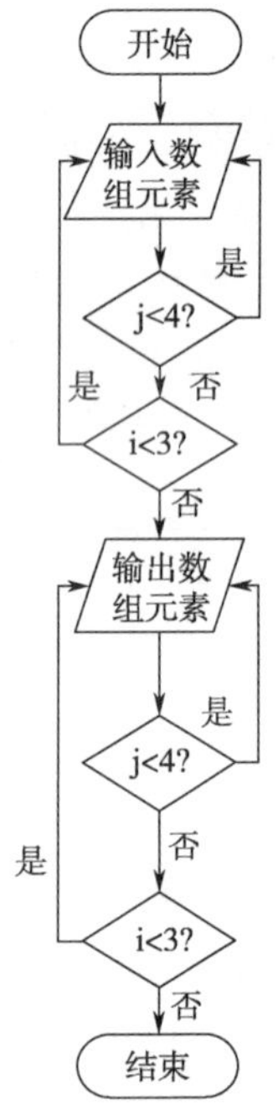

图 9.14 例 9.9 流程图

图 9.15 例 9.9 流程图

注意：输入函数 scanf( )要求输入表列为地址表列，所以这里给出的 a[i]+j 为 a[i][j]元素的指针；输出函数 printf( )要求输出表列为数组元素，所以元素地址前应加上“间接访问”运算符 *(a[i]+j)。

2．指向一维数组的指针变量

指向一维数组的指针变量，可以看作指向二维数组的行指针，因为二维数组的一行是一个一维数组，其一般形式为：

```
基类型  (*指针变量)[列宽];
```

注意：这里的一对括号不能省去，否则会与后面讲到的指针数组混淆。

【例 9.10】用指针变量输出二维数组的元素。

程序如下：

```
#include "stdio.h"
void main()
{   int a[3][4]={1,2,3,4,5,6,7,8,9,10,11,12};
    int (*p)[4],i,j;
    p=a;
    for(i=0;i<3;i++)
    {   for(j=0;j<4;j++)
```

```
            printf("%d  ",*(*(p+i)+j));
        printf("\n");
    }
}
```

程序运行结果如图 9.16 所示。

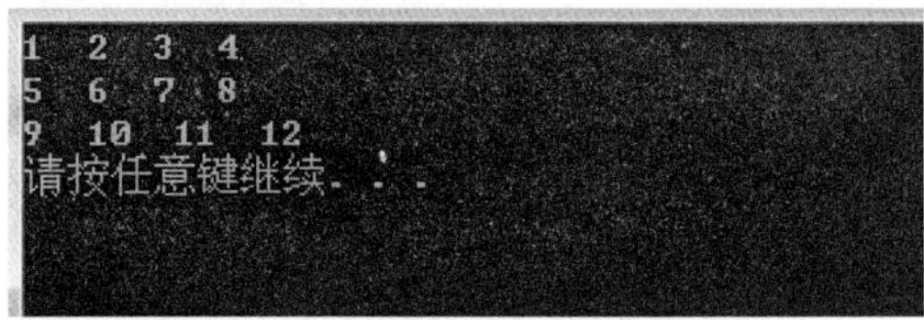

图 9.16　例 9.10 运行结果

指针变量 p 指向一维数组，数组的长度为 4。二维数组 a 的列宽也为 4，所以 p 可以作为数组 a 的行指针。数组名 a 为数组 a 的第 0 行地址，语句“p=a;”使指针 p 指向二维数组的首行。数组元素 a[i][j]可以通过 p 间接访问，其形式为：*(*(p+i)+j)。

3. 用指向一维数组的指针作函数参数

用指向一维数组的指针作为子函数形式参数，二维数组名作为主函数实在参数。主函数调用子函数时，实参值传递给形参，形参就指向主函数二维数组的首行，在子函数中就可以通过形参间接访问主函数二维数组元素。

【例 9.11】求一个 3×4 矩阵的最大值和最小值。

程序流程图如图 9.17 所示。

程序如下：

```
#include "stdio.h"
int max,min;
void max_min( int  (*p)[4],int n)
{   int i,j;
    max=min=**p;
    for(i=0;i<n;i++)
        for(j=0;j<4;j++)
        {  if(*(*(p+i)+j)>max)max=*(*(p+i)+j);
          if(*(*(p+i)+j)<min)min=*(*(p+i)+j);
        }
}
void main()
{   int x[3][4]={6,9,7,4,11,23,5,4,9,7,6,5};
    max_min(x,3);
    printf("max=%d,min=%d\n",max,min);
}
```

开始
初始化数组
调用max_min( )
j<4?　是　否
i<n?　是　否
输出数组元素
结束

图 9.17　例 9.11 流程图

流程图和结果如图 9.18 所示。

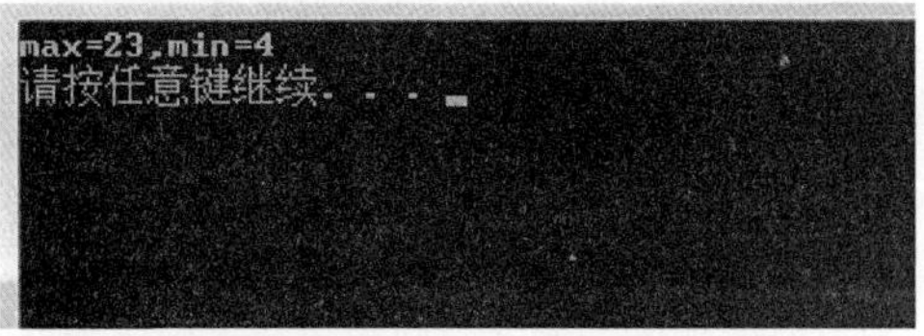

图 9.18　例 9.11 运行结果

该程序求矩阵最大值和最小值是调用子函数 max_min( )完成的。形参 p 是指向一维整型数组的指针，该数组长度为 4，形参 n 用于接收二维数组的行数。最大值、最小值由全局变量 max、min 传回主函数。主函数调用 max_min( )函数时，二维数组行首地址 x 传递给形参 p，则子函数中的**p 就是数组元素 x[0][0]，*(*(p+i)+j)就是数组元素 x[i][j]。

9.4 字符串与指针

9.4.1 字符串的表示形式

字符串是 C 语言中比较重要的数据存储形式，如"China"在内存的存储形式如图 9.19 所示。

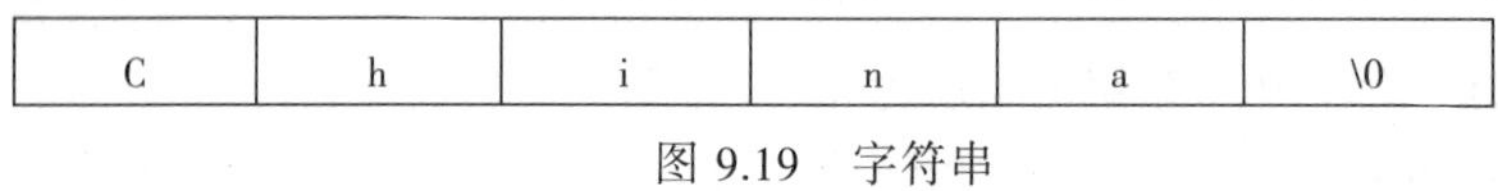

C	h	i	n	a	\0

图 9.19 字符串

每个字符串都有一个结束标记符'\0'。C 语言规定标识一个字符串只需确定该字符串的首地址就可以了。因为自字符串首地址至字符串结束标记 '\0'之间的所有字符就是该字符串的全部内容。实际上，字符串在 C 语言编译系统中是用该字符串的首地址（指针）表示的。知道了字符串的首地址，就可以确定整个字符串。字符串总是从首地址开始，到结束标记'\0'结束。

【例 9.12】字符串初始化与输入/输出。

程序如下：

```
#include "stdio.h"
void main()
{
    char a[]="China";
    char *p="Beijing";
    char b[20];
    scanf("%s",b);
    printf("%s %s %s\n",a,p,b);
}
```

输入 Liaoning，程序运行结果如图 9.20 所示。

图 9.20 例 9.12 运行结果

程序为定义一个字符数组并初始化，其内存存储情况如图 9.19 所示，字符数组 a 的长度为字符串长度 5 字节加上字符结束标志 1 字节，共 6 字节；定义一个字符指针变量 p，该指针指向字符串常量"Beijing"，即 p 存放着该字符串的首地址；定义一个字符数组 b，用 scanf 语句从键盘中输入，字符串的输入格式符为“%s”，其输入项为数组名（字符数组首地址）。printf

语句的输出格式符为“%s”，输出项为字符串的首地址，可以是字符数组名、字符指针等。printf 语句从字符串的首地址开始输出所有字符，当遇到字符串结束标志'\0'时停止。

以下语句是错误的：

```
char *p1;
scanf("%s",p1);
```

因为定义指针变量 p1 时，p1 没有赋初值，p1 内没有存放任何存储空间的地址。用 scanf 语句向没有确切地址的指针 p1 输入字符串是非法的。

以下语句是非法的：

```
char b[30];
b="LiaoNing";
```

b 为字符数组的首地址。数组 b 在定义时存储地址就已经确定，b 为常量，所以常量 b 不能再被赋值为"LiaoNing"的地址。正确的语句如下：

```
char *p1,a[30];
char b[30];
p1=a;
scanf("%s",p1);
strcpy(b,"LiaoNing");
```

【例 9.13】将字符数组 a 复制为字符数组 b。

程序流程图如图 9.21 所示。

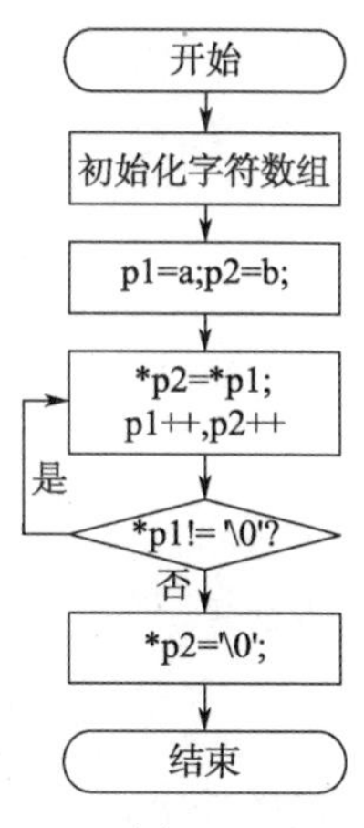

图 9.21　例 9.13 流程图

程序如下：

```
#include "stdio.h"
void main()
{   char a[20]="Beijing China",b[20],*p1,*p2;
    p1=a;p2=b;
    for(;*p1!='\0';p1++,p2++)
       *p2=*p1;
    *p2='\0';
    printf("%s\n",b);
}
```

程序运行结果如图 9.22 所示。

图 9.22　例 9.13 运行结果

p1、p2 是指向字符型数据的指针变量。先使 p1 和 p2 的初值为字符串 a 和字符串 b 的首个字符的地址。*p1 最初的值为'B'，赋值语句*p2=*p1;的作用是将字符'B'（a 串中的首个字符）赋给 p2 所指向的元素，即 b[0]。然后 p1 和 p2 分别加 1，指向其下面的一个元素，直到*p1 的值为'\0'为止。循环结束，指针变量 p2 指向字符数组 b 中"Beijing China"的下一个字符，此处应为字符串的结束标记。

9.4.2 字符指针作函数参数

字符指针作函数参数，传递的是字符串的地址。通过字符地址可访问字符，地址加 1，可访问下一字符，直到访问的字符为字符串结束标记'\0'时为止。

【例 9.14】用函数调用将一字符串复制到另一字符串的后面。

程序流程图如图 9.23 所示。

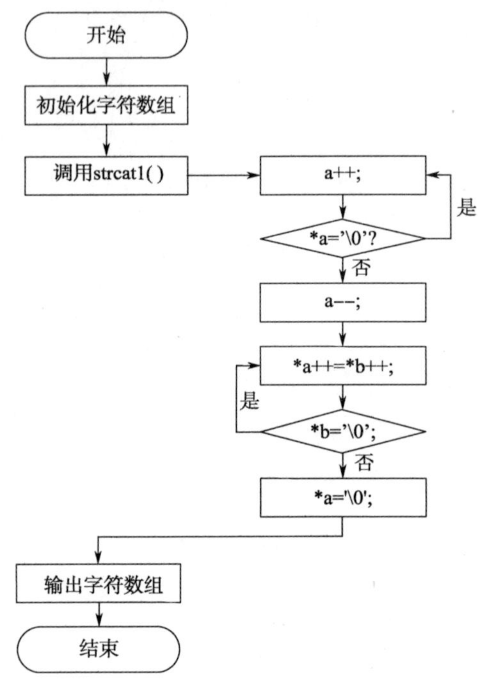

图 9.23　例 9.14 流程图

程序如下：

```
#include "stdio.h"
void strcat1(char *a,char *b)
{   while(*a++);
    a--;
    while(*b)
    *a++=*b++;
    *a='\0';
}
void main()
{   char a[20]= "China";
    char b[10]= "Beijing";
    strcat1(a,b);
    printf("%s\n",a);
}
```

程序运行结果如图 9.24 所示。

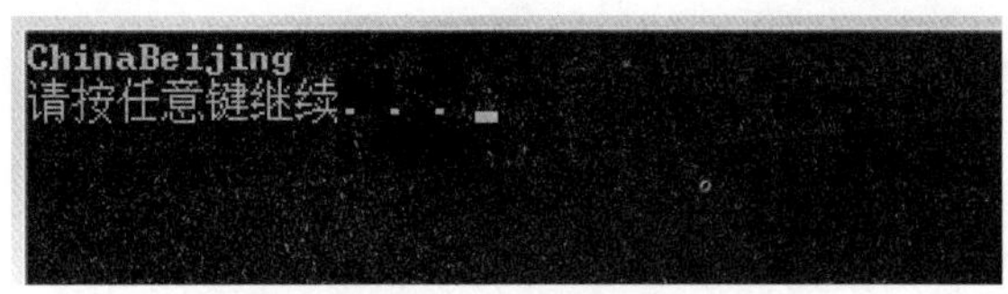

图 9.24　例 9.14 运行结果

子函数 strcat1( )形参为字符指针 a 和字符指针 b，当主程序调用子程序后，指针 a 和指针 b 就分别指向主函数字符数组 a 和字符数组 b 的首个元素，如图 9.25 所示。

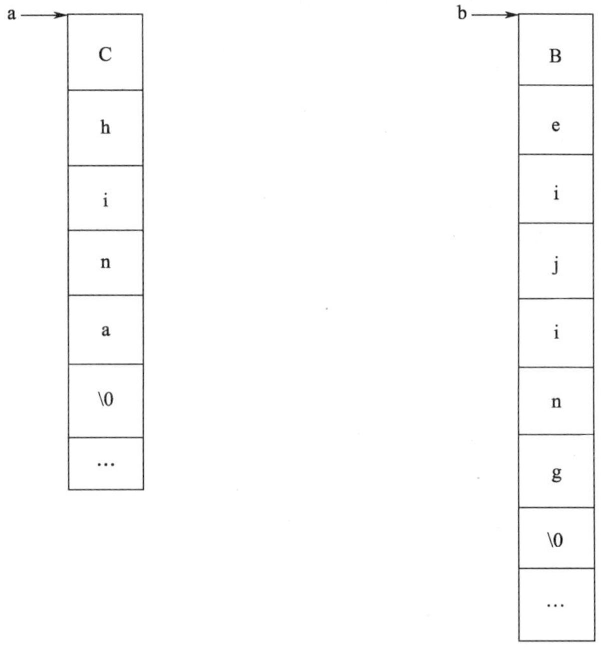

图 9.25　字符串连接

子函数 strcat1( )用一个 while 循环将指针 a 移到字符串标记'\0'的下一个字符。表达式"*a++"中运算符*和++优先级相同，其结合性为由右向左，故先处理 a++再处理*a。由于++位于 a 的后面，其语法是先使用 a 后加 1，所以，表达式*a++的处理过程是先取 a 的值进行指针操作*a，然后再对 a 指针加 1。a 指针开始指向字符'C'，故*a 为'C'，a 加 1 后，a 指向字符'h'。由于*a 非零，while 循环执行循环体"；"，即执行一条空语句。下一次循环*a 为'h'，a 指向字符'i'。当*a 为'\0'时，循环条件为 0，循环停止，此时 a 指向'\0'字符的下一个字符。语句"a--;"使得 a 减 1，a 指向字符'\0'。子程序用一个循环完成将字符数组 b 中的所有元素复制到数组 a 的后面。循环条件为*b，即 b 指向的字符。只要*b 非零就执行循环体*a++=*b++。循环体语句的作用是，首先将指针 b 指向的字符复制到指针 a 指向的字符处，然后同步将指针 a 和指针 b 加 1，分别指向两个字符串的下一个字符。当*b 为字符'\0'时，循环停止。指针 a 指向字符 g 的下一个字符，此处应为连接后字符的结束位置，使用*a='\0'设置结束标志位。

9.5 函数与指针

9.5.1 用函数指针变量调用函数

微 课

字符串、函数与指针及案例

一个函数在编译时被分配给一个入口地址，这个入口地址就称为函数的指针。可以用一个指针变量存放函数的指针，则该指针变量就指向函数，通过指针变量可以调用此函数。

定义指向函数指针变量的一般形式为：

数据类型 (*指针变量名)(函数参数表列);

这里的数据类型是指函数返回值类型。*指针变量名两侧的括号不能省略，否则会与后面讲的返回指针值的函数混淆。第二对括号相当于函数名后的括号，函数参数表列指的是指针所指向的函数的形参。C 语言规定函数名代表函数的人口地址。可以用赋值语句:

指针变量＝函数名;

完成指针变量的赋值，这样指针变量就指向函数，通过指针变量就可以调用函数。其调用的一般形式为：

变量＝(*指针变量)(函数实参表列);

【例 9.15】求 a、b 中的大者以及小者。

程序如下：

```
#include "stdio.h"
void main()
{   float min(float,float);
    float max(float,float);
    float  (*p)(float,float);
    float a,b,c,d;
    scanf("%f%f",&a,&b);
    p=max;
    c=(*p)(a,b);
    d=max(a,b);
    printf("max:%f,%f\n",c,d);
    p=min;
    c=(*p)(a,b);
    d=min(a,b);
    printf("min:%f,%f\n",c,d);
}
float max(float x,float y)
{   float z;
    z=x>y?x:y;
    return z;
}
float min(float x,float y)
{   float z;
    z=x<y?x:y;
    return z;
}
```

输入：3 5

程序运行结果如图 9.26 所示。

```
3 5
max:5.000000,5.000000
min:3.000000,3.000000
请按任意键继续. . .
```

图 9.26　例 9.15 运行结果

程序中主函数调用最大值函数和最小值函数分别求出 a、b 中的大者和小者。主函数定义了一个函数指针 p,p 指向的函数的返回值为实型,函数有两个形参,其类型均为实型。语句“p=max;”的作用是将函数 max( )的入口地址赋给指针变量 p，p 指向 max( )函数。接下来，分别用指针调用函数 max( )，直接调用函数 max( )，并将函数值分别赋给变量 c、d，从输出结果看变量 c、d 的值完全相同，均为 a、b 中的大者，即“(*p)(a,b)”与“max(a,b)”等价。同理，语句“p=min;”的作用是 p 指向函数 min( )，用指针调用函数“(*p)(a,b)”与直接调用“min(a,b)”的函数值 c、d 相等，均为 a、b 中的小者，这时“(*p)(a,b)”与“min(a,b)”等价。

注意：对于指向函数的指针变量，不能进行加减运算。如 p++、p--、p+n 等运算是无意义的。

9.5.2　用指向函数的指针作函数参数值

子函数用指向函数的指针作形式参数，主函数调用该函数时，相应的实参为某个函数的指针（入口地址），常为函数名，因为函数名代表该函数的入口地址。

【例 9.16】设计一个通用函数，求一次方程的根。

程序如下：

```
#include "stdio.h"
float fx1(float x)
{   float y;
    y=2*x+4;
    return y;
}
float fx2(float x)
{   float y;
    y=x-9;
    return y;
}
void main()
{   float root(float (*p)(float));
    float y1,y2;
    y1=root(fx1);
    y2=root(fx2);
    printf("y1:%f,y2:%f\n",y1,y2);
}
```

```
float root(float (*p)(float))
{   float a,b,x;
    b=(*p)(0.0);
    a=(*p)(1.0)-b;
    x=-b/a;
    return x;
}
```

程序运行结果如图 9.27 所示。

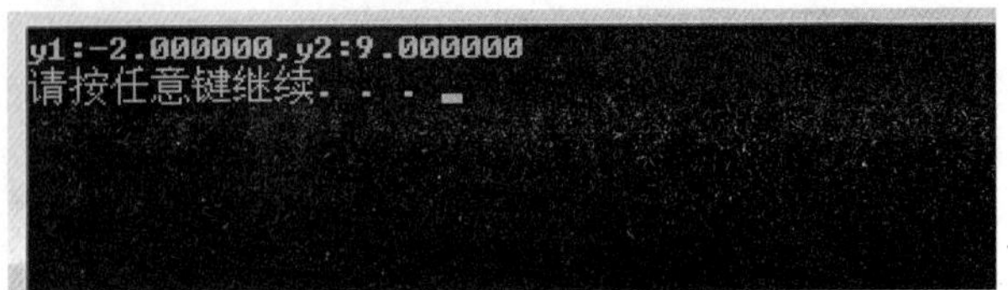

图 9.27　例 9.16 运行结果

程序设计了一个通用的一元一次方程求根函数 root( )，该函数只有一个指向函数的指针 p 作形参。程序主函数第一次调用 root( )时，其相应的实参为 fx1。子函数 root( )中的(*p)(0.0)、(*p)(1.0)与 fx1(0.0)、fx1(1.0) 等价。第二次调用 root( )时，实参为 fx2，子函数 root 中的(*p)(0.0)、(*p)(1.0)与 fx2(0.0)、fx2(1.0) 等价。

9.5.3　返回指针值的函数

函数值可以是整型、实型、字符型，当然也可以是某个变量的地址，即指针，相应函数定义时，函数的返回值为指针，return 后面是一个指针量。这种函数定义的一般形式为：

```
类型名  *函数名(形参表列)
```

类型名为返回指针的基类型。例如，函数返回一个整型变量的地址，定义形式为“int * 函数名(形参表列);”。

【例 9.17】求 3×4 矩阵的最小值以及所在的行和列。

程序如下：

```
#include "stdio.h"
int *min(int (*p)[4])
{   int *q;
    int i,j;
    q=*p;
    for(i=0;i<3;i++)
     for(j=0;j<4;j++)
       if(*(*(p+i)+j)<*q) q=*(p+i)+j;
    return q;
}
void main()
{   int a[3][4]={1,2,3,4,-4,9,-9,7,2,4,6,5};
    int *pmin;
    int row,col,l;
    pmin=min(a);
```

```
    l=pmin-*a;
    row=l/4;
    col=l-4*row;
    printf("min=%d,row=%d,col=%d\n",*pmin,row,col);
}
```

程序运行结果如图 9.28 所示。

```
min=-9,row=1,col=2
请按任意键继续. . .
```

图 9.28　例 9.17 运行结果

主程序调用一个子程序 min( )求出 3×4 矩阵中的最小值，但返回值不是最小值而是最小值数值元素的地址（指针）。主程序得到最小值数组元素地址后，不仅得到最小值，而且得到最小值所在的行下标和列下标。具体算法原理为：数组首元素 a[0][0]的地址为*a；二维数组的元素按行顺序占有连续的存储空间，则最小值数组元素的地址 pmin 与首元素地址*a 的差值就是最小值元素与首元素之间数组元素个数 l。l 除以每行数组元素个数 4，就是最小值元素行下标。l 减去行下标与 4 的乘积，就是最小值元素的列下标。读者可以上机验证。

子程序 min( )形参 p 为指向具有 4 个元素一维数组的指针。主程序调用子程序 min( )时，相应的实参为二维数组名 a，a 为二维数组首行的行指针（指向二维数组的第 0 行，每行 4 个元素）。调用时，实参 a 传递给形参 p，则 p 就指向主程序二维数组 a 首行，*p 就是 a 数组 0 行 0 列元素 a[0][0]的指针。设 q 为指向矩阵（二维数组 a）最小值元素的指针，先假设 a[0][0]为最小值元素，令 q=*p。用双重循环将矩阵的每个元素*(*(p+i)+j)与最小值*q 比较，如果小于最小值，则最小值指针 q 指向该元素，即“q=*(p+i)+j”。循环结束后，q 就指向了矩阵最小值。最后将 q 作为函数值返回主函数，并将函数值赋给指针 pmin。

9.6　指针数组与二级指针

9.6.1　指针数组的概念

指针数组的含义为：每个数组元素均为一个存放指针的指针变量。其一般形式为：

```
类型名 *数组名[数组长度];
```

例如：

```
int *p[4];
```

由于[]比*优先级高，因此 p 先与[4]结合，形成 p[4]形式，p 为一个一维数组，长度为 4。P 前面的*为一个标志，说明后面的 p 是一个指针数组，基类型为整型。

指针数组比较适合于指向若干字符串，使字符串处理更加方便。从前面的内容可知，每个字符串在计算机内部均是用它的地址来标识的，将每个字符串的地址依次存入指针数组的数组元素中，数组元素则依次指向各字符串，如图 9.29 所示。

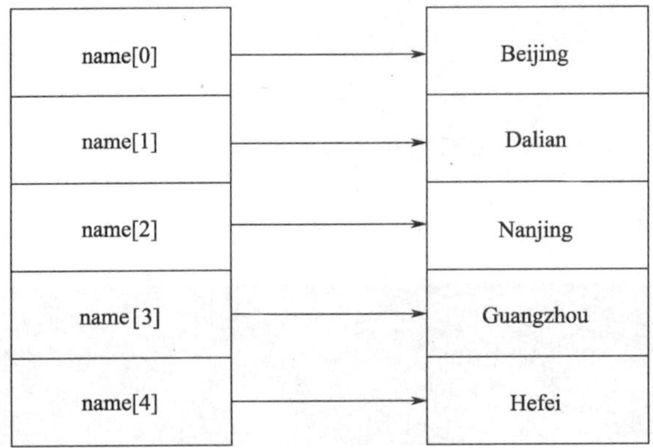

图 9.29　指针数组与字符串

【例 9.18】将若干字符串按字母顺序（由小到大）输出。

程序如下：

```
#include "stdio.h"
#include <string.h>
void main()
{   void sort(char *name[],int n);
    void print(char *name[],int n);
    char *name[]={"Beijing","Dalian","Najing","Guangzhou","Hefei"};
    sort(name,5);
    print(name,5);
}
void sort(char *name[],int n)
{   char *t;
   int i,j,k;
    for(i=0;i<n-1;i++)
      {  k=i;
         for(j=i+1;j<n;j++)
           if(strcmp(name[k],name[j])>0) k=j;
         if(k!=i) { t=name[i]; name[i]=name[k]; name[k]=t;}
    }
}
void print(char *name[],int n)
{   int i;
    for(i=0;i<n;i++)
      printf("%s\n",name[i]);
}
```

程序运行结果如图 9.30 所示。

图 9.30　例 9.18 运行结果

在 main( )函数中定义指针数组 name，它有 5 个数组元素，其初值分别指向字符串 "Beijing" "Dalian" "Nanjing" "Guangzhou" "Hefei" 的起始地址。

sort( )函数的作用是对字符串排序。Sort( )函数的形参 name 为一指针数组名，相应的实参为主函数的指针数组名。调用函数 sort( )后，实参传递给形参，形参 name 就和实参 name 指向同一个指针数组，形参 n 的值为 5，代表 name 数组的长度为 5。Sort( )采用选择法排序方法，将字母顺序最小的字符串的指针赋给 name[0]。然后，按字母顺序在将余下的 4 个字符串找到最小字符串，并将该串的指针赋给 name[1]。依此类推，指针数组 name 的元素依次指向 5 个字符串，其中 name[0]指向的字符串按字母顺序最小，name[4]指向的字符串最大，如图 9.31 所示。

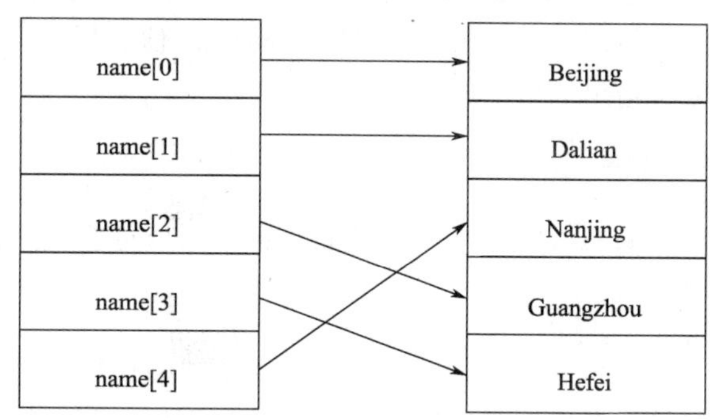

图 9.31　指针数组排序

Print( )函数的作用是输出各字符串。由于 name 指针数组所指向的字符串按字母顺序由小到大排序，所以输出的结果满足题目要求。

9.6.2　二级指针

二级指针的一般形式：

```
类型名  **指针名;
```

二级指针一般用于存放指针数组的数组名。由于指针数组每个元素均为指针，每个元素的地址就是指针的地址，即指向指针的指针。指针数组名是指针数组的首地址，故必须用二级指针存储。

【例 9.19】 使用二级指针输出字符串。

程序如下：

```
#include "stdio.h"
void main()
{   char *name[]={"Beijing","Dalian","Nanjing","Guangzhou","Hefei"};
    char **p;
    int i;
    p=name;
    for(i=0;i<5;i++)
    {  p=name+i;
       printf("%s\n",*p);
    }
}
```

程序运行结果如图 9.32 所示。

图 9.32 例 9.19 运行结果

p 是二级指针变量，即指向指针的指针变量。第一次执行循环体时循环变量 i 的值为 0，执行循环体“p=name+i;”，p 指向 name[0]，*p 则是 name[0]的值，用 printf 语句输出第一个字符串。循环体执行 5 次，依次输出 5 个字符串。

9.6.3 主函数与命令行参数

每个 C 语言程序，总是有且仅有一个主函数 main( )，它担负着程序起点的作用。

主函数的格式为：

```
main(int argc,char *argv[])
{…}
```

假设该 C 语言程序的源文件名为 EXMA1.c，编译、连接后得到可执行程序 EXMA1.exe。执行程序时，输入文件名“EXAM1”，该程序就运行了，文件名又称命令名。另外，执行程序时，输入命令名的后面还可以加上零至多个字符串参数，例如：

```
EXAM1  aaa  bbb  china
```

文件名以及后面的由空格隔开的字符串称为命令行。C 程序主函数 main( )括号里的信息为命令行参数。其中，argc 用于保存用户命令行中输入的参数的个数，命令名本身也作为一个参数，例子中的参数有三个，加上命令名，argc 的值为 4。argv[]是一个字符指针数组，它用于指向命令行各字符串参数（包括命令名本身）。对命令名，系统将会自动加上盘符、路径、文件名，而且变成大写字母串存储到 argv[0]中。其他命令行参数名将会自动依次存入到 argv[1]、argv[2]、……、argv[argc-1]中。本例中，argv[0]指向命令名参数 C:\TC\EXAM1.EXE，argv[1] 指向参数 aaa，argv[2] 指向参数 bbb，argv[3] 指向参数 china。

【例 9.20】 命令行参数简单示例。

程序如下：

```
#include "stdio.h"
void main(int argc,char *argv[])
{   while(--argc>=0)
    puts(argv[argc]);
}
```

假定此程序经过编译连接，最后生成了一个名为 EXAM1.exe 的可执行文件。如果在命令状态下，输入命令行为 EXAM1 horse house monkey donkey friends，则该程序的输出将会是：

```
friends
donkey
monkey
house
```

```
horse
C:\TC\EXAM1.exe
```

9.7　程 序 举 例

【例 9.21】输入实型数 a、b、c，要求按由大到小的顺序输出。

程序如下：

```
#include "stdio.h"
void swap(float *x,float *y)
{   float z;
    z=*x; *x=*y; *y=z;
}
void main()
{   float a,b,c;
    scanf("%f%f%f",&a,&b,&c);
    if(a<b)
       swap(&a,&b);
    if(a<c)
       swap(&a,&c);
    if(b<c)
       swap(&b,&c);
    printf("After swap: a=%f,b=%f,c=%f\n",a,b,c);
}
```

输入：

```
5.6  7.9  -8.5
```

输出结果如图 9.33 所示。

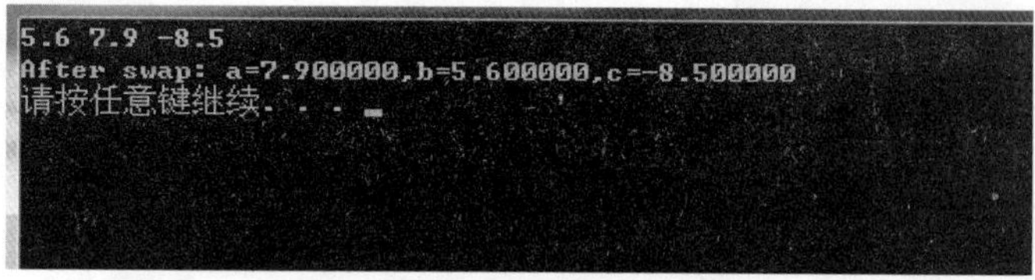

图 9.33　例 9.21 运行结果

【例 9.22】编写一个通用的子函数，将一个一维数组进行逆序存储，即第一个元素与最后一个元素值互换，第二个元素与最后面第二个元素值互换，依此类推，直到每个数组元素均互换一次为止。

程序如下：

```
#include "stdio.h"
void afterward(float *x,int n)
{   float z;
    int i;
    for(i=0;i<n/2;i++)
    {z=*(x+i);*(x+i)=*(x+n-1-i);*(x+n-1-i)=z;}
}
void printarray(float *x,int n)
{   int i;
```

```
    for(i=0;i<n;i++)
      printf("%f  ",x[i]);
    printf("\n");
}
main()
{   float a[10]={1.,2.,3.,4.,5.,6.,7.,8.,9.,10.};
    afterward(a,10);
    printarray(a,10);
}
```

程序运行结果如图 9.34 所示。

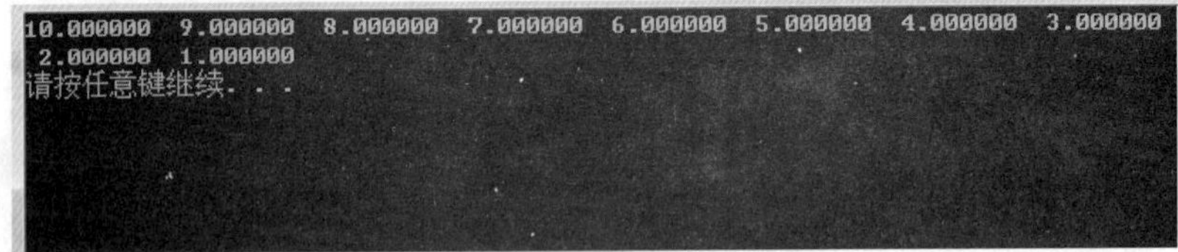

图 9.34 例 9.22 运行结果

【例 9.23】从键盘上输入一行字符串，将其中的小写字母转换成大写字母并输出。

程序如下：

```
#include "stdio.h"
void upper(char *x)
{   while(*x)
    { if(*x>='a'&&*x<='z')*x=*x-'a'+'A';
      x++;
    }
}
void main()
{   char a[81];
    gets(a);
    upper(a);
    puts(a);
}
```

输入：ajdksj1234aBcd >>>

输出结果如图 9.35 所示。

图 9.35 例 9.23 运行结果

【例 9.24】编写一个通用的求 n×n 阶矩阵的对角线元素值之和。

程序如下：

```
#include "stdio.h"
int corner(int *x,int n)
```

```
{    int i,sum=0;
     for(i=0;i<n;i++)
     {  sum=sum+*(x+i);
        if(x+i!=x+n-1-i)sum+=*(x+n-1-i);
        x=x+n;
     }
     return sum;
}
void main()
{    int a[4][4]={{1,3,4,5}, {4,6,7,8}, {1,2,3,4},{6,7,8,9}};
     int sum;
     sum=corner(*a,4);
     printf("%d\n",sum);
}
```

程序运行结果如图 9.36 所示。

图 9.36　例 9.24 运行结果

由于二维数组 a 是按行连续存储的，*a 是数组第一个元素 a[0][0]的地址，则二维数组 a 每一行的数组元素地址为（设数组 a 由 n 行 n 列组成）：

*a	*a+1	*a+2	…	*a+n−1
*a+n	*a+n +1	*a+n +2	…	*a+n +n−1
*a+2n	*a+2n +1	*a+2n +2	…	*a+2n +n−1
⋮	⋮	⋮	⋮	⋮
*a+(n−1)n	*a+(n−1)n +1	*a+(n−1)n +2	…	*a+(n−1)n +n−1

由此可以推导出数组 a 的两个对角线元素地址。知道了元素地址，就可以将对角线元素的值累加起来。在子程序 corner( )中，形参 x 在函数调用时指向数组第 0 行第 0 列元素。for 循环体循环 n 次，依次累加数组相应行中的对角线元素。每次循环 x 总是指向该行第 0 列元素，为此，循环体最后使用语句“x=x+n;”满足这一要求。每行两个对角线元素的地址分别为 x+i、x+n−1−i，其中 i 为数组行下标。如果两个对角线元素的地址不同，说明是两个元素，均应累加到 sum 中；如果两个对角线元素的地址相同，说明两个对角线元素重合，只累加一次。最后，将两个对角线元素累加和 sum 作为函数值返回主函数。

【例 9.25】 有 5 个学生学了 4 门课程，编写程序算出 4 门课程的总成绩，并按总成绩进行排序，然后打印出成绩表。

程序如下：

```
#include "stdio.h"
struct student
{    int num;
     char name[20];
```

```
    char sex;
    float s[4];
    float sum;
};
void main()
{   void sum(struct student *,int);
    void sort(struct student *,int);
    void print(struct student *,int);
    struct student a[5]={11,"wang Li",'f',66.,76.,83.,61.,0.,
                         13,"wang Lin",'m',69.,74.,63.,91.,0.,
                         16,"Liu Hua",'m',86.,76.,93.,61.,0.,
                         14,"Zhang Jun",'m',66.,66.,83.,61.,0.,
                         22,"Xu Xia",'f',65.,76.,93.,68.,0.};
    sum(a,5);
    sort(a,5);
    print(a,5);
}
void sum(struct student *p,int n)
{   int i,j;
    float d;
    for(i=0;i<n;i++)
    {   d=0.0;
        for(j=0;j<4;j++)
          d+=p->s[j];
        p->sum=d;
        p++;
    }
}
void sort(struct student *p,int n)
{   struct student t;
    int i,j,k;
    for(i=0;i<n-1;i++)
    { k=i;
      for(j=i+1;j<n;j++)
        if((p+k)->sum<(p+j)->sum)k=j;
          if(k!=i)
          {t=*(p+i);*(p+i)=*(p+k);*(p+k)=t;}
    }
}
void print(struct student *p,int n)
{   int i,j;
    for(i=0;i<n;i++)
    {printf("%-10d%-10s%5c%10.1f%5.1f%5.1f%5.1f%10.1f\n",p->num,p->name,
p->sex,p->s[0],p->s[1],p->s[2],p->s[3],p->sum);
        p++;
    }
}
```

程序运行结果如图 9.37 所示。

```
16        Liu Hua      m      86.0 76.0 93.0 61.0      316.0
22        Xu Xia       f      65.0 76.0 93.0 68.0      302.0
13        wang Lin     m      69.0 74.0 63.0 91.0      297.0
11        wang Li      f      66.0 76.0 83.0 61.0      286.0
14        Zhang Jun    m      66.0 66.0 83.0 61.0      276.0
请按任意键继续. . .
```

图 9.37　例 9.25 运行结果

5 名学生的原始成绩以及学号、姓名、性别、总成绩存储在一个结构数组 a 中，总成绩的初始值为 0。子函数 sum( )用于计算学生的总成绩；子函数 sort( )根据每名学生的总成绩进行由大到小排序，采用选择法排序；子函数 print( )输出成绩表。三个子函数都采用结构指针作为形参，函数调用时，形参指针均指向主函数结构数组的第 0 个元素。

本 章 小 结

指针是 C 语言中的一个重要概念及其特点，也是 C 语言中比较难以掌握的部分。指针也就是内存地址，指针变量是用来存放内存地址的变量，不同类型的指针变量所占用的存储单元长度是相同的，而存放数据的变量因数据的类型不同，所占用的存储空间长度也不同。有了指针以后，不仅可以对数据本身，也可以对存储数据的变量地址进行操作。

技 能 训 练

指针操作是实践性很强的知识点，该知识点的学习有其自身的特点，必须通过大量的编程训练，在实践中掌握编程知识，培养编程能力，并逐步理解和掌握指针的运用。

训练题目 1：找出下面程序的错误，请改正并上机调试出正确结果。

```
#include "stdio.h"
main()
   {  int *p;                        /*错误。应改成：int x,*p=&x;*/
      scanf("%d",p);
      *p=*p+20;
      printf("%d",*p);
}
```

点评：这是初学指针时比较容易犯的错误。定义指针 p，就意味着定义了一个变量 p，但这个变量只能存储基类型变量的地址。定义时，其初始值必须由用户指定，否则，其指向的变量具有不确定性。改正时，先定义整型变量 x，然后定义指针 p 并使其指向 x。

训练题目 2：找出下面程序的错误并分析错误的原因。

```
#include "stdio.h"
main()
   {  int int x,*p;
      *p=&x;                         /*错误。应改成：p=&x;*/
      scanf("%d",&p);                /*错误。应改成：scanf("%d",p);*/
      *p=*p+20;
```

```
        printf("%d",*p);
    }
```

训练题目 3：输入实型数 a、b，要求按由大到小的顺序输出。

```
#include "stdio.h"
void swap(float *x,float *y)
{   float z;
    z=*x; *x=*y; *y=z;
}
void main()
{   float a,b,c;
    scanf("%f%f%f",&a,&b);
    if(a<b)
    swap(a,b);                           /*错误。应改成：swap(&a,&b);*/
    printf("After swap: a=%f,b=%f\n",a,b);
}
```

请分析本题错误的原因。

训练题目 4：输入数组 a，要求求数组元素的平均值。

```
float  aver(float a,int n)      /*错误。应改成：float  aver(float a[],int n)
                                  或改成：float  aver(float *a,int n)*/
{   oat z=0.0;int i;
    r(i=0;i<n;i++)
    z=z+a[i];
    return z/n;
}
void main()
{   float a[]={2.1,3.2,4.3,5.4,6.8},y;
    y=aver(a,5);
    printf("%f\n",y);
}
```

请分析本题错误的原因。

训练题目 5：输入二维数组 a，要求求数组 a 的第 1 行元素的和。

```
int  sumn(int **a,int n)          /*错误。应改成：int sumn(int a[][4],int n)
                                    或改成：int sumn(int  (*a)[4],int n)*/
{   int z=0;int i;
    for(i=0;i<4;i++)
    z=z+*(*(a+n)+i);
    return z;
}
void main()
{   int a[3][4]={{1,3,4,5}, {4,6,7,8},{1,2,3,4}};
    int sum;
    sum=sumn(a,1);
    printf("%d\n",sum);
}
```

请分析本题错误的原因。如果写成“int sumn(int *a[4],int n);”也是错误的，其原因为：a 是一个指针数组名，而不是需要的指向一维数组的指针。

课 后 习 题

一、填空题

1. 下列程序的功能是从键盘输入若干个字符（以回车符作为结束）组成一个字符串存入一个字符数组，然后输出该数组中的字符串。

```
main()
{   char str[81],*ptr;
    int i;
    for(i=0;i<80;i++)
    {   str[i]=getchar();
        if(str[i]== '\n') break;
    }
    str[i]= ______________;
    ptr=str;
    while(*ptr) putchar( ____________ );
}
```

2. 下列程序的功能是输入一个字符串，然后再输出。

```
main()
{   char a[20];
    int i=0;
    scanf("%s",__________________);
    while(a[i]) printf("%c",a[i++]);
}
```

3. 把从键盘输入的小写字母变成大写字母并输出。

```
#include "stdio.h"
main()
{   char c,*ch=&c;
    while((c=getchar())!='\n')
    { if(_____________)
          putchar(*ch-'a'+'A');
      else
          putchar(*ch);
    }
}
```

4. 下列程序的功能是复制字符串 a 到 b 中。

```
main()
{  char  *str1=a,*str2,a[20]="abcde",b[20];
   char  a[20]="abcde",*str1=a,*str2,b[20];
   str2=b;
    while(___________);
}
```

5. 本程序使用指向函数的指针变量调用函数 max( )求最大值。

```
main()
{   int max();
    int  (*p)();
    int a,b,c;
```

```
    p= ________________;
    scanf("%d  %d",&a,&b);
    c=______________;
    printf("a=%d  b=%d  max=%d",a,b,c);
}
max(int x,int y)
{   int z;
    if(x>y)  z=x;
    else z=y;
    return(z);
}
```

6. 以下函数把b字符串连接到a字符串的后面，并返回a中新串的长度。

```
strcen(char a[],char b[])
{   int num=0,n=0;
    while(*(a+num)!= ______________) num++;
    while(b[n])
    {  *(a+num)=b[n];
       num++;
       __________________;
    }
    *(a+num)= '0';
    return(num);
}
```

7.下面fun( )函数的功能是将形参x的值转换成八进制数，所得八进制数的每一位数放在一维数组中返回，八进制数的最低位放在下标为0的元素中，其他依此类推。

```
fun(int x,int *b)
{   int k=0,r;
    do
    {  r=x%___________ ;
       b[k++]=r;
       x/=____________;
    }while(x);
}
```

8.下列程序的功能是统计字符串中空格数。

```
#include "stdio.h"
main()
{   int num=0;
    char  a[81],*str=a,ch;
    gets(a);
    while((ch=*str++)!='\0')
         if(______________) num++;
    printf("num=%d\n",num);
}
```

二、选择题

1. int a,*p=&a;语句中的“*”的含义是（　　）。

A. 指针运算符　　　　B. 乘号运算符

C. 指针变量定义标志　　D. 取指针内容

2. 已知 int a,*p=&a;，则下列语句中错误的是（　　）。

A.scanf("%d",&a);　　B.scanf("%d",p);

C.printf("%d",p);　　D.printf("%d",a);

3. 设有定义：int a=3,b=4,*c=&a;，则下面表达式中值为 0 的是（　　）。

A. a-*c　　B. a-*b　　C. b-a　　D. *b-*a

4. 设有定义：int a[10],*p=a;，则对数组元素的正确引用是（　　）。

A. a[p]　　B. p[a]　　C. *(p+2)　　D. p+2

5. 若有如下定义，则不能表示数组 a 元素的表达式是（　　）。

```
int a[10]={1,2,3,4,5,6,7,8,9,10},*p=a;
```

A. *p　　B. a[10]　　C. *a　　D. a[p-a]

6. 若有如下定义，则值为 3 的表达式是（　　）。

```
int a[10]={1,2,3,4,5,6,7,8,9,10},*p=a;
```

A. p+=2,*(p++)　　B. p+=2,*++p　　C. p+=3,*p++　　D. p+=2,++*p

7. 设有定义：char a[10]="ABCD",*p=a;，则*(p+4)的值是（　　）。

A. "ABCD"　　B. 'D'　　C. '\0'　　D. 不确定

8. 将 p 定义为指向含 4 个元素的一维数组的指针变量，正确语句为（　　）。

A. int　(*p)[4];　　B. int　*p[4];

C. int p[4];　　D. int **p[4];

9. 若有定义 int a[3][4];，则输入其 3 行 2 列元素的正确语句为（　　）。

A. scanf("%d",a[3,2]);　　B. scanf("%d",*(*(a+2)+1))

C. scanf("%d",*(a+2)+1);　　D. scanf("%d",*(a[2]+1));

10. 设有定义：int a[10],*p=a+6,*q=a;，则下列运算中错误的是（　　）。

A. p-q　　B. p+3　　C. p+q　　D. p>q

11. 若有以下定义和说明：

```
fun(int  *c) {…}
main()
{   int  (*a)()=fun,*b(),w[10],c;
          ⋮
}
```

在必要的赋值之后，对 fun( )函数的正确调用语句是（　　）。

A. a=a(w);　　B. (*a)(&c)　　C. b=*b(w)　　D. fun(b)

12. 有以下函数：

```
char *fun(char *p)
{ return p;}
```

该函数的返回值是（　　）。

A. 无确定的值　　B. 形参 p 中存放的地址值

C. 一个临时存储单元的地址　　D. 形参 p 自身的地址值

13. 要求函数的功能是交换 x 和 y 的值，且通过正确函数调用返回交换结果。能正确执行此功能的函数是（　　）。

A. funa(int *x,int *y)
```
{   int *p;
   *p=*x;*x=*y;*y=*p;
}
```
B. funb(int x,int y)
```
{   int t;
    t=x;x=y;y=t;
}
```
C. func(int *x,int *y)
```
{   *x=*y;*y=*x;}
```
D. fund(int *x,int *y)
```
{   *x=*x+*y;*y=*x-*y;*x=*x-*y;}
```

三、程序分析题

1. 有如下程序:

```
main()
  {  int a[]={1,3,5,8,10};
     int y=1,x,*p;
     p=&a[1];
     for(x=0;x<3;x++)
         y+=*(p+x);
     printf("%d\n",y);
}
```

该程序的输出结果是________。

2. 下述程序的功能是________。

```
main()
{    int i,a[10],*p=&a[9];
     for(i=0;i<10;i++) scanf("%d",&a[i]);
     for(;p>=a;p--) printf("%3d",*p);
}
```

3. 下面程序的运行结果是________。

```
main()
{    int a=2,*p,**pp;
    pp=&p;
    p=&a;
    a++;
    printf("%d,%d,%d\n",a,*p,**pp);
}
```

4. 下面程序的功能是________。

```
ch(int *p1,int *p2)
{  int p;
   if(*p1>*p2) {p=*p1;*p1=*p2;*p2=p;}
}
```

5. 以下程序的运行结果________。

```
#include "string.h"
main()
{    char *a="ABCDEFG";
     fun(a);puts(a);
}
fun(char *s)
{    char t,*p,*q;
     p=s;q=s;
     while(*q) q++;
     q--;
     while(p<q)
     { t=*p;*p=*q;*q=t;p++;q--;}
}
```

6. 以下程序的运行结果________。

```
char *fun(char *s,char c)
{   while(*s&&*s!=c) s++;
    return s;
}
main()
{   char *s="abcdefg",c='c';
    printf("%s",fun(s,c));
}
```

7. 下述程序的运行结果是________。

```
int ast(int x,int y,int *cp,int *dp)
{   *cp=x+y;
    *dp=x-y;
}
main()
{   int a,b,c,d;
    a=4;b=3;
    ast(a,b,&c,&d);
    printf("%d %d\n",c,d);
}
```

8. 下面程序的运行结果是________。

```
main()
{   struct student
    {  char name[10];
       float k1;
       float k2;
    }a[2]={{"zhang",100,70},{"wang",70,80}},*p=a;
    int i;
    printf("\nname: %s total=%f",p->name,p->k1+p->k2);
    printf("\nname: %s total=%f\n",a[1].name,a[1].k1+a[1].k2);
}
```

9. 以下程序的输出结果是________。

```
main()
{   struct num {int x;int y;}sa[]={{2,32},{8,16},{4,48}};
```

```
    struct num *p=sa+1;
    int x;
    x=p->y/sa[0].x*++p->x;
    printf("x=%d p->x=%d",x,p->x);
}
```

10. 下列程序执行后输出的结果是________。

```
int aaa(char *s)
{   char *p;
    p=s;
    while(*p++);
    return(p-s);
}
main()
{   int a;
    a=aaa("china");
    printf("%d\n", a);
}
```

四、编程题

1. 通过调用函数，将任意4个实数按由小到大的顺序输出。

2. 编写函数，计算一维数组中最小元素及其下标，数组以指针方式传递。

3. 编写函数，由实参传来字符串，统计字符串中字母、数字、空格和其他字符的个数。主函数中输入字符串及输出上述结果。

4. 编写函数，把给定的二维数组转置，即行列互换。

5. 编写函数，对输入的10个数据进行升序排序。

第10章

结构体和共用体

基本数据类型只能存放单一的数据。在函数定义时，如果需要多个相关联的数据参与计算，要么定义多个形参，要么定义数组实现。对于定义多个形参方式，各个形参相互独立，不能反映数据的联系；对于数组方式，虽然可以把数据编成一组，但是要求数据类型必须一致。本章重点介绍结构体和共用体两种构造类型，了解枚举和类型重命名的使用，对多个不同数据类型的数据进行封装，解决多个形参方式和数组方式的弊端。

课 件

结构体和共用体

学习目标：

- 了解结构体的概念。
- 掌握结构体变量的定义和使用。
- 掌握结构体数组的定义和使用。
- 掌握结构体变量指针的定义和使用。
- 掌握链表相关操作。
- 掌握共用体的定义和使用。
- 掌握枚举的定义和使用。
- 掌握类型重命名。

10.1 结构体的概念

在C语言中，使用多个相关联的数据描述一个事物，这种由用户自定义的类型称为结构体类型。每个数据称为结构的成员，这些成员类型可以一致，也可以相互不同，甚至某些成员还可以是事先定义好的其他结构体类型变量。结构体不仅类似于数据库表中的记录，还有些像面向对象编程语言封装，它把多个有关联的数据封装成一个结构体类型，解决了函数定义多个形参的弊端，在进行多个参数进行传递时十分便利。

微 课

结构体的概念

例如，定义一个函数需要处理姓名、性别和年龄三个参数。定义格式如下：

```
void fun(char name[],char sex[],int age)
{
//函数体
```

```
}
```

如果改成结构体的方法，需要由用户事先定义一个结构体类型：

```
struct person
{
    char name[10];
    char sex[7];
    int age;
};
```

struct person 为结构体类型名，其中 name、sex 和 age 为结构体的成员，用于描述人的信息，使用结构体类型后，函数定义格式如下：

```
void fun(struct person  p)
{
    //函数体
}
```

通过以上实例可以看出，使用结构体类型封装数据后三个形参变成了一个形参，简化了函数的定义。

10.2 结构体变量

微 课

结构体变量的定义和使用

10.2.1 结构体变量的定义

结构体类型是用户自定义类型，关键字为 struct。结构体类型定义并不能存放数据，因此系统并不会为其分配内存空间。按照结构体类型声明的结构体变量后系统才会为其分配内存空间，存放相应数据。按照定义结构体类型同时声明结构体变量、先定义结构体类型后声明结构体变量和省略结构体类型名同时声明结构体变量区分，定义结构体变量总共有三种方式。

方式一：定义结构体类型同时声明结构体变量。

定义格式：

```
struct 结构体类型名
{
      成员类型名   成员 1;
      成员类型名   成员 2;
      …
      成员类型名   成员 n;
}结构体类型变量名列表;
```

同一结构体类型声明的结构体变量结构相同，都包含 n 个成员，每个结构体变量占用的内存空间是各个成员占用内存空间之和。

例如:

```
struct student
{
   char name[10];          //姓名
   char  sex[7];           //性别，取值 male 或 female
   int  age;               //年龄
   float score;            //成绩
} s1,s2;
```

定义了一个结构体类型 struct student，包含 name、sex、age 和 score4 个成员，定义 struct student 结构体类型的同时声明了两个结构体变量，变量名分别为 s1 和 s2，结构相同，如图 10.1 所示。

s1 结构	name	sex	age	score
s2 结构	name	sex	age	score

图 10.1　结构体变量构成

成员 name 占用 10 个字节，成员 sex 占用 7 个字节，成员 age 占用 4 个字节，成员 score 占用 4 个字节，结构体变量 s1 和 s2 都占用 25 个字节长度，可以使用 sizeof( )运算符测试。

【例 10.1】计算学生结构类型变量的长度。

程序如下：

```
#include <stdio.h>
struct student
{
    char name[10];
    char sex[7];
    int  age;
    float score;
}s1,s2;
main()
{
    printf("学生结构体变量占用字节长度为: %d\n",sizeof(struct student));
}
```

程序运行结果如图 10.2 所示。

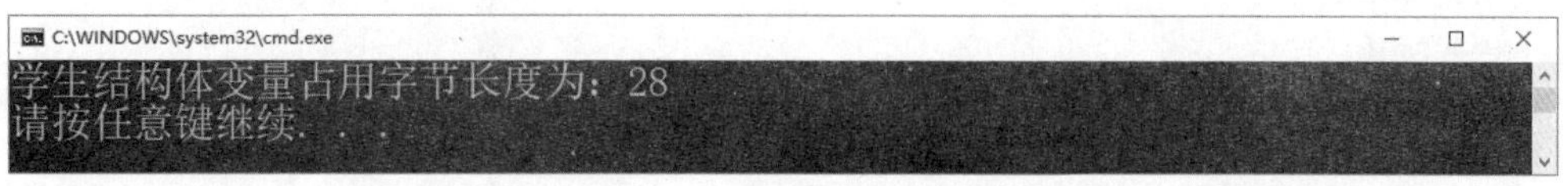

图 10.2　计算结构体变量长度

结果显示长度是 28，而不是 25。出现这种结果的原因是对结构体变量分配内存时会出现偏移量问题，name 为字符数组占用 10 个字节，偏移量为 0，然后再存放字符数组 sex 占用 7 个字节,下一个要存放的 age 为整型占用 4 个字节，10+7 再加上 3 等于 20 才是 age 的倍数，存放 sex 字符数组后要偏移 3 个字节后在存放 age，最后存放的 score 为单精度类型占用 4 个字节，之前三个成员 10+7+3+4 等于 24 是 score 的倍数，所以存放 age 后的偏移量为 0。最终存放 struct student 结构体类型总共偏移量为 0+3+0 等于 3，系统实际分配的内存空间比正常长度多了 3 个字节。如果在例 10.1 的程序代码前添加#pragma pack(1)，按 1 个字节方式使各个成员对齐，就不会出现偏移量了，结构体变量的长度与实际占用相符。此时，程序运行结果如图 10.3 所示。

图 10.3 结构体变量实际长度

方式二：先定义结构体类型，后声明结构体变量。

定义格式：

```
struct 结构体类型名
{
    成员类型名    成员 1;
    成员类型名    成员 2;
    …
    成员类型名    成员 n;
};
struct  结构体类型名  结构体类型变量名列表;
```

注意：定义结构体类型后的分号不能省略。

此外，成员也可以是事先定义好的结构体类型。

例如：

```
struct date
{
    int year;
    int month;
    int day;
};
struct person
{
    char name[10];
    char sex[7];
    int  age;
    struct date birthday;
};
struct person  p1,p2;
```

首先，定义一个 struct date 结构体类型，包含 year,month 和 day 三个成员。其次，定义一个 struct person 结构体类型，包含 name、sex、age 和 birthday 4 个成员，其中 birthday 成员是事先定义好的 struct date 类型。最后，定义 struct person 结构体类型的两个结构变量 p1 和 p2。p1 和 p2 在无偏移量的情况下实际占用内存字节为 33。

方式三：省略结构体类型名同时声明结构体变量。

定义格式：

```
struct
{
    成员类型名    成员 1;
    成员类型名    成员 2;
    …
    成员类型名    成员 n;
}结构体类型变量名列表;
```

注意：如果结构类型只使用一次，定义结构类型时可以省略结构体类型名。

10.2.2　结构体变量的使用

结构体变量由若干成员构成，使用时关键是使用结构体变量中的成员，使用格式如下：

结构体变量名.成员名

结构体变量名与成员名之间用点表示引用关系，并且要实现层层引用。

【例 10.2】输入 person 结构体类型变量的各个成员信息，然后在屏幕上输出。

程序如下：

```
#include <stdio.h>
struct date
{
    int year;
    int month;
    int day;
};
struct person
{
    char name[10];
    char sex[7];
    int  age;
    struct date birthday;
};
main()
{
    struct person p1,p2;
    printf("请输入结构体 person 各个成员的信息:\n");
    scanf("%s%s%d%d%d%d",p1.name,p1.sex,&p1.age,&p1.birthday.year,
          &p1.birthday.month,&p1.birthday.day);
    p2=p1;
    printf("姓名:%s\n",p2.name);
    printf("性别:%s\n",p2.sex);
    printf("年龄:%d\n",p2.age);
    printf("出生日期:%d-%d-%d\n",p2.birthday.year,p2.birthday.month,
           p2.birthday.day);
}
```

程序运行结果如图 10.4 所示。

图 10.4　结构体变量的使用

说明：

✓ 对于结构体变量不能整体输入和输出，只能对成员进行输入和输出，例如输入成员 name

的值可以使用 scanf("%s",p1.name)语句实现，输出 name 的值可以使用 printf("%s",p1.name)语句实现。

✓ 对于 birthday 又属于另一结构体类型，使用时必须通过层层引用的格式，例如，输入出生年份 year 的值可以使用 scanf("%d",&p1.birthday.year)语句实现，输出 year 的值可以使用 printf("%d",p1.birthday.year)语句实现。

✓ name 与 sex 为字符数组，遇到空格表示输入结束，age、year、month、day 为整型，空格也可以实现数据分隔，因此，信息输入时，各个成员使用空格可以作为输入结束分隔符。

✓ 相同类型的结构体变量之间可以单个成员赋值，也可以整体赋值。例如，p2=p1;相当于把结构体变量 p1 中的各个成员的内容复制一份给 p2 的各个成员，而 p2.age=p1.age 只是把 p1 中成员 age 的值赋给 p2 的成员 age，对于 p2 的其他成员内容不受影响。

✓ 对于&p1.birthday.year 表示结构体变量 year 成员的地址，对于&p1 表示结构体变量的地址。

10.2.3 结构体变量的初始化

结构体变量同普通变量一样，必须赋值后才能使用，否则会出现数据错误情况。由于结构体变量中包含多个成员，因此使用静态初始化方式赋值比较方便。

【例 10.3】为 student 结构体类型变量的各个成员初始化，然后在屏幕上输出。

程序如下：

```
#include <stdio.h>
struct student
{
   char name[10];
   char sex[7];
   int  age;
   float score;
}s1={"zhangsan","male",20,85.00};
main()
{
   printf("姓名:%s\n",s1.name);
   printf("性别:%s\n",s1.sex);
   printf("年龄:%d\n",s1.age);
   printf("成绩:%f\n",s1.score);
}
```

程序运行结果如图 10.5 所示。

图 10.5 结构体变量初始化

说明：

✓ 必须在定义结构体变量时进行初始化，定义结构体变量之后再使用 s1={"zhangsan",

"male",20,85.00};这样的语句，编译系统将提示出错。

✓ 也可以使用动态初始化为结构体变量赋值，实现代码如下：

```
strcpy(s1.name,"zhangsan");strcpy(s1.sex,"male"); s1.age=20;s1.score=85.00;
```

初始化一个结构体变量需要 4 条语句，显然比静态初始化要麻烦。

10.3　结构体数组

10.3.1　结构体数组的定义

微课

结构体数组的定义和使用

多个基本类型变量可以组成数组，多个结构体变量也可组成结构体数组。对于结构体变量定义有三种方式，相应的定义结构体数组也可以采用三种方式。

方式一：定义结构体类型同时定义结构体数组。

定义格式：

```
struct 结构体类型名
{
    成员类型名    成员 1;
    成员类型名    成员 2;
    …
    成员类型名    成员 n;
}结构体数组名[长度];
```

例如：

```
struct student
{
   char name[10];         //姓名
   char  sex[7];          //性别，取值 male 或 female
   int  age;              //年龄
   float score;           //成绩
} s[5];
```

方式二：先定义结构体类型，后定义结构体数组。

定义格式：

```
struct 结构体类型名
{
     成员类型名    成员 1;
     成员类型名    成员 2;
      …
     成员类型名    成员 n;
};
struct  结构体类型名  结构体数组名[长度];
```

例如：

```
struct student
{
   char name[10];         //姓名
   char  sex[7];          //性别，取值 male 或 female
   int  age;              //年龄
   float score;           //成绩
```

```
} ;
struct student s[5];
```

方式三：省略定义结构体类型名，同时定义结构体数组。

定义格式：

```
struct
{
    成员类型名    成员 1;
    成员类型名    成员 2;
    …
    成员类型名    成员 n;
}结构体数组名[长度];
```

例如：

```
struct
{
   char name[10];         //姓名
   char  sex[7];          //性别，取值 male 或 female
   int  age;              //年龄
   float score;           //成绩
}s[5];
```

以上三种方式都可以实现定义一个结构体数组，名为 s，包含 5 个元素，每个元素相当于一个结构体变量。

10.3.2 结构体数组的初始化

结构体数组在赋初值时也可以采用静态初始化方式。

例如：

```
struct student
{
   char name[10];         //姓名
   char  sex[7];          //性别，取值 male 或 female
   int  age;              //年龄
   float score;           //成绩
} s[5]={{"zhangsan","male",20,85.00},{"lisi","female",19,90.00},
{"wangwu","male",20,88.00},{"zhaoliu","female",18,98.00},
{"dingqi","male",21,80.00}};
```

所有元素用花括号括起来，每一个元素内容用花括号括起来。

10.3.3 结构体数组的使用

结构体数组使用方式与普通数组使用方式基本相同。

【例 10.4】计算 student 结构体数组中学生的平均成绩，然后在屏幕上输出。

程序如下：

```
#include <stdio.h>
struct student
{
   char name[10];
   char  sex[7];
```

```
    int  age;
    float score;
} s[5]={{"zhangsan","male",20,85.00},{"lisi","female",19,90.00},
{"wangwu","male",20,88.00},{"zhaoliu","female",18,98.00},
{"dingqi","male",21,80.00}};
main()
{
    int i;
    float avg=0;
    for(i=0;i<5;i++)
    {
      avg+=s[i].score;
    }
    avg/=5;
    printf("学生的平均成绩为:%f\n",avg);
}
```

程序运行结果如图 10.6 所示。

图 10.6　结构体数组的使用

10.4　结构体变量指针

10.4.1　结构体变量指针的定义和使用

结构体变量指针的定义和使用

结构体变量的首地址即结构体变量的指针，除了使用结构体变量引用成员外，也可以定义指向结构体变量的指针实现成员的引用。定义指向结构体变量的指针格式如下：

```
struct 结构体类型名 *结构体指针变量名列表;
```

例如：

```
struct student *p;
```

变量 p 表示指向 student 结构体类型变量的指针，结构体变量指针同其他指针一样，必须先赋值后使用。

例如：

```
struct student s1,*p;
p=&s1;
```

把结构体变量 s1 的起始地址赋给结构体指针变量 p，指针变量 p 就可以操作结构体变量 s1 的各个成员，其中指针引用成员有两种方式，详细说明如下：

方式一：`(*结构体变量指针).成员名`

方式二：`结构体变量指针->成员名`

其中“->”表示指向运算符，简化了结构体指针变量引用成员的书写格式。

例如，引用结构体变量 s1 的 name 成员，原来的引用书写格式为 s1.name，使用结构体指针变量引用 name 成员的书写格式为：

```
(*p).name
```

或者

```
p->name
```

【例 10.5】分别使用结构体变量和结构体指针变量方式实现成员的引用，然后在屏幕上输出。

程序如下：

```
#include <stdio.h>
struct student
{
   char name[10];
   char sex[7];
   int  age;
   float score;
}s1={"zhangsan","male",20,85.00};
main()
{
   struct student *p;
   p=&s1;
   printf("姓名:%s,性别:%s,年龄:%d,成绩:%f\n",s1.name,s1.sex,s1.age,s1.score);
   printf("姓名:%s,性别:%s,年龄:%d,成绩:%f\n",(*p).name,(*p).sex,(*p).age,(*p).score);
   printf("姓名:%s,性别:%s,年龄:%d,成绩:%f\n",p->name,p->sex,p->age,p->score);
}
```

程序运行结果如图 10.7 所示。

图 10.7 结构体变量指针的定义和使用

说明:

✓ 结构体变量的指针只能指向结构体变量，不能指向结构体变量的某个成员。例如，p=&s1.age;程序运行时数据就是错误的。

✓ (*p).name 的指针变量 p 的括号不能省略，因为运算符“.”的级别比运算符“*”级别高，所以通过括号改变运算的先后顺序，即先取出指针变量 p 所指向空间的结构体变量，再引用 name 成员的内容。

10.4.2 指向结构体数组元素的指针

指向结构体变量的指针可以代替结构体变量来引用成员。使用结构体数组时，可以使用指向结构体数组元素的指针来代替结构体数组名。由于结构体数组名代表结构体数组的起始地址，是一个常量，不能执行自加自减操作，所以使用指向结构体数组元素的指针在使用时十分方便。

【例 10.6】使用指向结构体数组元素的指针访问各个元素，将姓名输出在屏幕上。

程序如下：

```
#include <stdio.h>
struct student
{
```

```
    char name[10];
    char  sex[7];
    int  age;
    float score;
} s[5]={{"zhangsan","male",20,85.00},{"lisi","female",19,90.00},
{"wangwu","male",20,88.00},{"zhaoliu","female",18,98.00},
{"dingqi","male",21,80.00}};
main()
{
    struct student *p;
    p=s;
    while(p<s+5)
    {
      printf("姓名: %s\n",(*p++).name);
    }
}
```

程序运行结果如图 10.8 所示。

图 10.8　使用指向结构体数组元素的指针

说明:

✓ 使用指向结构体数组元素的指针是变量，因此可以使用自加自减操作。

✓ 指向结构体数组元素的指针自加不是地址简单加 1，而是加一个结构体数组中元素所占用的内存空间。例如，student 结构体变量占用 25 个字节，那么指向结构体数组元素指针自加相当于加 25。

✓ 对于执行(*p++).name 和(*++p).name 结果是不同的，前者是先输出当前元素的姓名，然后指向下一个元素；后者是先指向下一个元素，然后输出姓名。

✓ 如果输出年龄可以写成(*p++).age，但不能写成(*p).age++或++(*p).age，否则含义发生改变。因为运算符 "." 级别高于自加，含义就变成先引用成员年龄，然后年龄内容后加 1 或先加 1 了，指向结构体变量的指针内容就不会发生改变了。

✓ 如果使用 "->" 运算符，可以写成 p++->name 或++p->name，表示先取出成员 name 的内容，然后结构体指针变量指向下一个元素，或者是先让结构体指针变量指向下一个元素，然后取出 name 成员的内容。如果写成 p->name++的格式含义就变了，变成取出 name 成员的内容，以后使用 name 成员内容加 1。

10.4.3　结构体变量和结构体变量指针充当函数参数

结构体变量或者结构体变量指针充当函数参数同基本变量或指针一样，在参数传递过程中都遵守单向值传递的原则。在设计函数时进行参数传递时有三种情况：

① 结构体成员充当实参，基本类型变量充当形参。结构体成员把数据单向传给形参，形参内容发生改变不会影响结构体成员的内容。这种方式应用不多。

② 结构体变量充当实参和形参，仍然是实参结构体变量把数据单向传给形参结构体变量，形参结构体变量内容发生改变，实参结构体变量内容不会改变。这种方式应用也不多。

③ 结构体变量指针充当实参和形参，实参结构体变量指针把某个结构体变量的地址传给了形参结构体变量指针，这样一来，形参结构体变量指针指向的内存空间和实参结构体变量指针指向的内存空间相同，当形参结构体变量指针改变指向的内存空间的数据时，就会影响到实参结构体变量指针指向内存空间的内容。但注意是改变指向内存空间存放的数据内容，形参指针内容发生改变并不会影响实参指针内容，因此仍然遵守单向值传递的原则。

【例 10.7】使用结构体变量充当参数修改学生成绩。

程序如下：

```
#include <stdio.h>
struct student
{
   char name[10];
   char  sex[7];
   int  age;
   float score;
}s1={"zhangsan","male",20,85.00};
void update(struct student s)
{
   s.score=s.score+10;
}
main()
{
   printf("修改前学生成绩为: %f\n",s1.score);
   update(s1);
   printf("修改前学生成绩为: %f\n",s1.score);
}
```

程序运行结果如图 10.9 所示。

图 10.9　结构体变量充当函数参数

说明:

修改前后实参结构体变量的数据内容没有发生改变，证明结构变量充当函数参数遵守单向值传递原则。

【例 10.8】使用结构体变量指针充当参数修改学生成绩。

程序如下：

```
#include <stdio.h>
struct student
{
```

```
   char name[10];
   char  sex[7];
   int  age;
   float score;
}s1={"zhangsan","male",20,85.00};
void update(struct student *s)
{
     s->score=s->score+10;
}
main()
{
   struct student *s;
   s=&s1;
   printf("修改前学生成绩为: %f\n",s->score);
   update(s);
   printf("修改后学生成绩为: %f\n",s->score);
}
```

程序运行结果如图 10.10 所示。

图 10.10 结构体指针变量充当函数参数

说明:

修改前后实参结构体指针变量所指向的内存空间存放的数据内容发生改变，证明了结构体指针变量充当函数参数，实参与形参所指向的内存空间相同。

【例 10.9】找出学生结构体数组中年龄最大的第一个学生。

程序如下：

```
#include <stdio.h>
struct student
{
   char name[10];
   char  sex[7];
   int  age;
   float score;
} s[5]={{"zhangsan","male",20,85.00},{"lisi","female",19,90.00},
{"wangwu","male",20,88.00},{"zhaoliu","female",18,98.00},
{"dingqi","male",21,80.00}};
struct student *find(struct student *p)
{
   struct student *temp;
   temp=p;
   while(p<s+5)
   {
     if(temp->age<p->age)
     {
       temp=p;
     }
```

```
    p++;
  }
  return temp;
}
main()
{
  struct student *p;
  p=find(s);
  printf("姓名:%s,性别:%s,年龄:%d,成绩:%f\n",p->name,p->sex,p->age,p->score);
}
```

程序运行结果如图 10.11 所示。

图 10.11　返回结构体变量指针的函数

说明:

函数 find()的返回值为结构体变量的指针，用于找到年龄最大的第一个学生信息的地址。

10.5　链　　表

10.5.1　链表概述

C 程序对数据进行计算时，首先要申请内存空间，用于临时存放数据；然后应用某种算法对内存中的数据进行处理；最后得到计算结果。在前面的章节中介绍过数组，数组这种数据结构的特点是采用顺序存储结构进行数据存储，即相邻元素内存中的地址也相邻。数组名代表整个数组的起始地址，也可以认为是数组中第一个元素的地址。要访问数组中某个元素的数据，只要以数组首地址作为参照地址，加上偏移量即可实现。例如，创建一个存储 100 个整数的数组 a，要想访问数组中第 i 个元素的数据内容，首先要找到第 i 个元素的地址，即 a+i，然后使用 a[i]或*(a+i)取出地址空间内存放的数据内容。因此，数组中元素的访问可以实现任意访问，也称随机访问。数组的优点在于可以实现数组中元素的随机访问，但是这种数据结构存在一些不足：第一，要求使用的内存空间必须连续，因此当数组较大时需要使用较大连续空闲内存空间，对于较小的空闲内存空间不能进行充分使用；第二，要求大小在创建时就必须指定，空间使用没有弹性，即不能自动扩增；第三，某个位置上元素发生改变时，该元素后所有元素需要整体移动。例如，删除一个元素，该元素后的所有元素需要整体向前移动一个元素位置；插入一个元素时，该位置上元素及后面所有元素（不包括最后一个元素）需要整体向后移动一个元素位置，最后一个元素被覆盖，相当于被删除。为了解决数组数据结构的不足，引出另外一种数据结构——链表。

链表保存数据的单元称为节点，每个节点由数据单元和地址单元构成，其中数据单元用于存放实际的数据信息，地址单元用于存放下一个节点的地址信息，多个节点通过地址单元实现逻辑上的相连，这就是链表数据结构名称的由来。由于节点可以存放相关且类型不同的多个数据信息，因此可以使用结构体类型存放节点信息。链表数据结构相较于数组数据结构有三方面的优点。第一，内存使用效率高。虽然节点中要额外存放地址单元信息，增加内存空间的使用，但不像数组那样一次性申请大量连续内存空间，因此，链表数据结构可以充分使用分散的未使用内存片段，内存使用效率更高。第二，数据存放数量可以改变。链表中节点空间可以动态申请，不会出现申请后内存空间未使用情况出现，空间使用具有弹性，解决了数组不能改变大小的缺陷。第三，链表中删除节点和插入节点操作非常方便。对于删除节点只需要把当前删除节点的上一个节点的地址单元存放信息改成当前节点中下一个节点的地址信息，然后把当前删除节点信息进行内存释放即可。对于插入节点，只需要把插入节点位置的上一个节点指向插入节点，插入节点指向插入位置的下一个节点即可。插入节点和删除节点完美地避免了数组元素大量移动的问题。

由于链表数据结构存放节点对内存空间是否连续没有要求，因此，在节点访问时也存在不足，就是不能实现数组数据结构那样可以实现元素的随机访问。链表的操作必须从第一个节点开始，一个节点接一个节点地进行访问，元素的访问效率较低。通过对比，可以发现数组与链表两种数据结构各有利弊，因此在开发程序时，要对实际问题进行实际分析，选择适合的数据结构进行数据存储和数据操作。

10.5.2 创建链表

链表数据结构的特点是前一个节点地址域中保存着下一个节点的起始地址，最后一个节点的地址域内保存的地址为空值，使用 NULL 表示。由于第一个节点前面没有节点，为了描述方便，可以额外创建一个节点，作为链表的起始节点。起始节点为了和第一个节点命名区分开来，可以将其命名为头节点 head。头节点 head 中的数据域可以空闲，地址域内保存第一个节点的地址，这种链表称为带头节点链表。

通过以上描述，创建链表的过程可以分为 4 步：第一步，创建一个头节点和第一个节点，将第一个节点的起始地址保存在头节点的地址域中；第二步，创建第二个节点，将第二个节点的起始地址保存在第一个节点的地址域中；第三步，不断重复第二步的操作过程；第四步，创建链表完成后将最后一个节点的地址域修改为 NULL。假设有三个数据节点，链表数据结构如图 10.12 所示。

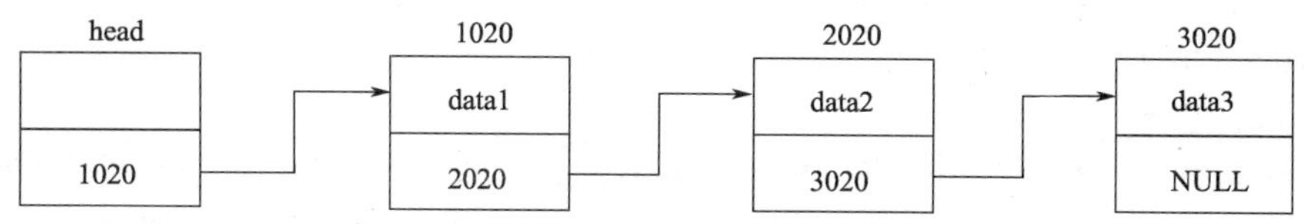

图 10.12 创建简单链表

【例 10.10】设计一个链表描述三名学生的姓名和成绩信息。

程序如下：

```
#include <stdio.h>
#include <string.h>
struct student
{
```

```
    char name[20];              //数据域存放姓名
    float score;                //数据域存放成绩
    struct student *next;       //地址域保存下一个节点的起始地址
};
main()
{
    struct student  head,s1,s2,s3;
    strcpy(s1.name,"zhangsan");
    s1.score=100;
    head.next=&s1;
    strcpy(s2.name,"lisi");
    s2.score=90;
    s1.next=&s2;
    strcpy(s3.name,"wangwu");
    s3.score=95;
    s2.next=&s3;
    s3.next=NULL;
}
```

说明:

- ✓ 创建了一个结构体类型 struct student，包括三个成员 name、score 和 next，其中 name 和 score 为数据域，用来存储学生的姓名和成绩；next 是一个指针类型作为地址域，用来存放下一个节点的起始地址。
- ✓ score 为浮点型数据，可以直接赋值；name 为字符数组，要想整体赋值可以使用 strcpy( ) 函数实现字符串复制功能。
- ✓ &s1、&s2、&s3 表示获取每个节点的起始地址，将每个节点的起始地址赋值给前一个节点的地址域 next，逻辑上就相当于多个节点连接在一起。
- ✓ 最后一个学生节点的地址域赋值为 NULL，表示链表到此结束。

以上创建链表的实现方案存在两点不足：第一，未能实现模块化设计；第二，代码冗余。为了解决以上两点不足，可以使用函数技术进行模块化设计，使用内存动态申请方式循环创建链表，解决代码冗余问题，充分体现链表数据结构大小可以动态改变。关于常用内存动态使用函数定义在 stdlib.h 头文件中，函数格式和使用说明如下：

（1）malloc( )函数

格式：`void *malloc(unsigned int size);`

说明：该函数可以在内存中动态分配一个大小为 size 的空间，返回这个空间的起始地址，如果出现错误则返回 NULL。起始地址内存放数据没有指定类型，在使用时需要进行地址类型的强制转换，否则会出现错误。

（2）calloc( )函数

格式：`void *calloc(unsigned int n,unsigned int size);`

说明：该函数可以在内存中动态分配 n 个 size 大小的连续空间，返回这个空间的起始地址，如果出现错误则返回 NULL。起始地址内存放数据没有指定类型，在使用时需要进行地址类型的强制转换，否则会出现错误。

(3) free()函数

格式：void free(void *p);

说明：该函数可以释放掉指针变量 p 指向的内存空间，该函数无返回值。

【例 10.11】采用动态链表技术，编写创建链表函数保存学生信息。

程序如下：

```
#include <stdio.h>
#include <string.h>
#include <stdlib.h>
int length=0;
struct student
{
    char name[20];
    float score;
    struct student *next;
};
struct student *create()
{
    struct student  *head,*p,*q;
    head=(struct student *)malloc(sizeof(struct student));
    head->next=NULL;
    p=q=(struct student *)malloc(sizeof(struct student));
    printf("please input name:");
    scanf("%s",q->name);
    if(strcmp(q->name,"#")==0)
    {
      return head;
    }
    printf("please input score:");
    scanf("%f",&q->score);
    while(1)
    {
      if(head->next==NULL)
      {
        head->next=p;
        p->next=NULL;
      }
     else
      {
        p->next=q;
        p=q;
      }
      length++;
      q=(struct student *)malloc(sizeof(struct student));
      printf("please input name:");
      scanf("%s",q->name);
      if(strcmp(q->name,"#")==0)
      {
        break;
```

```
        }
        printf("please input score:");
        scanf("%f",&q->score);
      }
    p->next=NULL;
    printf("创建链表结束\n");
    return head;
}
main()
{
    struct student  * head;
    head=create();
}
```

程序运行结果如图 10.13 所示。

```
C:\WINDOWS\system32\cmd.exe
please input name:zhangsan
please input score:100
please input name:lisi
please input score:90
please input name:wangwu
please input score:95
please input name:#
创建链表结束
请按任意键继续. . .
```

图 10.13　动态创建链表

说明:

- ✓ 创建 create( )函数，功能是返回头节点的指针。
- ✓ 声明 head、p 和 q 三个指向链表节点的指针，其中 head 用来指向头节点 head，p 用来表示指向链表中最后一个节点，q 用来指向后来要加入链表的节点。
- ✓ 节点所用的内存空间使用 malloc( )函数动态申请，空间大小需要使用 sizeof( )运算符进行计算，由于返回的起始地址不能明确存放数据类型，因此需要使用(struct student *)对地址进行强制类型转换。
- ✓ 由于链表使用循环语句进行动态生成，必须设置循环结束条件，因此可以使用输入用户名为“#”作为链表结束条件。
- ✓ 添加第一个节点时，使用头节点 head 指向第一个节点 p，逻辑上可以把节点 p 当成尾部节点。
- ✓ 添加以后的节点时，要把尾部节点 p 指向后来要加入的节点 q，并更改最新的尾部节点 p 的位置。
- ✓ 最后设置尾部节点 p 的地址域内容为 NULL，表示链表到此结束。
- ✓ length 为全局变量，用来统计链表中节点的个数。

10.5.3　输出链表

链表创建后，只是实现了数据的存储功能，为了实现对链表中的数据进行计算，还要实现链表的遍历功能，遍历链表可以实现节点个数统计、信息输出和各种数据计算功能。

微 课

链表的遍历操作

【例 10.12】 编写链表输出函数遍历学生信息。

程序如下：

```
#include <stdio.h>
#include <string.h>
#include <stdlib.h>
int length=0;
struct student
{
    char name[20];
    float score;
    struct student *next;
};
struct student *create()
{
    /*代码略，函数功能参照例 10.11*/
}
void  print(struct student * head)
{
    struct student *p;
    if(length==0)
    {
      printf("这是一个空链表\n");
    }
    else
    {
      printf("遍历链表节点信息如下:\n");
      p=head->next;
      while(p)
      {
        printf("name=%s,score=%f\n",p->name,p->score);
        p=p->next;
      }
    }
}
main()
{
    struct student  * head;
    head=create();
    print(head);
    printf("链表中节点个数为:%d\n",length);
}
```

程序运行结果如图 10.14 所示。

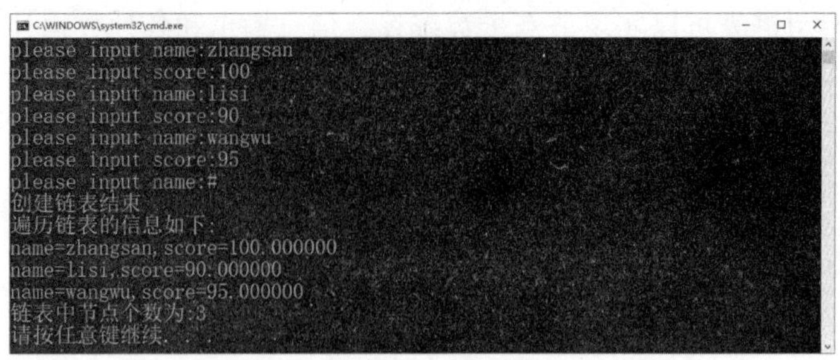

图 10.14　输出链表

说明：

定义 print()函数，实现节点元素遍历输出功能，其中形参 head 表示链表头节点的指针，函数没有返回值。

微 课

链表中插入节点操作

10.5.4　插入节点

链表的优势在于数据的动态操作，由于链表中的节点内存空间可以动态申请，因此链表中数据的长度可以动态增加。当向一个创建好的链表中插入一个新节点时，只需要改变节点地址域指针的指向即可，解决了数组不能动态增加元素和插入元素后大量元素位置向后移动问题。根据链表中插入新的节点位置不同，可以分为如下三种情况：

情况一：新节点插入在链表的开头。

情况二：新节点插入在链表的中间。

情况三：新节点插入在链表的结尾。

对于情况一，新节点插入在链表的开头，新节点取代了原先第一个节点的位置。实现过程是获取链表头节点的指针定位链表的起始地址，通过获取头节点的地址域找到第一个节点的地址，将这个地址值赋给新插入节点的地址域，最后将新节点的地址赋给头节点的地址域，即让头节点指向新插入的节点，从而实现新节点的插入操作，实现过程如图 10.15 所示。

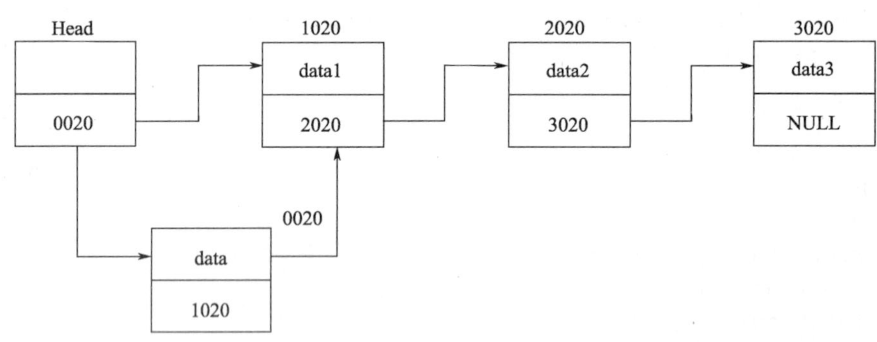

图 10.15　在开头插入节点

对于情况二，新节点插入在链表的中间。实现过程是获取链表头节点的指针定位链表的起始地址，通过循环遍历到插入新节点的位置，记录当前位置节点的地址，此外还要记录插入位置前一个节点的地址，将新插入节点的地址域存放当前位置节点的地址，修改当前节点上一个节点的地址域存放新插入节点的地址，从而实现新节点的插入操作，实现过程如图 10.16 所示。

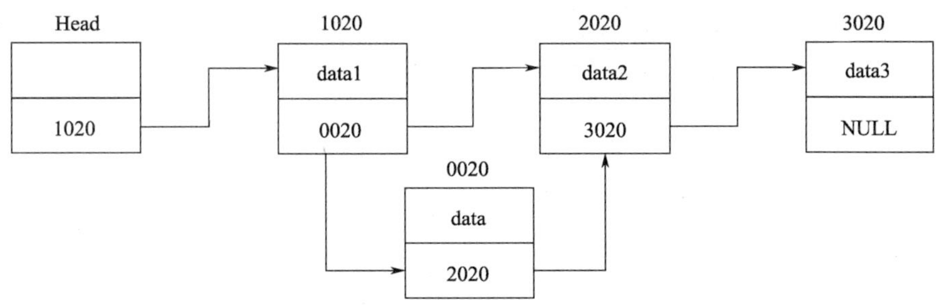

图 10.16　在中间插入节点

对于情况三，新节点插入在链表的尾部。实现过程是获取链表头节点的指针定位链表的起始地址，通过循环遍历到最后一个节点位置，修改最后一个节点的地址域保存新插入节点的地址，修改新插入节点的地址域为 NULL，从而实现新节点的插入操作。实现过程如图 10.17 所示。

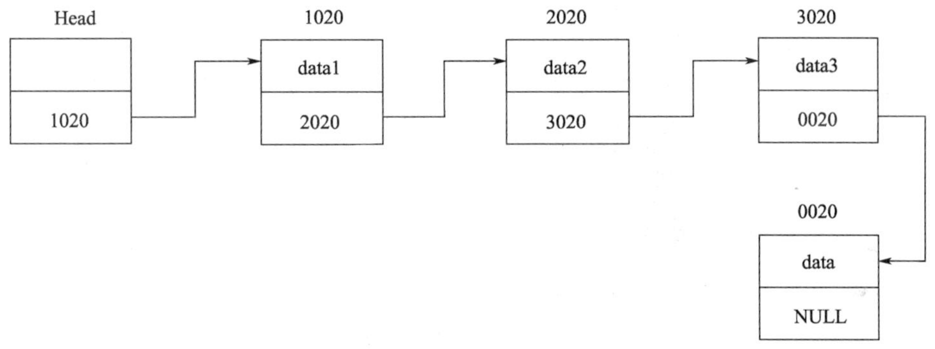

图 10.17　在尾部插入节点

【例 10.13】在链表的长度范围内指定位置实现节点插入功能。

程序如下：

```
#include <stdio.h>
#include <string.h>
#include <stdlib.h>
int length=0;
struct student
{
    char name[20];
    float score;
    struct student *next;
};
struct student *create()
{
    /*代码略，函数功能参照例 10.11*/
}
void  print(struct student * head)
{
    /*代码略，函数功能参照例 10.12*/
}
```

```
void insert(struct student *head,struct student *p,int index)
{
   struct student *p1,*p2;
   int n=1;
   p1=head->next;
   if(length==0)
   {
     head->next=p;
     p->next=NULL;
   }else
   {
      if(index ==1)
      {
        p->next=p1;
        head->next=p;
      }else if(index>1 && index<=length)
      {
        while(n<index)
        {
          p2=p1;
          p1=p1->next;
          n++;
        }
        p->next=p1;
        p2->next=p;
     }else if(index ==length+1)
     {
       while(p1)
       {
          p2=p1;
          p1=p1->next;
       }
       p2->next=p;
       p->next=NULL;
      }
    }
    length++;
}
main()
{
    struct student  * head,*p;
    int index;
    head=create();
    printf("链表中节点个数为:%d\n",length);
    print(head);
    printf("输入插入节点的位置:");
    scanf("%d",&index);
    p=(struct student *)malloc(sizeof(struct student));
    printf("please input name:");
    scanf("%s",p->name);
    printf("please input score:");
    scanf("%f",&p->score);
```

```
    insert(head,p,index);
    print(head);
    printf("链表中节点个数为:%d\n",length);
}
```

运行程序，分为如下 4 种情况进行测试。

① 节点插入在链表开头，运行结果如图 10.18 所示。

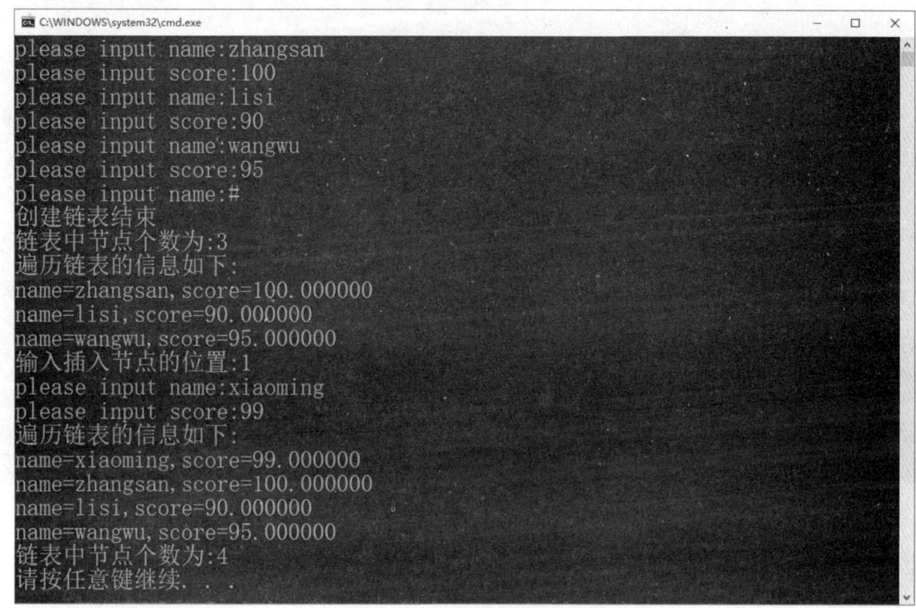

图 10.18　节点插入在链表开头

② 节点插入在链表中间，运行结果如图 10.19 所示。

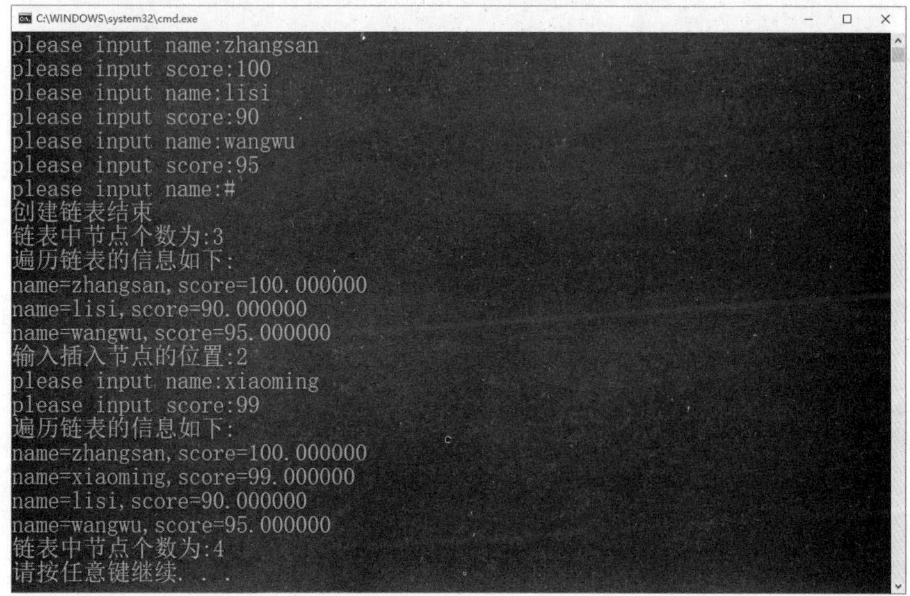

图 10.19　节点插入在链表中间

③ 节点插入在链表结尾，运行结果如图 10.20 所示。

```
C:\WINDOWS\system32\cmd.exe
please input name:zhangsan
please input score:100
please input name:lisi
please input score:90
please input name:wangwu
please input score:95
please input name:#
创建链表结束
链表中节点个数为:3
遍历链表的信息如下:
name=zhangsan,score=100.000000
name=lisi,score=90.000000
name=wangwu,score=95.000000
输入插入节点的位置:4
please input name:xiaoming
please input score:99
遍历链表的信息如下:
name=zhangsan,score=100.000000
name=lisi,score=90.000000
name=wangwu,score=95.000000
name=xiaoming,score=99.000000
链表中节点个数为:4
请按任意键继续. . .
```

图 10.20　节点插入在链表结尾

④ 原链表是一个空链表，进行插入节点，运行结果如图 10.21 所示。

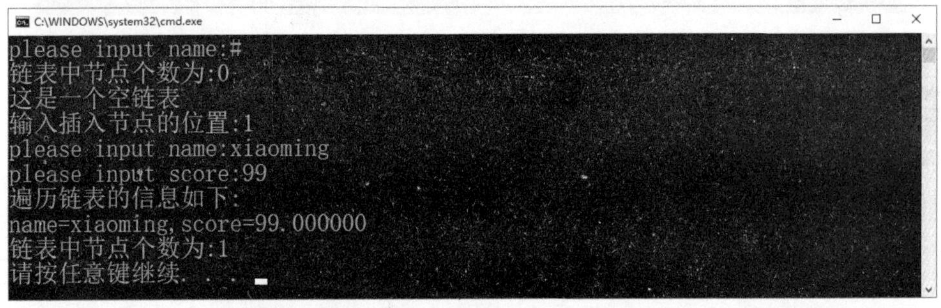

图 10.21　空链表下插入节点

说明:

- ✓ 创建插入节点 void insert(struct student *head,struct student *p,int index)函数，head 表示链表的头节点指针，p 表示要插入节点的指针，index 表示要插入节点的编号。
- ✓ 由于创建的是一个带头节点的链表，额外多申请了一个节点的空间，无论插入节点在任何位置，都不会影响链表的起始地址，因此插入节点 insert( )函数的返回值可以设置为空。
- ✓ 如果创建的是不带额外头节点的链表，插入节点后，链表的起始地址可能发生改变，因此在设计插入节点的函数 insert( )时需要设置返回值，返回的内容为链表第一个节点的指针，格式为 struct student * insert(struct student *head,struct student *p,int index)。

10.5.5 删除节点

链表删除节点也属于数据的动态操作，当在一个链表中删除节点时，只需要改变节点地址域指针的指向，释放删除节点的内存空间即可，可以解决数组删除元素后大量元素位置向前移动问题。根据链表中删除新的节点位置不同，可以分为如下三种情况：

情况一：删除节点为链表的第一个节点。

情况二：删除节点为链表的中间节点。

情况三：删除节点为链表的最后一个节点。

对于情况一，删除节点为链表的第一个节点。实现过程是获取链表头节点的指针定位链表的起始地址，找到要删除的第一个节点的下一个节点的地址，把这个地址值赋给头节点的地址域即可，然后释放掉原先第一个节点占用的内存，实现过程如图 10.22 所示。

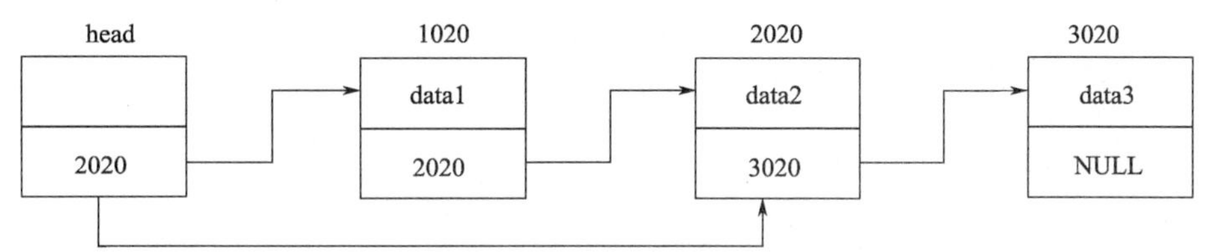

图 10.22　删除第一个节点

对于情况二，删除节点为链表的中间节点。实现过程是获取链表头节点的指针定位链表的起始地址，循环遍历到要删除节点的位置，记录要删除节点的下一个节点的地址和前一个节点的地址，将下一个节点的地址赋值给前一个节点的地址域即可，然后释放掉要删除节点占用的内存，实现过程如图 10.23 所示。

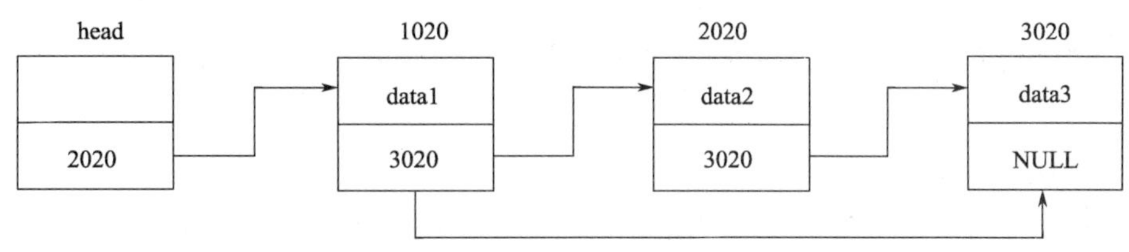

图 10.23　删除中间节点

对于情况三，删除节点为链表的最后一个节点。实现过程是获取链表头节点的指针定位链表的起始地址，循环遍历到要删除节点的位置，记录要删除节点的前一个节点的地址，将其地址域修改为 NULL 即可，然后释放掉要删除节点占用的内存，实现过程如图 10.24 所示。

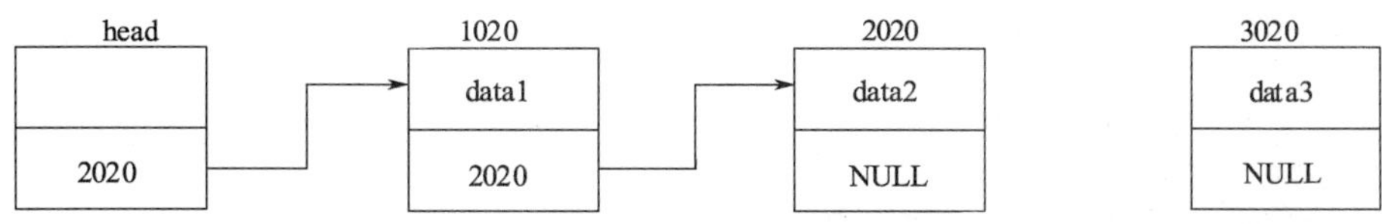

图 10.24　删除最后一个节点

【例 10.14】在链表的长度范围内指定位置实现节点删除功能。

程序如下：

```
#include <stdio.h>
#include <string.h>
#include <stdlib.h>
int length=0;
struct student
{
    char name[20];
    float score;
    struct student *next;
};
struct student *create()
{
    /*代码略，函数功能参照例 10.11*/
}
void  print(struct student * head)
{
    /*代码略，函数功能参照例 10.12*/
}
void del(struct student *head,int index)
{
    struct student *p1,*p2;
    int n=1;
    p1=p2=head->next;
    if(length==0)
    {
      printf("链表为空，没有可删除节点\n");
    }else
    {
      if(index==1)
      {
        head->next=p1->next;
        free(p1);
      }else if(index>1 && index<length)
      {
        while(n<index)
        {
          p2=p1;
          p1=p1->next;
          n++;
        }
        p2->next=p1->next;
        free(p1);
      }else if(index == length)
      {
        while(p1->next)
```

```
        {
          p2=p1;
          p1=p1->next;
        }
        p2->next=NULL;
        free(p1);
      }
      length--;
    }
}
main()
{
    struct student  * head,*p;
    int index;
    head=create();
    printf("链表中节点个数为:%d\n",length);
    print(head);
    printf("输入删除节点的位置:");
    scanf("%d",&index);
    del(head,index);
    print(head);
    printf("链表中节点个数为:%d\n",length);
}
```

运行程序，分为如下 4 种情况进行测试：

① 删除节点为链表的第一个节点，运行结果如图 10.25 所示。

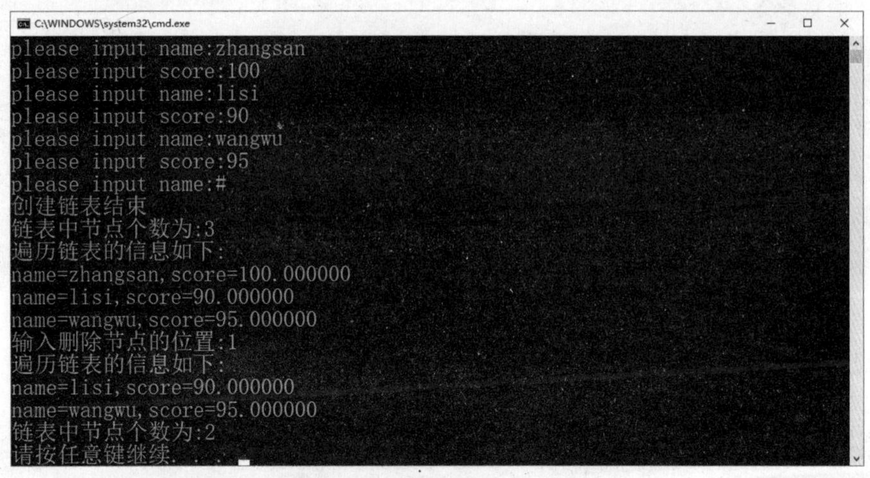

图 10.25　删除第一个节点

② 删除节点为链表的中间节点，运行结果如图 10.26 所示。

```
C:\WINDOWS\system32\cmd.exe
please input name:zhangsan
please input score:100
please input name:lisi
please input score:90
please input name:wangwu
please input score:95
please input name:#
创建链表结束
链表中节点个数为:3
遍历链表的信息如下:
name=zhangsan,score=100.000000
name=lisi,score=90.000000
name=wangwu,score=95.000000
输入删除节点的位置:2
遍历链表的信息如下:
name=zhangsan,score=100.000000
name=wangwu,score=95.000000
链表中节点个数为:2
请按任意键继续. . .
```

图 10.26　删除中间节点

③ 删除节点为链表的最后一个节点，运行结果如图 10.27 所示。

```
C:\WINDOWS\system32\cmd.exe
please input name:zhangsan
please input score:100
please input name:lisi
please input score:90
please input name:wangwu
please input score:95
please input name:#
创建链表结束
链表中节点个数为:3
遍历链表的信息如下:
name=zhangsan,score=100.000000
name=lisi,score=90.000000
name=wangwu,score=95.000000
输入删除节点的位置:3
遍历链表的信息如下:
name=zhangsan,score=100.000000
name=lisi,score=90.000000
链表中节点个数为:2
请按任意键继续. . .
```

图 10.27　删除最后一个节点

④ 链表为空，运行结果如图 10.28 所示。

```
C:\WINDOWS\system32\cmd.exe
please input name:#
链表中节点个数为:0
这是一个空链表
输入删除节点的位置:1
链表为空,没有可删的节点
这是一个空链表
链表中节点个数为:0
请按任意键继续. . .
```

图 10.28　空链表删除节点

说明：

✓ 创建删除节点 void del(struct student *head,int index)函数，head 表示链表的头节点的指针，index 表示要删除节点的编号。
✓ 由于创建的是一个带头节点的链表，额外多申请了一个节点的空间，删除节点不会影响链表起始地址，因此删除节点 del( )函数的返回值可以设置为空。
✓ 删除节点后，使用 free( )函数进行内存空间释放。

10.6 共 用 体

10.6.1 共用体的概念

微 课

共用体的定义和使用

结构体的特点是由若干成员构成，在定义结构体变量时，系统会给结构体变量的每个成员分配独立的内存空间，每个结构体变量占用内存空间的大小为所有成员占用内存空间之和。此外，还有一种用户自定义类型，也由若干成员构成，但在定义这种变量时，系统不会为每个成员分配独立的内存空间，而是只分配一个内存空间，空间的大小由各个成员中占用空间最大的成员决定，即哪个成员占用内存空间最大，系统就给这种类型变量分配多大内存空间，这样一来，各个成员共享一个内存空间，并且在某一时刻只有一个成员有效，这种用户自定义类型在 C 语言中称为共用体，也称联合体。

10.6.2 共用体的定义

定义共用体的关键字为 union，定义方式类似于结构体的定义，也存在三种方式。

方式一：定义共用体类型时声明共用体变量。

定义格式：

```
union 共用体类型名
{
    成员类型名    成员 1;
    成员类型名    成员 2;
    …
    成员类型名    成员 n;
}共用体变量名列表;
```

例如：

```
union  info
{
    int   a;
    char  b;
    double c;
}data;
```

表示定义了一个共用体类型 info，包括三个成员 a、b 和 c，定义时声明了一个此种类型的共用体变量，名称为 data，分配内存空间的原则是按照占用最大内存空间的成员分配，所以 data 共用体变量占用 8 个字节空间。

【例 10.15】计算共用体 info 类型变量占用的内存空间。

程序如下：

```
#include <stdio.h>
union info
{
    int a;
    char b;
    double c;
}data;
main()
{
    printf("共用体 data 变量占用内存空间:%d\n",sizeof(data));
}
```

程序运行结果如图 10.29 所示。

```
C:\WINDOWS\system32\cmd.exe
共用体data变量占用内存空间:8
请按任意键继续. . .
```

图 10.29 共用体类型变量占用内存大小

说明：

对于成员 a 为整型，占用内存空间为 4 个字节；成员 b 为字符型，占用内存空间为 1 个字节；成员 c 为双精度浮点型，占用内存空间为 8 个字节，是成员中占用内存空间最大的分配空间，所以共用体变量 data 占用的内存大小为 8 个字节。

方式二：先定义共用体类型，后声明共用体变量。

定义格式：

```
union 共用体类型名
{
    成员类型名    成员 1;
    成员类型名    成员 2;
    …
    成员类型名    成员 n;
};
union  共用体类型名  共用体变量名列表;
```

例如：

```
union  info
{
    int   a;
    char  b;
    double c;
};
union   info   data;
```

方式三：省略共用体类型名同时声明共用体变量。

定义格式：

```
union
{
    成员类型名    成员 1;
```

```
    成员类型名    成员 2;
    …
    成员类型名    成员 n;
}共用体变量名列表;
```

例如：

```
union
{
    int   a;
    char  b;
    double c;
}data;
```

对于方式三，匿名定义共用体类型，其优点是定义方便，不用记名；其缺点是只能使用一次。

10.6.3　共用体的使用

共用体变量成员引用格式：

```
共用体变量名.成员名;
```

例如：

```
data.a=10;
data.b='m';
data.c=3.14;
```

由于内存空间只有一个，对于共用体变量成员赋值后，只能保留最后一次赋值的结果，即共用体变量 data 中存放双精度数据 3.14。由于共用体各个成员共用同一份内存空间，因此共用体变量不能使用静态初始化方式。

例如：

```
union
{
    int   a;
    char  b;
    double c;
}data={10,'m',3.14};
```

编译器在编译时会提示错误。

此外，结构体类型中可以出现共用体成员，共用体类型中也可以出现结构体类型。

例如：

```
struct
{
   int  a;
   char b;
   union
   {
      float m;
      double n;
   }c;
}data;
```

表示定义了一个结构体类型变量 data，中包括 a、b 和 c 三个成员，其中成员 c 的类型为共用体，在共用体成员 m 和 n 中二选一。

例如：

```
union  info
{
    struct
    {
      int a;
      float b;
    }m;
    struct
    {
      int c;
      double d;
    }n;
}data;
```

表示定义了一个共用体类型变量 data，其中两个共用体成员 m 和 n 共享一个内存空间，在某一时刻，只能有一个共用体成员有效。

10.7 枚　　举

● 微 课

枚举的定义和使用

对于某一数据的取值有几种可能，可以一一列举出来，这种用户自定义类型称为枚举类型。枚举类型使用的关键字是 enum，定义格式如下：

```
enum 枚举类型 {取值情况列表} 枚举变量列表;
```

例如:

```
enum
month{January,February,March,April,May,June,July,August,September,October,
November,December} m,n;
```

表示定义了一个枚举类型 month，包含 12 种可能取值，声明了 m 和 n 两个枚举类型变量，其取值范围是固定的，只能在 12 种可能中任选其一。

【例 10.16】遍历枚举类型中的各个元素。

程序如下：

```
#include <stdio.h>
enum
month{January=1,February,March,April,May,June,July,August,September,
October,November,December} m;
main()
{
    for(m=January;m<=December;m=(enum month)(m+1))
    {
      switch(m)
      {
        case January:printf("%s\n","January");break;
        case February:printf("%s\n","February");break;
        case March:printf("%s\n","March");break;
        case April:printf("%s\n","April");break;
        case May:printf("%s\n","May");break;
```

```
        case June:printf("%s\n","June");break;
        case July:printf("%s\n","July");break;
        case August:printf("%s\n","August");break;
        case September:printf("%s\n","September");break;
        case October:printf("%s\n","October");break;
        case November:printf("%s\n","November");break;
        case December:printf("%s\n","December");break;
      }
    }
}
```

程序运行结果如图 10.30 所示。

图 10.30　枚举数据类型的使用

说明：

- ✓ 枚举类型变量的取值从枚举成员 January 开始到枚举成员 December 结束的所有枚举成员中之一。
- ✓ 默认情况下第一个枚举成员对应整数 0，后一个枚举成员对应整数值是前一个枚举成员对应整数加 1，依此类推，所以月份枚举成员对应整数值为 0～11。为了满足人们的使用习惯，对 January 赋值为 1，因此月份枚举成员对应的整数值变为 1～12。
- ✓ 定义枚举类型时可以改变枚举成员对应的整数值。例如：enum test{t1=1,t2=2,t3,t4=10,t5} t;对应枚举成员 t1 对应的整数值就不是 0 了，而是从 1 开始;枚举成员 t2 对应的整数为 2;枚举成员 t3 没有初值，会按照前一个枚举成员对应整数加 1，所以对应整数为 3;枚举成员 t4 对应整数为 10，相应枚举成员 t5 对应整数 11。
- ✓ 枚举类型变量的各个取值是符号常量，不能对其赋值，例如 May=4 是错误的。
- ✓ 对枚举变量赋枚举元素的值和整型常量值功能是等价的。例如 m=May 与 m=4 功能相同。但为了防止赋值超出枚举范围，尽量使用枚举成员的赋值方式。
- ✓ 对于枚举成员不能有重复的值，否则编译器会报错，提示重复定义。
- ✓ 对于不同的编译器对枚举类型变量的自加和自减操作支持不同，可以使用 m=(enum month)(m+1)实现加一操作。

10.8　类型重命名

为了实现 C 语言程序的可移植性和简化变量的定义，用户可以对已有的数据类型进行重命

微 课

类型重命名

名，使用的关键字为 typedef。但注意是重命名，而不是定义新的类型，其前提是某一数据类型事先存在，然后使用关键字 typedef 重新起一个新的类型名。

情况一：基本数据类型重命名。

例如:

```
typedef  int INTEGER;
INTEGER  i;
```

表示使用 INTEGER 代替 int，可以使用 INTEGER 声明整性变量 i。

情况二：数组类型重命名。

例如：

```
typedef  int  DATA[5];
DATA a,b,c;
```

表示定义一个含有 5 个整数的整型数组类型 DATA，通过使用 DATA 声明了三个数组，数组名分别 a、b 和 c，都包含 5 个整数。

情况三：指针类型重命名。

例如：

```
typedef char *STRING;
STRING s1,s2;
```

表示定义一个指向字符串的指针类型 STRING，通过使用 STRING 类型声明了 s1、s2 两个指向字符串的指针。

情况四：结构体类型重命名。

例如：

```
typedef  struct
{
  int year;
  int month;
  int day;
}DATE;
DATE   d;
```

表示定义一个结构体类型 DATE，通过使用 DATE 类型声明了一个结构体类型变量 d。

通过以上 4 种情况，类型重命名遵守如下规律：

① 使用已有类型声明变量。例如，char ch。

② 把变量的名称改为重名后的类型名。例如，char CHARACTER。

③ 在前面添加关键字 typedef。例如，typedef char CHARACTER。

④ 可以使用重命名后的类型名声明变量。例如，CHARACTER ch。

【例 10.17】 应用 typedef 重命名字符串指针类型。

程序如下：

```
#include <stdio.h>
typedef  char *STRING;
 main()
{
   STRING s="rename type";
   printf("%s\n",s);
}
```

程序运行结果如图 10.31 所示。

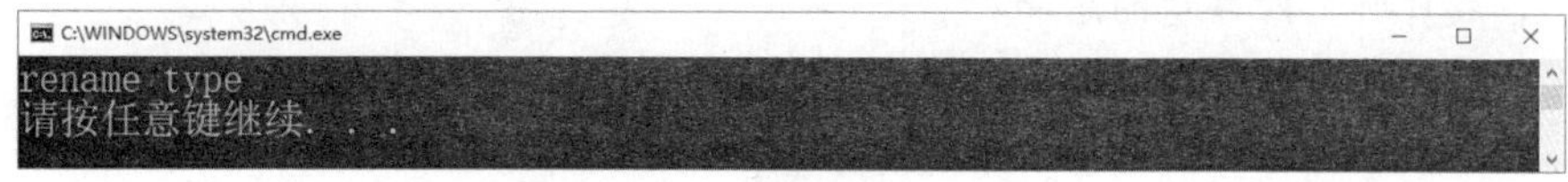

图 10.31　类型重命名

本章小结

本章重点介绍了结构体类型、结构体体数组和结构体指针变量的定义和使用，实现了多个不同数据类型的封装，解决了多个形参和数组的弊端。此外，介绍了链表、共用体、枚举和类型重命名的使用方式。

技能训练

训练题目：应用结构体变量指针，设计一个函数，计算学生结构体数组的平均成绩。

课后习题

一、选择题

1. 下列关于结构体的说法错误的是（　　）。
   A. 结构体是由用户自定义的一种数据类型
   B. 结构体中可设定若干不同数据类型的成员
   C. 结构体中成员的数据类型可以是另一个已定义的结构
   D. 在定义结构体时，可以为成员设置默认值
2. 以下结构体类型说明和变量定义中正确的是（　　）。

A.
```
struct ss
{
   char flag;
   float x;
}
struct ss a,b;
```
B.
```
struct ss
{
   char flag;
   float x;
}ss;
 ss  a,b;
```
C.
```
struct ss
{
   char flag;
   float x;
};
struct ss a,b;
```
D.
```
typedef
{
   char flag;
   float x;
}ss;
 ss  a,b;
```

3. 说明一个结构体变量时，系统分配给它的内存是（　　）。

A. 各成员所需内存量的总和

B. 结构体中第一个成员所需的内存量

C. 成员中占内存量最大者所需的内存量

D. 结构体中最后一个成员所需的内存量

4. 设有以下说明语句：

```
struct stu
{
    int a;
    float b;
}stutype;
```

则下面叙述不正确的是（　　）。

A. struct 是结构体类型的关键字

B. struct stu 是用户定义的结构体类型名

C. stutype 是用户定义的结构体类型名

D. a 和 b 都是结构体成员名

5. 若有如下定义：

```
struct person
{
    int id;
    char name[10];
}per,*s=&per;
```

则以下对结构体成员的引用中错误的是（　　）。

A. per.name　　B. s->name[0]

C. (*per).name[8]　　D.(*s).id

6. 以下 scanf( )函数调用语句中对结构体变量成员的引用，错误的是（　　）。

```
struct pupil
{
    char name[20];
    int age;
    int sex;
} pup[5],*p=pup;
```

A. scanf(“%s” , pup[0].name);　　B. scanf(“%d” ,&pup[0].age);

C. scanf(“%d” , &(p->sex));　　D. scanf(“%d” ,p->age);

7. 当说明一个共用体变量时，系统分配给它的内存是（　　）。

A. 各成员所需内存量的总和

B. 结构体中第一个成员所需的内存量

C. 成员中占内存量最大者所需的内存量

D. 结构体中最后一个成员所需的内存量

8. 若有以下定义语句：

```
union data
{
```

```
    int i;
    char c;
    float f;
}a;
int n;
```

则以下语句正确的是（　　）。

A. a=5　　B. a.i=5;

C. printf(“%d\n” ,a);　　D. n=a;

9. C 语言共用体类型变量在程序运行期间（　　）。

A. 所有成员一直在内存中　　B. 只有一个成员在内存中

C. 部分成员在内存中　　D. 没有成员驻留在内存中

10. 下面试图为 double 说明一个新类型名 real 的语句中，正确的是（　　）。

A. typedef real double;　　B. typedef double real;

C. typedef real=double;　　D. typedef double=real;

11. 已知学生记录描述为:

```
struct student
{
   int no;
   char name[20];
   char sex;
   struct
   {
     int year;
     int month;
     int day;
   }birth;
};
struct student s;
```

设变量 s 中的“生日”是“1984 年 11 月 11 日”，则下列对“生日”的正确赋值方式是(　　)。

A. year=1984;
month=11;
day=11;

B. birth.year=1984;
birth.month=11;
birth.day=11;

C. s.year=1984;
s.month=11;
s.day=11;

D. s.birth.year=1984;
s.birth.month=11;
s.birth.day=11;

12. 若有以下说明和语句，则下面表达式中值为 1002 的是（　　）。

```
struct student
{
   int num;
   int age;
};
struct student stu[3]={{1001,20},{1002,19},{1003,21}};
struct student *p;
```

```
p=stu;
```

A. (p++)->num　　B. (p++)->age

C. (*p).num　　D. (*++p).num

13. 设有如下定义:

```
struct sk
{
  int n;
  float x;
}data,*p;
```

若要使p指向data中的n域，则正确的赋值语句是（　　）。

A. p=&data.n;　　B. *p=data.n

C. p=(struct sk *) &data.n　　D. p=(struct sk *) data.n;

14. 设有以下语句:

```
struct st
{
  int n;
  struct st *next;
};
static struct st a[3]={5,&a[1],7,&a[2],9,'\0'},*p;
p=&a[0];
```

则以下表达式的值为6的是（　　）。

A. p++->n　　B. p->n++

C.(*p).n++　　D. ++p->n

15. 下面对typedef的叙述中不正确的是（　　）。

A. 用typedef可以定义各种类型名，但不能用来定义变量

B. 用typedef可以增加新类型

C. 用typedef只是将已存在的类型用一个新的标识符来代表

D. 使用typedef有利于程序的通用和移植

二、写出程序的运行结果

1. 有以下程序:

```
#include <stdio.h>
main()
{
    struct date
    {
       int year,month,day;
    }today;
    printf("%d\n",sizeof(struct date));
}
```

运行结果是______________。

2. 有以下程序:

```
#include <stdio.h>
```

```
main()
{
    struct cmplx
    {
    int x;
    int y;
    }cnum[2]={1,3,2,7};
    printf("%d\n",cnum[0].y/cnum[0].x*cnum[1].x);
}
```

运行结果是＿＿＿＿＿＿＿＿＿＿＿＿。

3. 有以下程序:

```
#include <stdio.h>
main()
{
    union cmplx
    {
        long a;
        int b;
        char c;
    }m;
    printf("%d\n",sizeof(m));
}
```

运行结果是＿＿＿＿＿＿＿＿＿＿＿＿。

4. 有以下程序

```
#include <stdio.h>
main()
{
    typedef union
    {
        long a[2];
        int b[4];
        char c[8];
    }TY;
    TY our;
    printf("%d\n",sizeof(our));
}
```

运行结果是＿＿＿＿＿＿＿＿＿＿＿＿。

5. 有以下程序:

```
# include <stdio.h>
union pw
{
  int i;
  char ch[2];
}a;
main()
{
```

```
    a.ch[0]=13;
    a.ch[1]=0;
    print("%d\n",a.i);
}
```

运行结果是________________________。

三、编程题

1. 编写程序统计学生结构体数组中男生和女生的人数。
2. 应用结构体指针变量设计一个函数输出学生结构体数组的信息。

第11章 文件

在本章之前，所有输入/输出操作只涉及键盘和显示器，在运行C程序时通过键盘输入数据，并借助显示器把程序的输出结果显示出来，这类程序的特点是运行时数据都存放到内存当中，当程序运行结束后，释放内存，运算结果不能永久保存。为了实现数据的持久化操作，保存计算结果永久使用，采用文件的形式存放数据。文件可以实现数据永久的存放在外部存储介质中。通过编写C程序对文件进行读写操作，从而实现数据的反复使用。

课件

文件

学习目标：

- 了解文件的基本概念。
- 掌握文件的打开与关闭。
- 掌握文件读和写。
- 掌握文件的定位。

11.1 文件概述

微课

文件概述

“文件”一般是指存储在外部存储介质上的数据集合。它不会随着系统的断电而引起数据丢失，每一个文件必须创建一个名字，被操作系统进行管理。从操作系统角度看，每一个与主机相连的输入/输出设备都可以看作一个文件。例如，键盘可以看作输入文件，显示屏可以看作输出文件。

程序运行时，常常需要将一些数据输出到磁盘上存放起来，称为文件的写操作；以后需要从磁盘中把数据输入到内存，称为文件的读操作。

所有文件都通过流进行输入/输出操作。与文本流和二进制流对应，文件可以分为文本文件和二进制文件两大类。

文本文件又称ASCII文件，它的每一个字节存放一个ASCII码值，表示一个字符。例如，使用记事本工具创建的文本文件。二进制文件是把内存中的数据按其在内存中的存储形式原样输出到磁盘上存放，例如图像文件、音频文件。

在C语言中，文件的操作是使用库函数来完成的，本章重点介绍文件的打开、关闭、读、写、定位等函数的使用方法。

11.2 文件的打开与关闭操作

● 微 课

文件的打开和关闭

11.2.1 文件类型指针

文件不用时存放在外部存储设备中，使用时将其导入内存中，为了对文件进行操作，在C语言中，提供了文件类型指针，通过文件类型指针指向存放文件的内存空间，实现对文件的各种操作。文件类型的名称为FILE,是一个结构体类型，定义在stdio.h头文件中，具体说明如下：

```
typedef struct
{
    short level;                    /*缓冲区“满”或“空”的程度*/
    unsigned flags;                 /*文件状态标志*/
    char fd;                        /*文件描述符*/
    unsigned char hold;             /*如无缓冲区，不读取字符*/
    short bsize;                    /*缓冲区的大小*/
    unsigned char *buffer;          /*数据缓冲区的位置*/
    unsigned ar *curp;              /*指针，当前的指向*/
    unsigned istemp;                /*临时文件，指示器*/
    short token;                    /*用于有效性检查*/
}FILE;
```

通过文件类型FILE定义文件类型指针，例如：

```
FILE  *fp;
```

fp是指向文件类型的指针变量，通过使用fp实现对文件的访问。

11.2.2 文件的打开

1. 文件的打开

文件在使用之前必须打开，在C语言中使用fopen()函数实现打开文件功能，函数格式说明如下：

```
fopen(文件名,使用方式)
```

文件名为字符串类型，可以使用相对路径名，也可以使用绝对路径名。如果文件与C程序在同一路径下，一般使用相对路径名，例如，文件data.txt，则文件名可以直接书写data.txt。如果文件与当前C程序不在同一路径下，则必须使用绝对路径，例如，d盘下info文件夹下的data.txt文件，则文件名书写为“d:\\info\\data.txt”，因为反斜杠是转义字符，所以必须写两个进行转义。

2. 文件的打开方式

对于文件类型有文本文件和二进制文件，文件的使用方式有读文件、写文件和追加文件，各种使用方式可以使用字母来表示，具体表示见表11.1。

表 11.1　文件的使用方式

文件使用方式	含义
"r"（只读）	为输入打开一个文本文件
"w"（只写）	为输出打开一个文本文件
"a"（追加）	向文本文件末尾追加数据
"rb"（只读）	为输入打开一个二进制文件
"wb"（只写）	为输出打开一个二进制文件
"ab"（追加）	向二进制文件末尾追加数据
"r+"（读写）	为读写打开一个文本文件
"w+"（读写）	为读写创建一个文本文件
"a+"（读写）	为读写打开一个文本文件
"rb+"（读写）	为读写打开一个二进制文件
"wb+"（读写）	为读写创建一个二进制文件
"ab+"（读写）	为读写打开一个二进制文件

3.文件的打开方式说明

① 对于"r"方式只能从文本文件中读数据，而不能向文本文件中写数据。例如，读取同一路径下 data.txt 中的文本信息，具体使用方式如下：

```
FILE   *fp;
fp=fopen("data.txt","r");
```

注意：读文件操作的前提文件必须存在，否则读操作失败。

② 对于"w"方式只能向文本文件中写数据，而不能从文本文件中读数据。例如，写数据信息到同一路径下 data.txt 文本文件中，具体使用方式如下：

```
FILE   *fp;
fp=fopen("data.txt","w");
```

注意：写文件操作时，文件存不存在均可。如果原文件存在，则打开时创建一个新文件覆盖原文件，源文件数据全部清空；如果不存在，则创建一个新的空文件。

③ 对于"a"方式可以向文本文件末尾追加数据，而不清空原文本文件中读数据。例如，追加数据到同一路径下 data.txt 文本文件中，具体使用方式如下：

```
FILE   *fp;
fp=fopen("data.txt","a");
```

④ 如果使用 fopen( )函数打开文件出错时，则不能返回指向文件类型的指针，将会返回一个空指针 NULL，对于 NULL 定义在 stdio.h 头文件中，定义内容为 0。对于打开文件出错后对文件不能进行其他操作，程序将意外结束，使用 exit( )函数即可。例如读取同一路径下的 data.txt 文本文件中的数据信息，具体使用方式如下：

```
FILE   *fp;
fp=fopen("data.txt","r");
if(fp==NULL)
{
    printf("文件打开出错\n");
    exit(0);
}
```

11.2.3 文件的关闭

文件使用结束后，要对文件进行关闭操作，防止错误使用，并且可以释放文件所占内存资源。对于关闭文件操作使用函数 fclose( )，函数格式说明如下：

```
fclose(文件指针);
```

例如：

```
fclose(fp);
```

fp 为指向文件的指针变量。对于成功关闭文件后 fclose( )函数返回 0，否则返回 EOF,EOF 在 stdio.h 中定义值为-1。部分代码如下：

```
if(fclose(fp)==0)
{
   printf("关闭文件成功\n");
}else
{
   printf("关闭文件失败\n");
   exit(0);
}
```

11.3 文件的读和写操作

● 微 课

字符格式读写文件

文件打开后，就可以使用文件指针对文件进行读/写操作。C 程序从文件中取数据称为读操作，C 程序向文件中放数据称为写操作，读/写操作可以使用读/写函数实现。按照每次读/写数据长度不同，可以分为字符读/写函数、字符串读/写函数、数据块读/写函数等。

11.3.1 字符读/写函数

1. 读字符函数

读字符函数为 fgetc( )，格式如下：

```
int  fgetc(FILE *stream)
```

功能：从文件指针 stream 指向的文件中读取一个字符，读取一个字节后，指针位置后移一个字节，如果读到文件末尾或者读取出错时返回 EOF。

对于文本文件中，字符的 ASCII 码值没有-1，所以在读取文本文件时当读取的字符值为-1 时，表示已经读到文件末尾，由于在 stdio.h 头文件中定义了 EOF 的取值为-1，所以当读取文本文件的字符内容等于 EOF 时代表已到文件末尾。

【例 11.1】按字符读取文本文件 data.txt 中的信息在屏幕上输出。

程序如下：

```
#include <stdio.h>
#include <stdlib.h>
main()
{
   FILE  *fp;
   char ch;
   fp=fopen("data.txt","r");
   if(fp==NULL)
   {
```

```
      printf("文件打开失败!!!\n");
      exit(0);
    }
    ch=fgetc(fp);
    while(ch!=EOF)
    {
      putchar(ch);
      ch=fgetc(fp);
    }
    putchar('\n');
    if(fclose(fp)!=0)
    {
      printf("文件关闭失败\n");
    }
}
```

在运行程序前，在当前项目资源文件下添加一个文本文件 data.txt，输入“I love C program!!!”后保存，对于资源文件下添加的文本文件同 C 程序文件路径相同。

程序运行效果如图 11.1 所示。

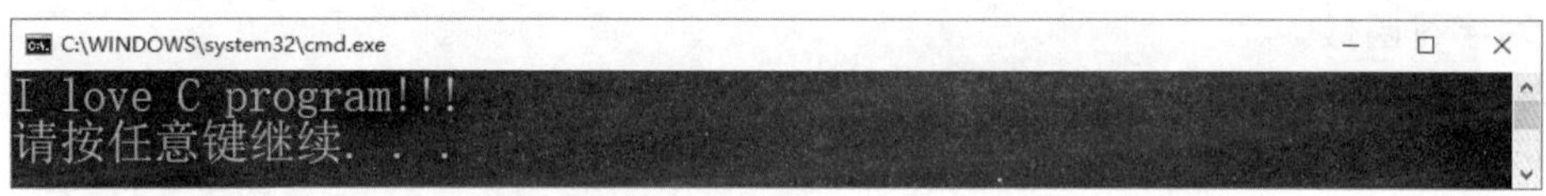

图 11.1　按字符读文件

2. 判断文件末尾函数

对于按字符读文件出现 EOF 时有两种情况：一种是到文件末尾；另一种是出现错误。对于判断是否到文件末尾可以使用 feof( )函数，判断读数据出错可以使用 ferror( )函数。

对于判断是否到文件末尾可以使用 feof( )函数，格式如下：

```
int feof(FILE *stream);
```

功能：检测文件指针是否指向文件末尾，如果指向文件末尾，函数返回非 0 值；如果没有指向文件末尾则返回 0。对于二进制文件中有可能出现-1，所以用 feof( )函数代替 EOF 是较好的选择。

在使用输入/输出函数时，如果出现错误，除了函数返回值有所反应外，还可以使用 ferror( )函数，格式如下：

```
int ferror(FILE *stream);
```

功能：检测是否出现文件读/写错误，如果返回 0 表示未出错；如果返回非 0 值表示出错。

对于例 11.1 的代码也可以用 feof( )函数改写，具体如下：

```
#include <stdio.h>
#include <stdlib.h>
main()
{
    FILE  *fp;
    char ch;
    fp=fopen("data.txt","r");
    if(fp==NULL)
    {
```

```
      printf("文件打开失败!!!\n");
      exit(0);
    }
    ch=fgetc(fp);
    while(!feof(fp))
    {
      putchar(ch);
      ch=fgetc(fp);
    }
      putchar('\n');
    if(ferror(fp))
    {
        printf("读文件出错\n");
    }
    if(fclose(fp)!=0)
    {
      printf("文件关闭失败\n");
    }
}
```

3. 写字符函数

写字符函数名为 fputc()，格式如下：

```
int fputc(char ch,FILE *stream);
```

功能：将字符 ch 写到文件指针 stream 所指向的文件的当前指针的位置。如果返回值为写入字符的 ASCII 码值表示写成功，返回 EOF 表示写失败。

【例 11.2】 从键盘上输入信息，按【Enter】键结束，将信息写到 data.txt 中。

程序如下：

```
#include <stdio.h>
#include <stdlib.h>
main()
{
    FILE  *fp;
    char ch;
    fp=fopen("data.txt","w");
    if(fp==NULL)
    {
      printf("文件打开失败!!!\n");
      exit(0);
    }
    printf("请输入字符信息，按回车结束\n");
    ch=getchar();
    while(ch!='\n')
    {
      fputc(ch,fp);
      ch=getchar();
    }
    if(fclose(fp)!=0)
    {
      printf("文件关闭失败\n");
```

```
    }
}
```

运行程序，输入 teacher，按【Enter】键结束，程序运行结果如图 11.2 所示。

图 11.2　按字符写文件

打开文本文件 data.txt，查看内容如图 11.3 所示。

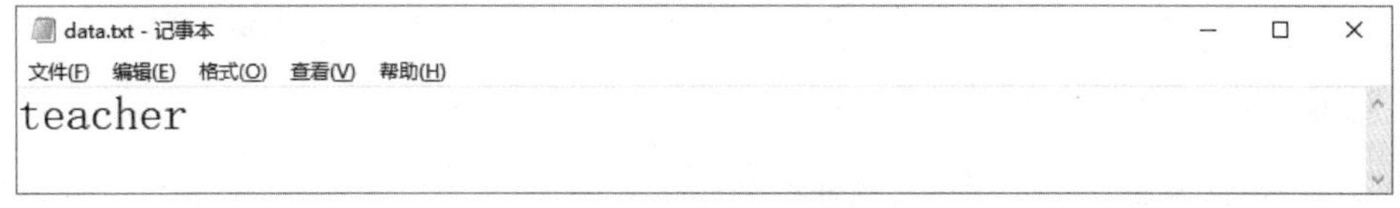

图 11.3　写入文件

对于例 11.2 打开文件时的使用方式为"w"，表示只写方式打开 data.txt 文件，所以原文件内容被清空，文件指针定位到文件头，所以最后 data.txt 文件中只保存后写入的信息。如果将文件打开方式代码改为追加方式，代码如下：

```
fp=fopen("data.txt","a");
```

保存文件，重新编译连接，运行后输入“,student”。打开文本文件 data.txt，查看内容如图 11.4 所示。

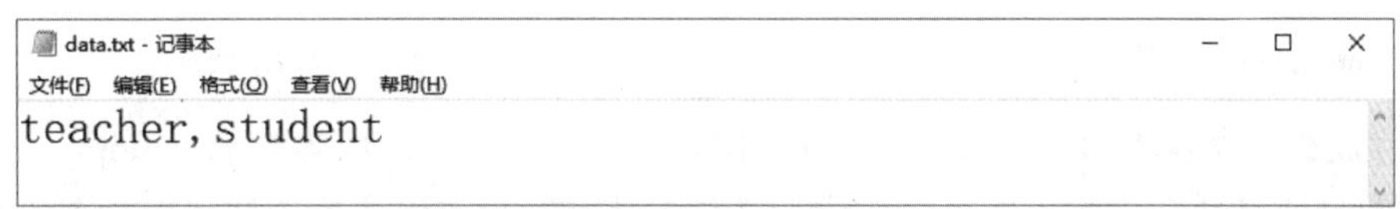

图 11.4　追加方式写入文件

【例 11.3】将 picture.jpg 图片复制一份，名称为 copy.jpg。

程序如下：

```
#include <stdio.h>
#include <stdlib.h>
main()
{
    FILE  *fp1,*fp2;
    char ch;
    fp1=fopen("picture.jpg","rb");
    fp2=fopen("copy.jpg","wb");
    if(fp1==NULL)
    {
      printf("piture.jpg 打开失败!!!\n");
      exit(0);
    }
    if(fp2==NULL)
    {
      printf("copy.jpg 打开失败!!!\n");
```

```
        exit(0);
    }
    ch=fgetc(fp1);
    while(!feof(fp1))
    {
        fputc(ch,fp2);
        ch=fgetc(fp1);
    }
    printf("恭喜，图片复制成功!!!\n");
    if(fclose(fp1)!=0)
    {
        printf("pitucte.jpg 关闭失败\n");
    }
    if(fclose(fp2)!=0)
    {
        printf("copy.jpg 关闭失败\n");
    }
}
```

程序运行结果如图 11.5 所示。

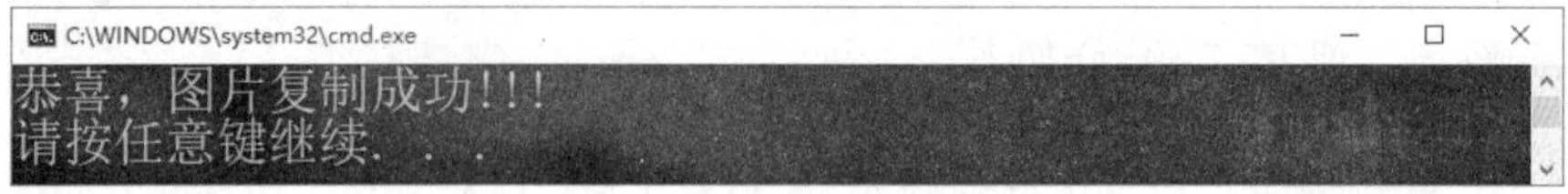

图 11.5　复制图片文件

注意：picture.jpg 图片最好保存在和 C 程序同一路径下，否则得写绝对路径。

打开存放程序文件夹会发现生成一个新的图片文件 copy.jpg，内容与 picture.jpg 一样。

对于例 11.3 打开文件的方式是读二进制文件方式和写二进制文件方式，因为图片采用的是二进制文件存储方式，如果采用文本文件的读/写方式打开文件，修改代码如下：

```
fp1=fopen("picture.jpg","r");
fp2=fopen("copy.jpg","w");
```

运行程序后，打开存放程序文件夹会发现生成一个新的图片文件 copy.jpg，内容如图 11.6 所示。

图 11.6　复制图片文件问题

11.3.2　字符串读/写函数

微课
另外三种文件读写操作

1. 读字符串函数

读字符串函数为 fgets( )，格式如下：

```
char  *fgets(char *buf,int bufsize,FILE *stream);
```

功能：从文件指针 stream 所指向的文件中读数据，每次读一个字符串，读取的数据保存在 buf 指向的字符数组中，每次读取 bufsize-1 个字符，第 bufsize 个字符赋字符串结束标识'\0'，函数返回值为 buf。如果文件中剩余数据个数不足 bufsize-1 个字符，则读完剩余字符，判断是否读到文件末尾可以使用 feof( )函数。

【例 11.4】已有一个文本文件 letter.txt 中存放 26 个英文字母，每次读取 5 个字符输出到屏幕。

程序如下：

```
#include <stdio.h>
#include <stdlib.h>
main()
{
    FILE *fp;
    char  buf[6];
    fp=fopen("letter.txt","r");
    if(fp==NULL)
    {
      printf("打开文件失败!!!\n");
      exit(0);
    }
    while(!feof(fp))
    {
      fgets(buf,6,fp);
      puts(buf);
    }
    if(fclose(fp)!=0)
    {
      printf("关闭文件失败\n");
    }
}
```

程序运行结果如图 11.7 所示。

图 11.7　按字符串读文件

2. 写字符串函数

写字符串函数为 fputs( )，格式如下：

```
int  fputs(char *buf,FILE *stream);
```

功能：向文件指针 stream 中写入字符数组中 buf 的字符串，对于字符串中的结束标识'\0'不自动写入文件，写完后文件位置指针后移，函数返回值为成功写入字符个数，返回 EOF 表示写入失败。

【例 11.5】已有一个姓名字符串数组，按照每行一个写到 name.txt 文本文件中。

程序如下：

```
#include <stdio.h>
#include <stdlib.h>
main()
{
    FILE *fp;
    char  buf[5][10]={"zhangsan","lisi","wangwu","zhaoliu","dingqi"};
    int i,len;
    fp=fopen("name.txt","w");
    if(fp==NULL)
    {
      printf("打开文件失败!!!\n");
      exit(0);
    }
    for(i=0;i<5;i++)
    {
      len=fputs(buf[i],fp);
      fputs("\n",fp);
      if(len==EOF)
      {
        printf("写入字符失败\n");
        break;
      }

    }
    if(fclose(fp)!=0)
    {
      printf("关闭文件失败\n");
    }
}
```

运行程序，打开 name.txt 文本文件，内容如图 11.8 所示。

图 11.8　写字符串到文件

11.3.3　数据块读/写函数

1. 读数据块函数

读数据块函数为 fread()，格式如下：

```
int fread(void *buffer,int size,int count,FILE *stream);
```

功能：从文件指针 stream 所指向的文件中读数据，最多可以读取 count 个元素，每个元素大小为 size 字节，将其读到的内容放到 buffer 指针指向的地址空间中，返回值表示成功读取元素的个数，如果读取失败或到文件末尾返回 0。

fgetc()函数一次能从文件中只能读取一个字节，fgets()函数一次能从文本文件中读取一个字符串，fread()函数一次能从文件中读取任意长度个字节和任意类型的数据，并且对于文本文件和二进制文件操作都十分方便。

2. 写数据块函数

写数据块函数为 fwrite()，格式如下：

```
int fwrite(void *buffer,int size,int count,FILE *stream);
```

功能：向文件指针 stream 所指向的文件中写数据，最多可以写入 count 个元素，每个元素大小为 size 字节，数据来源于 buffer 指向空间内存放的信息，返回值表示成功写入文件元素的个数。

fputc()函数一次能向文件中写入一个字节，fputs()函数一次能向文本文件中写入一个字符串，fwrite()函数一次能向文件中写入任意长度个字节和任意类型的数据，并且对于文本文件和二进制文件操作都十分方便。

【例 11.6】已有一个 person 结构体类型，包括 name、sex、age 三个成员，初始化一个结构体数组，将其信息写入 person.txt 中。

程序如下：

```
#include <stdio.h>
#include <stdlib.h>
struct person
{
    char name[10];
    char sex[10];
    int  age;
}p[3]={{"zhangsan","male",20},{"lisi","female",18},{"wangwu","male",19}}
;
main()
{
    FILE *fp;
    int count;
    struct person *q;
    q=p;
    fp=fopen("person.txt","w");
    if(fp==NULL)
    {
      printf("打开文件失败!!!\n");
      exit(0);
    }
    while(q<p+3)
    {
        fwrite(q,sizeof(struct person),1,fp);
```

```
            fputc('\r',fp);
            fputc('\n',fp);
            q++;
        }
        if(fclose(fp)!=0)
        {
          printf("关闭文件失败\n");
        }
}
```

运行程序，打开 person.txt 文本文件，内容如图 11.9 所示。

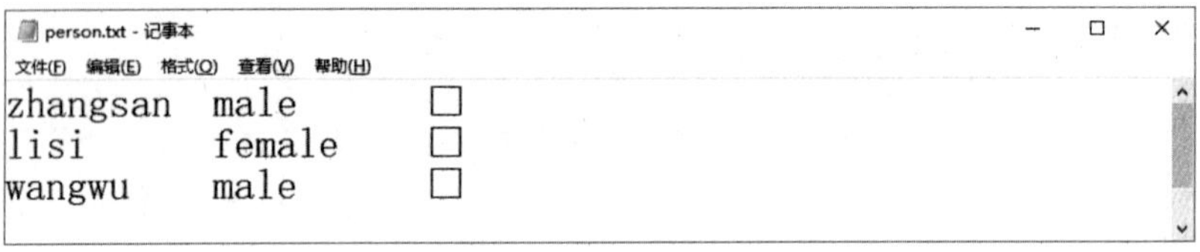

```
person.txt - 记事本
文件(F) 编辑(E) 格式(O) 查看(V) 帮助(H)
zhangsan  male    □
lisi      female  □
wangwu    male    □
```

图 11.9 写数据块到文件

【例 11.7】已有 person.txt 存放 person 结构体类型数据，读取文件信息输出到屏幕。

程序如下：

```
#include <stdio.h>
#include <stdlib.h>
struct person
{
    char name[10];
    char sex[10];
    int  age;
}p;
main()
{
    FILE *fp;
    int count;
    struct person *q;
    q=&p;
    fp=fopen("person.txt","r");
    if(fp==NULL)
    {
      printf("打开文件失败!!!\n");
      exit(0);
    }
    while(!feof(fp))
    {
        count=fread(q,sizeof(struct person),1,fp);
        if(count==1)
        {
          printf("name:%s,",q->name);
          printf("sex:%s,",q->sex);
          printf("age:%d\n",q->age);
        }
```

```
        fgetc(fp);
        fgetc(fp);
    }
    if(fclose(fp)!=0)
    {
      printf("关闭文件失败\n");
    }
}
```

程序运行结果如图 11.10 所示。

```
C:\WINDOWS\system32\cmd.exe
name:zhangsan, sex:male, age:20
name:lisi, sex:female, age:18
name:wangwu, sex:male, age:19
请按任意键继续. . .
```

图 11.10　从文件读数据块

11.3.4　格式化读/写函数

1. 格式化读函数

格式化读函数为 fscanf( )，格式如下：

```
int fscanf(FILE *stream,const char *format,[argument…]);
```

功能：从文件指针 stream 中按照 format 指定的格式读取数据放到 argument 指定参数对应的地址空间中，返回值为整型表示成功读取数据的个数。

例如：

```
fscanf(fp,"%d,%d",&m,&n);
```

作用是从 fp 所指向的文件中按照十进制整数的格式读取两个数据存放到整型变量 m 和 n 中。

2. 格式化写函数

格式化写函数为 fprinf( )，格式如下：

```
int fprintf(FILE *stream,const char *format,[argument…]);
```

功能：向文件指针 stream 中按照 format 指定的格式把 argument 指定数据写到文件中，返回值为整型表示成功写数据的个数。

例如:

```
fprintf(fp,"%d,%d",m,n);
```

作用是把整型变量 m、n 中的数据按照十进制整型格式写到 fp 文件指针指向的文件中。

【例 11.8】使用格式化写函数向 format.txt 中写入整型，实型和字符型数据。

程序如下：

```
#include <stdio.h>
#include <stdlib.h>
main()
{
    FILE *fp;
    int m=10;
    float n=3.14;
    char ch='y';
```

```
    fp=fopen("format.txt","w");
    if(fp==NULL)
    {
      printf("打开文件失败!!!\n");
      exit(0);
    }
    fprintf(fp,"%d,%f,%c",m,n,ch);
    if(fclose(fp)!=0)
    {
      printf("关闭文件失败\n");
    }
}
```

运行程序，打开文件 format.txt，内容如图 11.11 所示。

图 11.11　格式化写文件

【例 11.9】使用格式化读函数从 format.txt 中读出数据输出到屏幕。

程序如下：

```
#include <stdio.h>
#include <stdlib.h>
main()
{
    FILE *fp;
    int m;
    float n;
    char ch;
    fp=fopen("format.txt","r");
    if(fp==NULL)
    {
      printf("打开文件失败!!!\n");
      exit(0);
    }
    fscanf(fp,"%d,%f,%c",&m,&n,&ch);
    printf("m=%d,n=%f,ch=%c\n",m,n,ch);
    if(fclose(fp)!=0)
    {
      printf("关闭文件失败\n");
    }
}
```

程序运行结果如图 11.12 所示。

图 11.12　格式化读文件

11.4　文件的定位操作

文件的读/写分为顺序读/写方式和随机读/写方式两种。默认情况下，打开文件后，文件指针指向文件的起始位置，执行读/写操作后，文件指针会自动下移，这种读/写方式称为顺序读/写方式。顺序读/写方式文件指针只能单向移动，不受用户控制。读/写操作前可以人为控制文件指针的位置，这种读/写方式称为随机读写方式。对于人为控制文件指针位置可以通过使用文件指针移动函数实现。

微 课

文件的定位操作

11.4.1　重定向函数

重定向函数为 rewind()，格式如下：

```
void rewind(FILE *stream);
```

功能：使文件指针重新返回到文件的开头。

【例 11.10】任意次读文件内容输出到屏幕。

程序如下：

```
#include <stdio.h>
#include <stdlib.h>
main()
{
    FILE *fp;
    int count;
    int i;
    char ch;
    printf("请输入读文件的次数:");
    scanf("%d",&count);
    fp=fopen("data.txt","r");
    if(fp==NULL)
    {
      printf("打开文件失败!!!\n");
      exit(0);
    }
    for(i=0;i<count;i++)
    {
      while(!feof(fp))
      {
        ch=fgetc(fp);
        putchar(ch);

      }
      putchar('\n');
      rewind(fp);
    }
    if(fclose(fp)!=0)
    {
      printf("关闭文件失败\n");
    }
```

```
    return 0;
}
```

程序运行结果如图 11.13 所示。

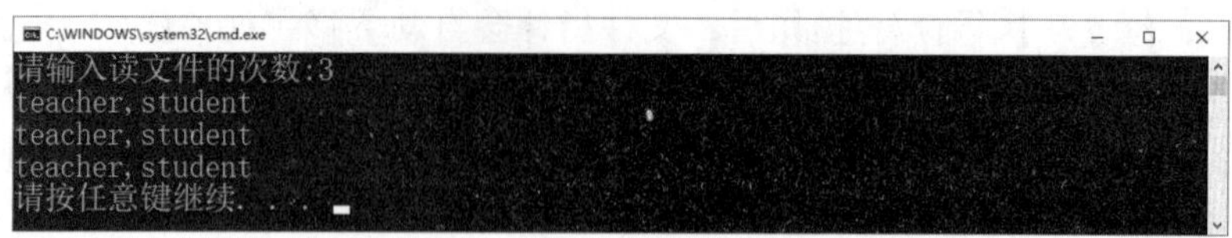

图 11.13　文件指针重定向

11.4.2　随机移动函数

随机移动函数为 fseek( )，格式如下：

```
int fseek(FILE *stream,long offset,int fromwhere)
```

功能：将文件指针以 fromwhere 为基准，偏移 offset 个字节，成功执行后函数返回值为零，否则返回非零值。

fromwhere 为基准，有三种可能：文件开始、文件当前位置和文件末尾，详细说明见表 11.2。

表 11.2　文件指针随机移动

起　始　点	名　　字	数 值 表 示
文件开始	SEEK_SET	0
文件当前位置	SEEK_CUR	1
文件末尾	SEEK_END	2

对于基准点是文件开始，表示文件指针向下移动；对于基准点是文件当前位置，偏移量是正数，表示向下移动，负数表示向上移动；对于基准点是文件末尾，偏移量是负数，表示文件指针向上移动。对于偏移量类型为长整型，书写时数值后添加 L。

例如：

```
fseek(fp,10L,0);
```

功能是相对文件开始向下移动文件指针 10 个字节处。

```
fseek(fp,10L,1);
```

功能是相对文件当前位置向下移动文件指针 10 个字节处。

```
fseek(fp,-10L,2);
```

功能是相对文件末尾向上移动文件指针 10 个字节处。

11.4.3　文件指针位置函数

找到文件指针位置函数为 ftell( )，格式如下：

```
long ftell(FILE *stream);
```

功能：得到文件位置指针相对于文件首的偏移字节数，返回值为 long 型，返回-1L 表示出错。

例如：

```
long i;
i=ftell(fp);
```

功能是把计算位置指针距离文件首偏移字节数存放到长整型变量 i 中。

本 章 小 结

本章主要介绍了对文件的基本操作，包括文件的打开、关闭，文件的各种读/写方式和文件指针的随机移动，这些功能都是通过函数实现的，核心都离不开文件指针。对于文件在使用时必须分清是使用文本文件还是二进制文件，文件信息存放格式是不同的。此外在使用文件时要注意路径问题，区分相对路径和绝对路径。

技 能 训 练

训练题目：结构体类型 student，包括 name、sex、score 三个成员，已知 student.txt 中存放若干名学生成绩信息，编写程序读文件信息，计算学生的平均成绩。

课 后 习 题

一、填空题

1. 在 C 程序中，文件可以用________方式存取，也可以使用________方式存取。

2. 在 C 程序中，数据可以用________和________形式存放。

3. 以下程序的功能是统计文件 letter.txt 中小写字母 c 的个数。

```
#include <stdio.h>
#include <stdlib.h>
main()
{
  char ch;
  long n=0;
  FILE *fp;
  if((fp=fopen("letter.txt","r")==NULL)
  {
    printf("Cannot open file!\n");
    exit(0);
  }
  while(____________)
  {
    ch=_______________;
    if(ch=='c') n++;
  }
  printf("n=%ld\n",n);
  flcose(fp);
}
```

4. 设文件 num.dat 中存放了一组整数。以下程序的功能是：统计并输出文件 num.dat 中正整数、零和负整数的个数。

```
#include <stdio.h>
#include <stdlib.h>
main()
{
```

```
    int p=0,n=0,z=0,temp;
    FILE *fp;
    fp=___________;
    if(fp==NULL)
      printf("Cannnot open file!\n");
    else
    {
       while(!feof(fp))
       {
          fscanf( ___________);
          if(temp>0) p++;
          else if(temp<0) n++;
          else ___________;
       }
    }
}
```

5. 下面程序的功能是：由终端键盘输入字符，存放到文件 fname 中，用“！”结束输入。

```
#include <stdio.h>
#include <stdlib.h>
main()
{
    FILE *fp;
    char ch,fname[10];
    printf("Input name of file:\n");
    gets(fname);
    if((fp=fopen(fname,"w"))==NULL)
    {
      printf("Cannot open file!\n");
      exit(0);
    }
    printf("Enter data:\n");
    while(__________!='!')
      fputc(__________);
    fclose(fp);
}
```

二、选择题

1. 若要指定打开 C 盘上子目录 myfile 下的二进制文件 test.bin，在调用函数 fopen( )时，第一个参数的正确格式是（　　）。

A. "c:myfile\test.bin"　　B. "c:\myfile\\test.bin"

C. "c\\:myfile\test.bin"　　D. "c:\myfile\test.bin"

2. 设 fp 是指向某个文件的指针，且已读到文件末尾，则库函数 feop(fp)的返回值（　　）。

A. EOF　　B. −1　　C. 非零值　　D. NULL

3. 若执行 fopen( )函数时发生错误，则函数返回值是（　　）。

A. 地址值　　B. 0　　C. 1　　D. EOF

4. 若执行 fopen( )函数打开一个新的二进制文件，该文件既要能读也要能写，则文件方式字符串应是（　　）。

A. "ab+"　　B. "wb+"　　C. "rb+"　　D. "ab"

5. 正常执行文件关闭操作时，fclose( )函数的返回值是（　　）。

A. −1　　B. true　　C. 0　　D. 1

6. fgetc( )函数的作用是从指定文件读入一个字符，该文件的打开方式必须是（　　）。

A. 只写　　B. 追加

C. 读或读写　　D. 答案 B 与 C 都对

7. 若调用 fputc( )函数输出字符成功，则其返回值是（　　）。

A. EOF　　B. 1　　C. 0　　D. 输出的字符

8. 设有以下结构体类型

```
struct st
{
  char name[8];
  int num;
  float s[4];
}student[50];
```

且结构体数组 student 中的元素都已赋值，若要将这些元素值写到文件 fp 中，则以下不正确的形式是（　　）。

A. fwrite(student,sizeof(struct st),50,fp);

B. fwrite(student,50*sizeof(struct st),1,fp);

C. fwrite(student,25*sizeof(struct st),25,fp);

D. for(i=0;i<50;i++)
fwrite(&student[i],sizeof(struct st),1,fp);

9. 函数调用语句 fseek(fp,−20L,2); 的含义是（　　）。

A. 将文件位置指针移到距离文件头 20 个字节处

B. 将文件位置指针从当前位置向后移动 20 个字节处

C. 将文件位置指针从文件末尾处向后退 20 个字节处

D. 将文件位置指针移到距离当前位置 20 个字节处

10. 在执行 fopen( )函数时，ferror( )函数的初值是（　　）。

A. TRUE　　B. −1　　C. 1　　D. 0

11. fseek( )函数的正确调用形式是（　　）。

A. fseek(文件类型指针,起始点,位移量)

B. fseek(文件类型指针,位移量,起始点)

C. fseek(位移量,起始点,文件类型指针)

D. fseek(起始点,位移量,文件类型指针)

12. rewind( )函数的作用是（　　）。

A. 使位置指针重新返回文件的开头

B. 使位置指针指向文件中所要求的特定位置

C. 使位置指针指向文件的末尾

D. 使位置指针自动移向下一个字符位置

13. ftell(fp)的作用是（　　）。

A. 得到流式文件中的当前位置

B. 移动流式文件的位置指针

C. 初始化流式文件的位置指针

D. 以上答案都正确

14. 标准库函数 fgets(p1,k,f1)的功能是（　　）。

A. 从 f1 所指的文件中读取长度为 k 的字符串存入指针 p1 所指的内存

B. 从 f1 所指的文件中读取长度不超过 k–1 的字符串存入指针 p1 所指的内存

C. 从 f1 所指的文件中读取 k 个字符串存入指针 p1 所指的内存

D. 从 f1 所指的文件中读取长度为 k–1 的字符串存入指针 p1 所指的内存

15. 已知函数的调用形式是：fread(buffer,size,count,fp);，其中 buffer 代表的是（　　）。

A. 一个整型变量，代表要读入的数据项总数

B. 一个文件指针，指向要读的文件

C. 一个指针，指向要读入数据的存放地址

D. 一个存储区，存放要读的数据项

三、编程题

1. 设文件 number.dat 中存放了一组整数，编写程序统计整数、负数、零的个数。

2. 编写程序从键盘输入一个字符串，将其中小写字母全部转换成大写字母，输出到磁盘文件 upper.txt 中。输入字符串以“!”结束。然后再将 upper.txt 文件中的内容输出到控制台。

第12章 位运算

计算机中存储数据的最小数据单位是bit，音译为比特，简称为位。每位数据采用二进制格式存储数据，只能描述0或1两种数据状态，即一个二进制数就是一位数据，因此数据序列化传输过程实质就是位数据传输过程。

课件

位运算

位运算，即二进制运算。在C语言中可以实现6种位运算功能，分别是按位与、按位或、按位取反、按位异或、按位左移和按位右移，这些运算只能用于整型操作数，即只能用于带符号或无符号的char、short、int与long类型。在某种程度上C语言已经取代汇编语言完成单片机应用程序开发，深入理解和掌握位运算是学习单片机程序开发的基础。

学习目标：

- 掌握6种位运算。
- 了解位段的使用方式。

12.1 位运算操作符

12.1.1 位运算简介

微课

位运算简介

计算机中存储数据的基本单位是byte（字节）。通常一个字节由8位二进制数组成。由于操作系统和开发环境不同，导致安装的C编译器版本存在差异，所以编译程序时对相同数据类型占用空间大小的分配会存在差异，比如早期DOS操作系统下使用Turbo C开发环境，一个基本整型数据在内存中分配两个字节，也就是按16位计算。目前Windows 10操作系统下使用Microsoft Visual C++ 2010 Express开发环境，一个基本整型数据在内存中分配4个字节，也就是按32位计算，对于其他数据类型处理也会存在差异。本章所有程序都是在Microsoft Visual C++ 2010 Express开发环境下进行调试，因此长整型和基本整型数据按32位计算，短整型按16位计算，字符型按8位计算。

C语言中，位运算是对内存中的数据进行计算。对于整型数据在内存中是按照补码格式存放的，那么C语言对整型数据进行位运算相当于对二进制补码格式数据进行计算。例如，对一个正整数10进行某种书面格式位运算，需要计算出整数10对应内存当中对应的二进制补码数据，由于正整数的原码、反码和补码都相等，所以，将整数 10 化成二进制 0000 0000 0000 0000 0000 0000 0000 1010 即内存中的二进制补码格式，最高位为符号位，0 表示正数，得到二进制补码数据后再继续进行相应的位运算。对于负整数-10 进行某种书面格式的位运算，首先计算出-10 的原码为 1000 0000 0000 0000 0000 0000 0000 1010，最高位 1 表示负数；其次符号位不变其余各位按位取反计算出-10 对应的反码 1111 1111 1111 1111 1111 1111 1111 0101；最后将反码最低位加 1 计算出-10 对应内存中的补码 1111 1111 1111 1111 1111 1111 1111 0110，当计算出补码后方能进行相应的位运算。无论是正整数，还是负整数，位运算结束后还要计算出二进制补码对应的十进制整数。计算时需要观察二进制数据最高位，如果最高位是 0，表示这个二进制补码对应一个正整数，由于正整数的原码、反码和补码都相等，直接将二进制补码转成十进制即为计算结果。如果最高位是 1，表示这个二进制补码对应一个负整数，为了得到二进制补码对应的十进制数据，需要进行补码转原码计算，即将二进制补码格式结果转成二进制反码格式，在将二进制反码转成二进制原码格式，最后将二进制原码化成十进制得到最终的运算结果。位运算在书面计算过程中，计算步骤较多，但都是一些基础二进制计算，理解起来并不复杂。

在 C 语言中可以实现按位与、按位或、按位取反、按位异或、按位左移和按位右移 6 种位运算，6 种位运算符及对应运算见表 12.1。

表 12.1 位运算符

运 算 符	含 义
&	按位与
|	按位或
~	按位取反
^	按位异或
<<	按位左移
>>	按位右移

12.1.2 按位与运算符

按位与运算

按位与运算符“&”是双目运算符，需要两个二进制数据进行按位与运算。两个整数内存中二进制补码对应位上分别进行按位与运算，仅当对应位上的二进制数据同时为 1 时，对应位按位与运算结果为 1，否则为 0，按位与运算规则见表 12.2。

表 12.2 按位与运算规则

二 进 制 a	二 进 制 b	a & b
0	0	0
0	1	0
1	0	0
1	1	1

例如，计算 43941&65280 的结果。运算的过程是先把十进制整数化成二进制补码格式，然后对应位上进行按位与运算，最后把运算结果转化成化成十进制，运算式如下：

```
  0000 0000 0000 0000 1010 1011 1010 0101   (43941 补码)
& 0000 0000 0000 0000 1111 1111 0000 0000   (65280 补码)
-------------------------------------------------------
  0000 0000 0000 0000 1010 1011 0000 0000
```

由于按位与运算后计算结果符号位为 0，所以运算结果是一个正整数，直接将二进制化成十进制得到最终计算结果为 43776。

通过以上实例，发现按位与运算具有如下两点特性：

① 可以对数据指定二进制位清零。如果要将一个数据某些二进制位清零，只要找到另一个数据相应二进制位上是 0，其他二进制位上为 1，两个数据进行按位与即可实现清零功能。例如，数据 65280 低 8 位全都为 0，数据 43941 与其进行按位与运算后发现结果低 8 位全都为 0。

② 可以提取数据中指定二进制位上的值。如果想保留某个数据指定二进制位，只要找到另一个数据相应二进制位全都为 1，其余二进制位为 0，两个数据进行按位与运算即可实现。例如，数据 65280 低 16 位中的高 8 位位全都为 1，低 8 位全都为 0，数据 43941 与其进行按位与运算后发现，低 16 位中的高 8 位全都保留不变，低 8 位全都清零。

【例 12.1】 定义两个整型变量 x、y，赋值后计算 x&y 的结果。

程序如下：

```
#include <stdio.h>
main()
{
    int x,y;
    int result;
    printf("please input x:");
    scanf("%d",&x);
    printf("please input y:");
    scanf("%d",&y);
    result=x&y;
    printf("%d&%d=%d\n",x,y,result);
}
```

程序运行结果如图 12.1 所示。

图 12.1　按位与运算

如果两个数据中含一个负整数，例如 15&-13，注意负数的补码与原码不同，需要将原码转成反码后再转成补码。-13 的原码是 1000 0000 0000 0000 0000 0000 0000 1101，反码是 1111 1111 1111 1111 1111 1111 1111 0010，补码是 1111 1111 1111 1111 1111 1111 1111 0011，运算式如下：

```
      0000 0000 0000 0000 0000 0000 0000 1111    (15 补码)
  &   1111 1111 1111 1111 1111 1111 1111 0011    (-13 补码)
-------------------------------------------------------------
      0000 0000 0000 0000 0000 0000 0000 0011
```

由于按位与运算后计算结果符号位为 0，所以运算结果是一个正整数，直接将二进制化成十进制得到最终计算结果为 3。

如果两个数据全都是负整数，例如-15&-13，运算过程同理，运算式如下：

```
      1111 1111 1111 1111 1111 1111 1111 0001    (-15 补码)
  &   1111 1111 1111 1111 1111 1111 1111 0011    (-13 补码)
-------------------------------------------------------------
      1111 1111 1111 1111 1111 1111 1111 0001
```

由于按位与运算后计算结果符号位为 1，所以运算结果是一个负整数，需要将结果化成二进制原码 1000 0000 0000 0000 0000 0000 0000 1111，最后将原码转成成十进制得到最终计算结果为-15。

通过以上实例计算结果，最终根据按位与运算法则可以推出，正整数与正整数按位与结果是正整数，正整数与负整数按位与结果还是正整数，负整数与负整数按位与结果是负整数。

12.1.3 按位或运算符

● 微 课

按位或运算

按位或运算符"|"是双目运算符，需要两个二进制数据进行按位或运算。两个整数内存中二进制补码对应位上分别进行按位或运算，仅当对应位上的二进制数据同时为 0 时，对应位按位或运算结果为 0，否则为 1。按位或运算规则见表 12.3。

表 12.3 按位或运算规则

二 进 制 a	二 进 制 b	a|b
0	0	0
0	1	1
1	0	1
1	1	1

例如，计算 43941|65280 的结果。运算的过程是先把十进制整数化成二进制补码格式，然后对应位上进行按位或运算，最后把运算结果转化成化成十进制，运算式如下：

```
      0000 0000 0000 0000 1010 1011 1010 0101    (43941 补码)
  |   0000 0000 0000 0000 1111 1111 0000 0000    (65280 补码)
-------------------------------------------------------------
      0000 0000 0000 0000 1111 1111 1010 0101
```

由于按位或运算后计算结果符号位为 0，所以运算结果是一个正整数，直接将二进制化成十进制得到最终计算结果为 65445。

通过以上实例，发现按位或运算具有如下特性：

可以对数据指定二进制位置 1。如果要将一个数据某些二进制位置 1，只要找到另一个数据相应二进制位上是 1，其他二进制位上为 0，两个数据进行按位或即可实现置 1 功能。例如，数据 65280 低 16 位中的高 8 位全都为 1，数据 43941 与其进行按位或运算后发现结果低 16 位中的高 8 位全都值 1，其余各位数据内容保持不变。

【例 12.2】 定义两个整型变量 x,y，赋值后计算 x|y 的结果。

程序如下：

```
#include <stdio.h>
main()
{
    int x,y;
    int result;
    printf("please input x:");
    scanf("%d",&x);
    printf("please input y:");
    scanf("%d",&y);
    result=x|y;
    printf("%d|%d=%d\n",x,y,result);
}
```

程序运行结果如图 12.2 所示。

```
C:\WINDOWS\system32\cmd.exe
please input x:43941
please input y:65280
43941|65280=65445
请按任意键继续. . .
```

图 12.2　按位或运算

12.1.4　按位取反运算符

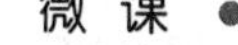

按位取反运算

按位取反运算符“~”是单目运算符，仅对一个二进制数据进行按位取反运算。对指定整数内存中二进制补码对应位上分别进行按位取反运算，原来二进制位为 1 的取反后为 0，原来二进制位为 0 的取反后为 1。按位取反运算规则见表 12.4。

表 12.4　按位取反运算规则

二 进 制 a	~a
0	1
1	0

例如，计算~1 的结果。运算的过程是先把十进制整数化成二进制补码格式，然后进行按位取反运算，最后把运算结果在转化成化成十进制，运算式子如下：

~　　0000 0000 0000 0000 0000 0000 0000 0001

1111 1111 1111 1111 1111 1111 1111 1110

由于按位取反运算后计算结果符号位为 1，所以运算结果是一个负整数，需要将二进制补码化成二进制原码后再转成十进制，最终计算结果为-2。

通过以上实例，发现按位取反运算具有如下特性：

可以对数据所有二进制位进行翻转。例如，数据 1 的最低位由 1 翻转成 0，其余位由 0 翻转成 1。

【例 12.3】定义整型变量 x，赋值后计算~x 的结果。

程序如下：

```
#include <stdio.h>
main()
{
    int x;
    int result;
    printf("please input x:");
    scanf("%d",&x);
    result=~x;
    printf("~%d=%d\n",x,result);
}
```

程序运行结果如图 12.3 所示。

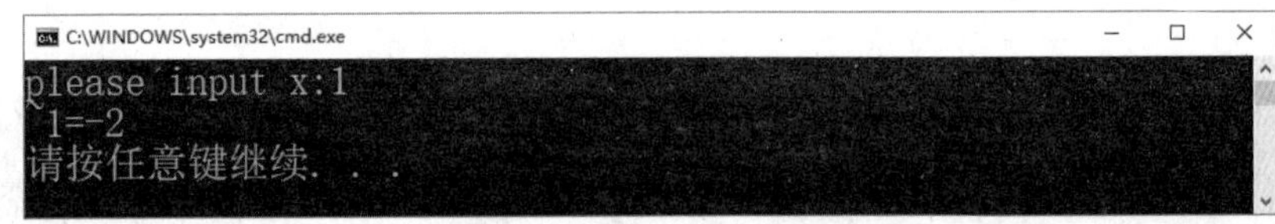

图 12.3　按位取反运算

按位取反是对二进制按位取反，而不是直接取数据的相反数，例如，1 的相反数是-1，但 1 的按位取反运算结果是-2。

12.1.5　按位异或运算符

● 微 课

按位异或运算

按位异或运算符“^”是双目运算符，需要两个二进制数据进行按位异或运算。两个整数内存中二进制补码对应位上分别进行按位异或运算，当对应位上的二进制数据相同时，对应位按位异或运算结果为 0；当对应位上的二进制数据不相同时，对应位按位异或运算结果为 1。按位异或运算规则见表 12.5。

表 12.5　按位异或运算规则

二 进 制 a	二 进 制 b	a^b
0	0	0
0	1	1
1	0	1
1	1	0

例如，计算 51^195 的结果。运算的过程是先把十进制整数化成二进制补码格式，然后对应位上进行按位异或运算，最后把运算结果转化成化成十进制，运算式如下：

```
  0000 0000 0000 0000 0000 0000 0011 0011
^ 0000 0000 0000 0000 0000 0000 1100 0011
-----------------------------------------
  0000 0000 0000 0000 0000 0000 1111 0000
```

由于按位异或运算后计算结果符号位为 0，所以，运算结果是一个正整数，直接将二进制化成十进制得到最终计算结果为 240。

通过以上实例，发现按位异或运算具有如下特性：

可以对数据指定二进制位进行翻转。如果要使某个位置上的二进制数翻转，只要和二进制 1 进行异或运算；如果要使某个位置上的二进制数保持不变，只要和二进制 0 进行异或运算即可。例如，51 和 195 进行异或运算，整数 51 低 8 位中的高 2 位和低 2 位被翻转，中间 4 位保持不变。

【例 12.4】定义两个整型变量 x、y，赋值后计算 x^y 的结果。

程序如下：

```
#include <stdio.h>
main()
{
    int x,y;
    int result;
    printf("please input x:");
    scanf("%d",&x);
    printf("please input y:");
    scanf("%d",&y);
    result=x^y;
    printf("%d^%d=%d\n",x,y,result);
}
```

程序运行结果如图 12.4 所示。

图 12.4　按位异或运算

此外，按位异或运算还具有如下特殊作用：

① 可以实现两个数据交换，不用使用临时变量。程序代码为：

```
#include <stdio.h>
main()
{
    int x=3,y=5;
    x=x^y;
    y=y^x;
    x=x^y;
    printf("%d,%d",x,y);
}
```

程序运行结果：

```
5,3
```

② 可以实现信息传输过程中简单校验功能。程序代码为：

```
#include <stdio.h>
```

```
int  fcs(int a[],int n)
{
    int i, result=a[0];
    for(i=1;i<n;i++)
    {
      result=result^a[i];
    }
    return result;
}
main()
{
    int a[10]={0x29,0x00,0x07,0x02,0x00,0x00,0x00,0x01,0x00,0x15};
    int result=fcs(a,10);
    printf("%x",result);

}
```

程序运行结果为十六进制：

```
38
```

如果发送信息方发送 0x29,0x00,0x07,0x02,0x00,0x00,0x00,0x01,0x00,0x15,0x38，对于接收信息方对 0x29,0x00,0x07,0x02,0x00,0x00,0x00,0x01,0x00,0x15 数据进行异或求和结果与 0x38 相等，那么认为接收数据是正确的，反之数据错误要求重新发送。

12.1.6 按位左移运算符

● 微 课

按位左移运算和按位右移运算

按位左移运算符“<<”是双目运算符，运算符左边为被移动的二进制数据，运算符右边的数据表示对左边二进制数据整体向左移动位数。按位左移运算规则是高位每移出 1 位二进制位，低位补充 1 位二进制 0，高位移出 n 位二进制位，低位补充 n 位二进制 0。

例如，计算 4<<2 的结果，即把 4 各个二进制位整体左移 2 位，运算过程如下：

4 的二进制内存格式为：0000 0000 0000 0000 0000 0000 0000 0100，左移 2 位后内存格式为 0000 0000 0000 0000 0000 0000 0001 0000。

由于按位左移运算后计算结果符号位为 0，所以运算结果是一个正整数，直接将二进制数转换成十进制数得到最终计算结果为 16。

通过以上实例，发现按位左移运算具有如下特性：

可以实现 2 的幂次乘法运算。如果需要对一个数据进行乘 2^n,只需让这个数据按位左移 n 位即可，前提是原二进制数据最高位为 1 的位不能移到最高位。例如，4 左移 2 位结果为 16，相当于 4 乘以 2^2；如果左移 28 位结果为 1073741824，相当于 4 乘以 2^{28}；但是左移 29 位时原 4 的最高二进制移动到符号位结果为-2147483648，结果相当于 4 乘以-2^{29}，因为最高位为符号位正数变为负数。

【例 12.5】定义两个整型变量 x、y，赋值后计算 x<<y 的结果。

程序如下：

```
#include <stdio.h>
main()
{
```

```
    int x,y;
    int result;
    printf("please input x:");
    scanf("%d",&x);
    printf("please input y:");
    scanf("%d",&y);
    result=x<<y;
    printf("%d<<%d=%d\n",x,y,result);
}
```

程序运行结果如图 12.5 所示。

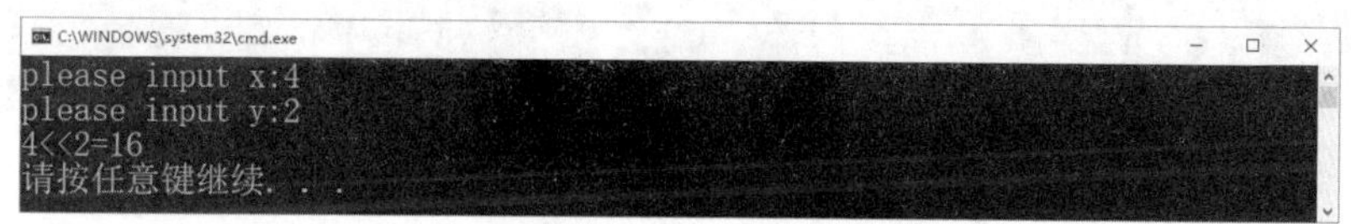

图 12.5　按位左移运算

12.1.7　按位右移运算符

按位右移运算符“>>”是双目运算符。运算符左边为被移动的二进制数据，运算符右边的数据表示对左边二进制数据整体向右移动位数。按位右移运算规则是低位每移出 1 位二进制位，高位就补充 1 位二进制位，补充数据内容为原二进制数最高位，即原来最高位为 1，就按 1 补位；原来二进位为 0，就按 0 补位。低位移出 n 位二进制位，高位补充 n 位二进制位。

例如，计算 4>>2 的结果，即把 4 各个二进制位整体右移 2 位，运算过程如下：

4 的二进制内存格式为：0000 0000 0000 0000 0000 0000 0000 0100，右移 2 位后内存格式为 0000 0000 0000 0000 0000 0000 0000 0001。

由于按位右移运算后计算结果符号位为 0，所以，运算结果是一个正整数，直接将二进制数转换成十进制数得到最终计算结果为 1。

例如，计算−4>>2 的结果，即把−4 各个二进制位整体右移 2 位，运算过程如下：

−4 的二进制内存格式为：1111 1111 1111 1111 1111 1111 1111 1100，由于最高位为 1，右移后高位补 1。右移 2 位后内存格式为 1111 1111 1111 1111 1111 1111 1111 1111。

由于按位右移运算后计算结果符号位为 1，所以，运算结果是一个负整数，将二进制补码转成原码后转换成十进制数得到最终计算结果为−1。

通过以上实例，发现按位右移运算具有如下特性：

可以实现 2 的幂次除法运算。如果需要对一个数据进行除以 2^n，只需让这个数据按位右移 n 位即可。例如，4 右移 2 位结果为 1，相当于 4 除以 2^2。

【例 12.6】定义两个整型变量 x、y，赋值后计算 x>>y 的结果。

程序如下：

```
#include <stdio.h>
main()
{
    int x,y;
    int result;
    printf("please input x:");
```

```
    scanf("%d",&x);
    printf("please input y:");
    scanf("%d",&y);
    result=x>>y;
    printf("%d>>%d=%d\n",x,y,result);
}
```

程序运行结果如图 12.6 所示。

```
C:\WINDOWS\system32\cmd.exe
please input x:4
please input y:2
4>>2=1
请按任意键继续. . .
```

图 12.6 按位右移运算

12.1.8 位运算赋值运算符和优先级

微 课

位运算的赋值运算和优先级

位运算的赋值也可以像算术运算符那样进行简写，使用复合运算符的格式，书写格式见表 12.6。

表 12.6 位运算复合运算符

<table>
<tr><th>基 本 格 式</th><th>复合运算符格式</th></tr>
<tr><td>x=x&y</td><td>x&=y</td></tr>
<tr><td>x=x|y</td><td>x|=y</td></tr>
<tr><td>x=x^y</td><td>x^=y</td></tr>
<tr><td>x=x<<y</td><td>x<<=y</td></tr>
<tr><td>x=x>>y</td><td>x>>=y</td></tr>
</table>

例如，a=4，左移 2 位后赋值给 a。基本书写格式为 a=a<<2，采用复合运算符后书写格式为 a<<=2。

位运算的复合运算符运算级别同赋值运算符，级别较低，仅优先于逗号运算符。对于按位取反运算符运算级别较高，优先于加减乘除算术运算符；然后是按位左移和按位右移运算符，运算级别在算术运算运算符和关系运算符之间；最后是按位与、按位或和按位异或运算符，运算级别在关系运算运算符和逻辑运算符之间。

12.1.9 二进制位输出

位运算过程中书写的基本都是十进制、八进制和十六进制，但在内存计算过程中都是转换成二进制进行计算的。为了实现二进制的输出可以使用 itoa()函数实现，函数使用说明如下：

```
char * itoa(int  value,char *string,int radix);
```

参数说明：value 表示要转换的数据；string 表示转换后目标字符串的地址；radix 表示转换后的进制数。

功能：把 value 的数据按照 radix 进制进行转换后存放到 string 所指向的地址空间中，使用前要导入头文件 stdlib.h。

在 C 语言中，基本整型占 32 位，但是，在二进制数据输出过程中，左边起始的二进制 0

将不会输出，要想输出需要自己补充。

【例 12.7】 编写一个函数，实现补充二进制左边不能显示的 0。

程序如下：

```
#include <stdio.h>
#include <stdlib.h>
#include <string.h>
void fill_zero(char *p)
{
    char  *m,*n;
    int  len;
    int i;
    m=p;//指针 m 指向数组起始位置
    len=strlen(p);
    n=p+32-len;
    //把前面字符串整体移到后面
    for(i=0;i<len;i++)
    {
      *n=*m;
      m++;
      n++;

    }
    *n='\0';
    //把前面用字符'0'补充
    m=p;//m 又回到起始位置
    for(i=0;i<32-len;i++)
    {
        *m='0';
        m++;
    }
}
```

编写程序调用函数 fill_zero(char *p)，对−2 进行按位取反，查看二进制的输出结果，程序如下：

```
main()
{
    char  name[33];
    int  data;
    data=-2;
    itoa(data,name,2);
    puts(name);//按位取反前二进制位
    //测试按位取反
    itoa(~data,name,2);
    fill_zero(name);
    puts(name); //按位取反后二进制位
}
```

程序运行结果如图 12.7 所示。

图 12.7　左边按位补零

12.2　位　　段

微 课

位段的使用方法

1. 位段的定义

在 C 语言中，最小的基本数据类型是字符型，一个字符型变量占用一个字节。但在实际应用过程中，控制信息往往只占一个字节中的一个或几个二进制位，那么一个字节就可以存放几个信息。

C 语言中允许在一个结构体中以位为单位来指定其成员所占内存长度，这种以位为单位的成员称为“位段”。位段的定义格式为：

```
struct  结构名
{
   类型  变量名 1: 长度;
   类型  变量名 2: 长度;
   …
   类型  变量名 n: 长度;
}变量名;
```

例如：

```
struct  control_data
{
  unsigned  a:1;
  unsigned  b:2;
  unsigned  c:2;
  unsigned  d:1;
}data;
```

结构体名为 control_data，包括 a、b、c、d 四个成员，类型全都是无符号二进制整型，成员 a 占 1 位，成员 b 占 2 位，成员 c 占 2 位，成员 d 占用 1 位，声明了一个 control_data 类型的变量 data，包含 4 个成员，总共使用 6 位。但是对于 C 语言内存操作最小单位为字节，对于声明变量 data 虽然占用不足 1 个字节，计算机也会分配 1 个字节，有效使用 6 位，剩余 2 位空闲，如图 12.8 所示。

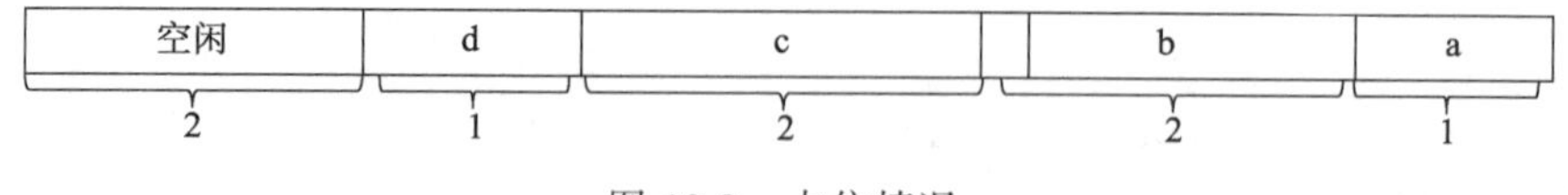

图 12.8　占位情况

2. 位段的使用说明

① 位段的成员的数据类型必须是 unsigned 或 int 类型。

② 位段是一种特殊的结构体类型，所以，位段类型和位段变量的定义，以及对位段成员的引用均与结构体类型和结构体变量相同，例如 data.a=1。

③ 位段的成员具有一定范围，赋值必须在有效范围之内。例如，data 的成员 b 占 2 位，对于无符号数有效范围在 0～3 之间，如果写成 data.b=8，就不会得到预期的结果，对于 8 的二进制为 1000，成员 b 只能存放 2 位，所以取数据的低 2 位 00，最终成员 b 中会存放数据 0。

④ 位段可以参与数值表达式运算，它会被系统自动转换为整型。

⑤ 位段可以使用%d、%u、%o、%x 格式输出。

⑥ 位段正常是连续分配存储空间的，若要位段从另一个字节存放需要声明一个无名的宽度为 0 的成员。定义形式如下：

```
struct status
{
   unsigned a:1;
   unsigned b:1;
   unsigned c:1;
   unsigned :0;
   unsigned d:1
}flag;
```

对于成员 a、b、c 占用一个字节，总共使用了 3 位，由于加入一个无名宽度为 0 的成员，对于第一个字节的后 5 位空闲，另起一个字节分配一位给成员 d，所以 flag 结构体变量占用 2 个字节内存空间。

⑦ 一个位段必须存储在一个单元中，不能跨两个存储单元。如果本单元不能容纳某位段，则从下一个单元开始存储位段。

本 章 小 结

本章主要讲解了按位与（&）、或（|）、取反（~）、异或（^）、左移（<<）和右移（>>）六种位运算符的基本使用方法和特殊功能，说明了位段的使用方法。此外，给出左边补 0 二进制输出的实现方法。

技 能 训 练

训练题目 1：设计一个函数，使给出一个数的原码能得到该数的补码。

训练题目 2：设计一个函数，取出 32 位二进制数的偶数位。

课 后 习 题

一、填空题

1. 表达式 0x13&0x17 的结果是__________。

2. 与表达式 x^=y-2 等价的另一种书写格式是__________。

3. 在 C 语言中，&运算符为单目运算符表示的是__________运算；作为双目运算符表示的是__________运算。

4. 设变量 a 二进制数是 00101101，若想通过运算 a^b 使 a 的高 4 位取反，低 4 位不变，则 b 的二进制数应是__________。

5. a 为任意整数，能将变量 a 清零的表达式是__________。

6. a 为八进制数 07101,能将变量 a 中的各二进制位均置成 1 的表达式是__________。

7. 能将两个字节变量 x 的高 8 位全置 1，低 8 位字节保持不变的表达式是__________。

8. 运用位运算，能将八进制数 012500 除以 4，然后赋给变量 a 的表达式是__________。

9. 运用位运算，能将字符型变量 ch 中的大写字母转换成小写字母的表达式是__________。

10. 与表达式 x^=y-2 等价的另一书写形式是__________。

二、选择题

1. 以下不能将变量 m 清零的表达式是（　　）。

A. m=m & ~ m　　　　B. m=m & 0

C. m=m ^ m　　　　D. m=m | m

2. 表达式 a<b||~c&d 的运算顺序是（　　）。

A. ~ 、&、<、||　　　　B. ~、||、&、<

C. ~、&、||、<　　　　D. ~、<、&、||

3. 以下可以将 char 型变量 x 中的大小写字母进行转换的语句是（　　）。

A. x=x^32　　　　B. x=x+32

C. x=x|32　　　　D. x=x&32

4. 设有以下语句：

```
char x=3,y=6,z;
z=x^y<<2;
```

则 z 的二进制值是（　　）。

A. 00010100　　　　B. 00011011

C. 00011100　　　　D. 00011000

5. C 语言中，要求运算数必须是整数的运算符是（　　）。

A. ^　　　　B. %　　　　C. !　　　　D. >

6. 以下叙述中不正确的是（　　）。

A. 表达式 a&=b 等价于 a=a&b

B. 表达式 a|=b 等价于 a=a|b

C. 表达式 a!=b 等价于 a=a!b

D. 表达式 a^=b 等价于 a=a^b

7. sizeof(float)是（　　）。

A. 一种函数调用　　　　B. 一个不合法的表达式形式

C. 一个整型表达式　　　　D. 一个浮点表达式

8. 在位运算中，操作数每左移一位，其结果相当于（　　）。

A. 操作数除以 2　　　　B. 操作数乘 2

C. 操作数除以 4　　　　D. 操作数乘 4

9. 在位运算中，操作数每右移一位，其结果相当于（　　）。

A. 操作数除以 2　　B. 操作数乘 2

C. 操作数除以 4　　D. 操作数乘 4

10. 设有以下说明：

```
struct packed
{ unsigned one:1;
  unsigned two:2;
  unsigned three:3;
  unsigned four:4;
}data;
```

则以下位段数据引用中不能得到正确数值的是（　　）。

A. data.one=4　　B.data.two=3

C. data.three=2　　D.data.four=1

三、写出程序的运行结果

1. 有以下程序：

```
#include <stdio.h>
main()
{
    char x=040;
    printf("%d\n",x=x<<1);
}
```

运行结果是__________________。

2. 有以下程序：

```
#include<stdio.h>
main()
{
    unsigned char a,b;
    a=5|4;
    b=5&4;
    printf("%d，%d",a,b);
}
```

运行结果是__________________。

3. 有以下程序：

```
#include <stdio.h>
main()
{
    short int x=35;
    char z='A';
    printf("%d\n",(x&15) && (z<'a'));
}
```

运行结果是__________________。

4. 有以下程序：

```
#include<stdio.h>
main()
```

```
{
    char a=0x95,b,c;
    b=(a&0xf)<<4;
    c=(a&0xf0)>>4;
    a=b|c;
    printf("%x\n",a);
}
```

运行结果是________________。

5. 有以下程序:

```
#include <stdio.h>
main()
{
    short int a=5,b=6,c=7,d=8,m=2,n=2;
    printf("%d\n",(m=a>b) & (n=c>d));
}
```

运行结果是________________。

附录 A　常用字符与 ASCII 码对照表

ASCII 码（二进制）	ASCII 码（十进制）	字符	解释	ASCII 码（二进制）	ASCII 码（十进制）	字符	解释
0000 0000	0	NUL	空字符	0010 0000	32	(space)	空格
0000 0001	1	SOH	标题开始	0010 0001	33	!	叹号
0000 0010	2	STX	正文开始	0010 0010	34	"	双引号
0000 0011	3	ETX	正文结束	0010 0011	35	#	井号
0000 0100	4	EOT	传输结束	0010 0100	36	$	美元符
0000 0101	5	ENQ	请求	0010 0101	37	%	百分号
0000 0110	6	ACK	收到通知	0010 0110	38	&	和号
0000 0111	7	BEL	响铃	0010 0111	39	'	闭单引号
0000 1000	8	BS	退格	0010 1000	40	(	开括号
0000 1001	9	HT	水平制表符	0010 1001	41	)	闭括号
0000 1010	10	LF	换行键	0010 1010	42	*	星号
0000 1011	11	VT	垂直制表符	0010 1011	43	+	加号
0000 1100	12	FF	换页键	0010 1100	44	,	逗号
0000 1101	13	CR	回车键	0010 1101	45	-	减号/破折号
0000 1110	14	SO	不用切换	0010 1110	46	.	句号
0000 1111	15	SI	启用切换	0010 1111	47	/	斜杠
0001 0000	16	DLE	数据链路转义	0011 0000	48	0	字符 0
0001 0001	17	DC1	设备控制 1	0011 0001	49	1	字符 1
0001 0010	18	DC2	设备控制 2	0011 0010	50	2	字符 2
0001 0011	19	DC3	设备控制 3	0011 0011	51	3	字符 3
0001 0100	20	DC4	设备控制 4	0011 0100	52	4	字符 4
0001 0101	21	NAK	拒绝接收	0011 0101	53	5	字符 5
0001 0110	22	SYN	同步空闲	0011 0110	54	6	字符 6
0001 0111	23	ETB	结束传输块	0011 0111	55	7	字符 7
0001 1000	24	CAN	取消	0011 1000	56	8	字符 8
0001 1001	25	EM	媒介结束	0011 1001	57	9	字符 9
0001 1010	26	SUB	代替	0011 1010	58	:	冒号
0001 1011	27	ESC	换码(溢出)	0011 1011	59	;	分号
0001 1100	28	FS	文件分隔符	0011 1100	60	<	小于
0001 1101	29	GS	分组符	0011 1101	61	=	等号
0001 1110	30	RS	记录分隔符	0011 1110	62	>	大于
0001 1111	31	US	单元分隔符	0011 1111	63	?	问号

续表

ASCII码（二进制）	ASCII码（十进制）	字符	解释	ASCII码（二进制）	ASCII码（十进制）	字符	解释
0100 0000	64	@	电子邮件符号	0110 0000	96	`	开单引号
0100 0001	65	A	大写字母 A	0110 0001	97	a	小写字母 a
0100 0010	66	B	大写字母 B	0110 0010	98	b	小写字母 b
0100 0011	67	C	大写字母 C	0110 0011	99	c	小写字母 c
0100 0100	68	D	大写字母 D	0110 0100	100	d	小写字母 d
0100 0101	69	E	大写字母 E	0110 0101	101	e	小写字母 e
0100 0110	70	F	大写字母 F	0110 0110	102	f	小写字母 f
0100 0111	71	G	大写字母 G	0110 0111	103	g	小写字母 g
0100 1000	72	H	大写字母 H	0110 1000	104	h	小写字母 h
0100 1001	73	I	大写字母 I	0110 1001	105	i	小写字母 i
01001010	74	J	大写字母 J	0110 1010	106	j	小写字母 j
0100 1011	75	K	大写字母 K	0110 1011	107	k	小写字母 k
0100 1100	76	L	大写字母 L	0110 1100	108	l	小写字母 l
0100 1101	77	M	大写字母 M	0110 1101	109	m	小写字母 m
0100 1110	78	N	大写字母 N	0110 1110	110	n	小写字母 n
0100 1111	79	O	大写字母 O	0110 1111	111	o	小写字母 o
0101 0000	80	P	大写字母 P	0111 0000	112	p	小写字母 p
0101 0001	81	Q	大写字母 Q	0111 0001	113	q	小写字母 q
0101 0010	82	R	大写字母 R	0111 0010	114	r	小写字母 r
0101 0011	83	S	大写字母 S	0111 0011	115	s	小写字母 s
0101 0100	84	T	大写字母 T	0111 0100	116	t	小写字母 t
0101 0101	85	U	大写字母 U	0111 0101	117	u	小写字母 u
0101 0110	86	V	大写字母 V	0111 0110	118	v	小写字母 v
0101 0111	87	W	大写字母 W	0111 0111	119	w	小写字母 w
0101 1000	88	X	大写字母 X	0111 1000	120	x	小写字母 x
0101 1001	89	Y	大写字母 Y	0111 1001	121	y	小写字母 y
0101 1010	90	Z	大写字母 Z	0111 1010	122	z	小写字母 z
0101 1011	91	[	开方括号	0111 1011	123	{	开花括号
0101 1100	92	\	反斜杠	0111 1100	124	|	垂线
0101 1101	93	]	闭方括号	0111 1101	125	}	闭花括号
0101 1110	94	^	脱字符	0111 1110	126	~	波浪号
0101 1111	95	_	下画线	0111 1111	127	DEL (delete)	删除

附录B　运算符的优先级及结合性

<table>
<tr><th>优先级</th><th>运算符</th><th>结合性</th></tr>
<tr><td>（最高）</td><td>括号() 方括号 [ ] 指针-></td><td>自左向右</td></tr>
<tr><td>↑</td><td>逻辑非! 自加自减++ -- + - 指针* 地址& sizeof</td><td>自右向左</td></tr>
<tr><td></td><td>算术运算* / % + -</td><td>自左向右</td></tr>
<tr><td></td><td>移位及关系运算<< >> < <= > >= == !=</td><td>自左向右</td></tr>
<tr><td></td><td>&</td><td>自左向右</td></tr>
<tr><td></td><td>幂运算^</td><td>自左向右</td></tr>
<tr><td></td><td>|</td><td>自左向右</td></tr>
<tr><td></td><td>逻辑与&&</td><td>自左向右</td></tr>
<tr><td></td><td>逻辑或||</td><td>自左向右</td></tr>
<tr><td></td><td>条件运算符?:</td><td>自右向左</td></tr>
<tr><td>（最低）</td><td>赋值运算符= += -= *= /= %= &= ^= |= <<= >>=</td><td>自右向左</td></tr>
<tr><td></td><td>逗号运算符 ,</td><td>自左向右</td></tr>
</table>

附录C　C语言常见库函数

1. 数学函数

调用数学函数时，要求在源文件中包含以下命令行：

```
#include <math.h>
```

函数原型说明	功　　能	返回值	说　　明
int abs(int x)	求整数 x 的绝对值	计算结果	
double fabs(double x)	求双精度实数 x 的绝对值	计算结果	
double acos(double x)	计算 $\cos^{-1}(x)$的值	计算结果	x 在-1～1 范围内
double asin(double x)	计算 $\sin^{-1}(x)$的值	计算结果	x 在-1～1 范围内
double atan(double x)	计算 $\tan^{-1}(x)$的值	计算结果	
double atan2(double x,y)	计算 $\tan^{-1}(x/y)$的值	计算结果	
double cos(double x)	计算 cos(x)的值	计算结果	x 的单位为弧度
double cosh(double x)	计算双曲余弦 cosh(x)的值	计算结果	
double exp(double x)	求 e^x 的值	计算结果	
double floor(double x)	求不大于双精度实数 x 的最大整数	该整数的双精度实数	
double fmod(doublex,double y)	求 x/y 整除后的双精度余数	返回余数的双精度数	
double frexp(double val,int *exp)	把双精度 val 分解成尾数 x 和以 2 为底的指数 n，即 $val=x*2^n$，n 存放在 exp 所指的变量中	返回位数 x 0.5≤x<1	
double log(double x)	求 ln x	计算结果	x>0
double log10(double x)	求 $\log_{10}x$	计算结果	x>0
double modf(double val,double *ip)	把双精度 val 分解成整数部分和小数部分，整数部分存放在 ip 所指的变量中	返回小数部分	
double pow(double x,double y)	计算 x^y 的值	计算结果	
double sin(double x)	计算 sin(x)的值	计算结果	x 的单位为弧度
double sinh(double x)	计算 x 的双曲正弦函数 sinh(x)的值	计算结果	
double sqrt(double x)	计算 x 的平方根	计算结果	x≥0
double tan(double x)	计算 tan(x)	计算结果	
double tanh(double x)	计算 x 的双曲正切函数 tanh(x)的值	计算结果	

2. 字符函数

调用字符函数时，要求在源文件中包下以下命令行：

```
#include <ctype.h>
```

函数原型说明	功　　能	返 回 值
int isalnum(int ch)	检查 ch 是否为字母或数字	是，返回 1；否则返回 0
int isalpha(int ch)	检查 ch 是否为字母	是，返回 1；否则返回 0
int iscntrl(int ch)	检查 ch 是否为控制字符	是，返回 1；否则返回 0
int isdigit(int ch)	检查 ch 是否为数字	是，返回 1；否则返回 0
int isgraph(int ch)	检查 ch 是否为 ASCII 码值在 ox21 到 ox7e 的可打印字符（即不包含空格字符）	是，返回 1；否则返回 0
int islower(int ch)	检查 ch 是否为小写字母	是，返回 1；否则返回 0
int isprint(int ch)	检查 ch 是否为包含空格符在内的可打印字符	是，返回 1；否则返回 0
int ispunct(int ch)	检查 ch 是否为除了空格、字母、数字之外的可打印字符	是，返回 1；否则返回 0
int isspace(int ch)	检查 ch 是否为空格、制表或换行符	是，返回 1；否则返回 0
int isupper(int ch)	检查 ch 是否为大写字母	是，返回 1；否则返回 0
int isxdigit(int ch)	检查 ch 是否为十六进制数	是，返回 1；否则返回 0
int tolower(int ch)	把 ch 中的字母转换成小写字母	返回对应的小写字母
int toupper(int ch)	把 ch 中的字母转换成大写字母	返回对应的大写字母

3. 字符串函数

调用字符函数时，要求在源文件中包下以下命令行：

```
#include <string.h>
```

函数原型说明	功　　能	返 回 值
char *strcat(char *s1,char *s2)	把字符串 s2 接到 s1 后面	s1 所指地址
char *strchr(char *s,int ch)	在 s 所指字符串中，找出第一次出现 ch 的位置	返回找到的字符的地址，找不到返回 NULL
int strcmp(char *s1,char *s2)	对 s1 和 s2 所指字符串进行比较	s1<s2,返回负数；s1==s2,返回 0；s1>s2，返回正数
char *strcpy(char *s1,char *s2)	把 s2 指向的串复制到 s1 指向的空间	s1 所指地址
unsigned strlen(char *s)	求字符串 s 的长度	返回串中字符（不计最后的 '\0'）个数
char *strstr(char *s1,char *s2)	在 s1 所指字符串中，找出字符串 s2 第一次出现的位置	返回找到的字符串的地址，找不到返回 NULL

4. 输入/输出函数

调用字符函数时，要求在源文件中包下以下命令行：

```
#include <stdio.h>
```

函数原型说明	功　　能	返 回 值
void clearer(FILE *fp)	清除与文件指针 fp 有关的所有出错信息	无
int fclose(FILE *fp)	关闭 fp 所指的文件，释放文件缓冲区	出错返回非 0，否则返回 0
int feof (FILE *fp)	检查文件是否结束	遇文件结束返回非 0，否则返回 0
int fgetc (FILE *fp)	从 fp 所指的文件中取得下一个字符	出错返回 EOF，否则返回所读字符
char *fgets(char *buf,int n, FILE *fp)	从 fp 所指的文件中读取一个长度为 n-1 的字符串，将其存入 buf 所指存储区	返回 buf 所指地址，若遇文件结束或出错返回 NULL
FILE *fopen(char *filename,char *mode)	以 mode 指定的方式打开名为 filename 的文件	成功，返回文件指针（文件信息区的起始地址），否则返回 NULL
int fprintf(FILE *fp, char *format, args,…)	把 args,…的值以 format 指定的格式输出到 fp 指定的文件中	实际输出的字符数
int fputc(char ch, FILE *fp)	把 ch 中字符输出到 fp 指定的文件中	成功返回该字符，否则返回 EOF
int fputs(char *str, FILE *fp)	把 str 所指字符串输出到 fp 所指文件	成功返回非负整数，否则返回 -1（EOF）
int fread(char *pt,unsigned size,unsigned n, FILE *fp)	从 fp 所指文件中读取长度 size 为 n 个数据项存到 pt 所指文件	读取的数据项个数
int fscanf (FILE *fp, char *format,args,…)	从 fp 所指的文件中按 format 指定的格式把输入数据存入到 args,…所指的内存中	已输入的数据个数，遇文件结束或出错返回 0
int fseek (FILE *fp,long offer,int base)	移动 fp 所指文件的位置指针	成功返回当前位置，否则返回非 0
long ftell (FILE *fp)	求出 fp 所指文件当前的读写位置	读写位置，出错返回 -1L
int fwrite(char *pt,unsigned size,unsigned n, FILE *fp)	把 pt 所指向的 n*size 个字节输入到 fp 所指文件	输出的数据项个数
int getc (FILE *fp)	从 fp 所指文件中读取一个字符	返回所读字符，若出错或文件结束返回 EOF
int getchar(void)	从标准输入设备读取下一个字符	返回所读字符，若出错或文件结束返回-1
char *gets(char *s)	从标准设备读取一行字符串放入 s 所指存储区，用'\0'替换读入的换行符	返回 s,出错返回 NULL
int printf(char *format,args,…)	把 args,…的值以 format 指定的格式输出到标准输出设备	输出字符的个数
int putc(int ch,FILE *fp)	同 fputc()	同 fputc()
int putchar(char ch)	把 ch 输出到标准输出设备	返回输出的字符，若出错则返回 EOF
int puts(char *str)	把 str 所指字符串输出到标准设备，将'\0'转成回车换行符	返回换行符，若出错，返回 EOF

续表

函数原型说明	功　能	返 回 值
int rename(char *oldname,char *newname)	把oldname所指文件名改为newname所指文件名	成功返回0，出错返回-1
void rewind(FILE *fp)	将文件位置指针置于文件开头	无
int scanf(char *format,args,…)	从标准输入设备按 format 指定的格式把输入数据存入到args,…所指的内存中	已输入的数据的个数

5. 动态分配函数和随机函数

调用字符函数时，要求在源文件中包下以下命令行：

```
#include <stdlib.h>
```

函数原型说明	功　能	返 回 值
void *calloc(unsigned n,unsigned size)	分配n个数据项的内存空间,每个数据项的大小为size个字节	分配内存单元的起始地址；如不成功，返回0
void *free(void *p)	释放p所指的内存区	无
void *malloc(unsigned size)	分配size个字节的存储空间	分配内存空间的地址；如不成功，返回0
void *realloc(void *p,unsigned size)	把p所指内存区的大小改为size个字节	新分配内存空间的地址；如不成功，返回0
int rand(void)	产生0～32 767的随机整数	返回一个随机整数
void exit(int state)	程序终止执行，返回调用过程，state为0正常终止，非0非正常终止	无

附录D　课后习题参考答案

第1章

一、填空题

1. .c或.cpp　　.obj　　.exe

2. {　　}　　声明　　执行

二、选择题

1. D	2. D	3. B	4. D	5. A
6. D	7. C	8. C	9. A	10. B
11. B	12. C	13. D	14. C	15. A

三、简答题

略。

第2章

一、填空题

1. 关键字　　用户标识符

2. int　　float　　double

3. 5.5

二、选择题

1. C	2. A	3. C	4. B	5. C
6. B	7. B	8. D	9. C	10. B
11. C	12. C	13. C	14. D	15. D
16. B	17. B	18. B	19. A	20. D
21. A	22. B	23. D	24. A	25. B
26. D	27. D	28. A	29. A	30. B

第3章

一、填空题

1. (1)200,2500

(2)i=200,j=2500

(3)i=200

j=2500

2. 12　　0　　0

3. 100 15.81 1.89234↙[①]　　100 15.81↙1.89234↙　　100↙15.81↙1.89234↙

---

① ↙为回车符。

二、选择题

1. C　2. D　3. B　4. A　5. B
6. A　7. D　8. B　9. A　10. B
11. A　12. B　13. B　14. B　15. B
16. A　17. B　18. A　19. D　20. B
21. D　22. C　23. A　24. A　25. D

三、编程题

1. 程序如下：

```
#include  <stdio.h>
int  main()
{
    int a,b,x,y;
    scanf("%d,%d", &a,&b);                  /*输入两个整数,以逗号分隔*/
    x=a/b;
    y=a%b;                                   /*计算商和余数*/
    printf("商=%d\n余数=%d\n",x,y);          /*输出结果*/
}
```

2. 程序如下：

```
#include  <stdio.h>
int  main()
{
    int a,b,c,aver;
    scanf("%d%d%d", &a,&b,&c);              /*输入三个整数*/
    aver=(a+b+c)/3;                          /*计算商和余数*/
    printf("平均值=%d\n ",aver);             /*输出结果*/
}
```

第4章

一、填空题

1. 非0　0
2. 1　0
3. 低
4. 高
5. !（非）
6. a==b||a<c　x>4||x<-4
7. 0　1　1　0　1

二、选择题

1. D　2. A　3. A　4. A　5. D
6. C　7. C　8. B　9. D　10. A
11. B　12. D　13. B

三、编程题

程序如下：

```
#include <stdio.h>
main()
{
    int a;
    double b;
    scanf("%d",&a);
    if(a<=50)
    {
        b=a*0.15;
    }
    else
    {
        b=50*0.15+(a-50)*0.25;
    }
    printf("%.2lf",b);
}
```

第5章

一、填空题

1. 5　4　6

2. 1024

3. -1

二、选择题

1. A　2. C　3. D　4. C　5. B

6. C　7. C　8. D

三、编程题

1. 分析：设置两个变量 n 和 m，n=2000 to 3000，循环中根据条件判断是否为闰年，找到一个 m 加 1。

m 用来判断是否换行，m 累加到 10，则换行，m 重新计数。

部分程序如下：

```
m=0;
for(n=2000;n<=3000;n++)
{
    if n%4==0 && n%100!=0 {printf("%d",n);m++;}
    if n%400==0 {printf("%d",n);m++;}
    if m==10 {printf("\n");m=0;}
}
```

2.

（1）程序如下：

```
#include <stdio.h>
main()
```

```
{
    int  a,i,sum;
    int n;
    printf("请输入整数n: ");
    scanf("%d",&n);
    for (a=1,i=1,sum=0;i<=n;i++)
    {
        a=a*i;
        sum=sum+a;
    }
    printf("sum is %d\n",sum);
}
```

（2）加 if(sum>1000)　break;

第6章

一、填空题

1. 9　　0

2. 12

二、选择题

1. D	2. B	3. A	4. A	5. B
6. B	7. D	8. C	9. D	10. C
11. A	12. C	13. B		

三、编程题

1. 程序如下：

```
#include <stdio.h>
main()
{
    int w[]={1,1,1,1,1},i;
    for(i=1;i<5;i++)
        w[i]=w[i-1]*(i+1);
    for(i=0;i<5;i++)
        printf("%5d",w[i]);
}
```

2. 程序如下：

```
#include <stdio.h>
main()
{
    int a[4][5];
    int b[5][4],i,j;
    printf("array a:\n");
    for(i=0;i<4;i++)
        for(j=0;j<5;j++)
        {  scanf("%d",&a[i][j]);
           b[j][i]=a[i][j];
        }
```

```
        printf("array b:\n");
            for(i=0;i<5;i++)
            {   for(j=0;j<4;j++)
                    printf("%5d",b[i][j]);
                printf("\n");
            }
    }
```

3. 在循环之前应该设置 i 的初值：i=0。

第 7 章

一、填空题

1. sum+array[i]　　average(score)
2. n*fun(n−1)
3. a[i][j]<min
4. s1[i+j]=s2[j]　　'\0 '
5. a[i+1]=x

二、选择题

1. C	2. C	3. C	4. C	5. A
6. A	7. D	8. A	9. D	10. A

三、程序分析题

1. 4	2. 5.0	3. 10	4. 32	5. 100,30,10,101
6. a*b*c*d	7. 4321	8. 53	9. 2	10. 2

四、编程题

1. 程序如下：

```
#include "math.h"
mian()
{   int n;
    scanf("%d",&n);
    if(prime(n))
        printf("\n %d is prime.",n);
    else
        printf("\n %dis not prime.",n);
}
int prime(int m)
{   int f=1,i,k;
    k=sqrt(m)
    for(i=2;i<=k;i++)
    if(m%i==0)break;
    if(i>=k+1)f=1;
    else f=0;
    return  f;
}
```

2. 程序如下：

```
float fun(int n)
```

```
{   int i,f=1;
    float s=0,t;
    for(i=0;i<=n;i++)
    {  t=1.0/(2*i+1)
       s=s+f*t;
       f=-1*f;
    }
    return s;
}
main()
{   int n;
    scanf("%d",&n);
    printf("%f",fun(n));
}
```

3. 程序如下：

```
main()
{   void fun(char a[],char b[]);
   char s1[20]="I am a boy. ", s2[20]="You are a boy. ";
   fun(s1,s2);
   printf("\n%s",s1);
}
void fun(char a[],char b[])
{   int i=0,j=0;
    while(a[i]!='\0')
   {  while(b[j]!='\0')
     {  if(a[i]==b[j])
        {  for(j=i;a[j]=a[j+1];j++);
               i--;
           break;
        }
        j++;
     }
   i++;j=0;
   }
}
```

4. 略。

第 8 章

一、选择题

1. A　2. C　3. D　4. B　5. D
6. C　7. B　8. A　9. B　10. B
11. A　12. B

二、编程题

1. 程序如下：

```
#include <stdio.h>
#define  DIV(x,y)  (x%y)
```

```
void main()
{
    int a,b;
    scanf("%d%d",&a,&b);
    printf("余数=%d\n",DIV(a,b));
    }
```

2. 程序如下：

```
#define SWAP(x,y)  {int t=x;x=y;y=t;}
#include <stdio.h>
void main()
{
    int a[3]={1,2,3};
    int b[3]={11,12,13};
    int i;
    printf("交换前: \n");
    for(i=0;i<3;i++)
        printf("%d\t",a[i]);
    printf("\n");
    for(i=0;i<3;i++)
        printf("%d\t",b[i]);
}
    for(i=0;i<3;i++)
        SWAP(a[i],b[i]);
    printf("\n");
    printf("交换后: \n");
    for(i=0;i<3;i++)
        printf("%d\t",a[i]);
    printf("\n");
    for(i=0;i<3;i++)
        printf("%d\t",b[i]);
}
```

第9章

一、填空题

1. '\0'　　　*ptr++

2. a

3. *ch>='a'&&*ch<='z'

4. *str2++=*str1++

5. max　　　(*p)(a,b)

6. '\0'　　　n++　　　;

7. 8　　　8

8. ch==' '

二、选择题

1. C　　2. C　　3. A　　4. C　　5. B

6. A　7. C　8. A　9. C　10. C

11. B　12. B　13. D

三、程序分析题

1. 27
2. 将输入的10个数据逆序输出
3. 3,3,3
4. 如果p1指向的变量值大于p2指向的变量值，则p1、p2指向的变量值互换
5. GFEDCBA
6. cdefg
7. 7 1
8. name: zhang total=170.000000
   name: wang total=150.000000
9. x=72 p->=9
10. 6

四、编程题

1. 程序如下：

```
#include "stdio.h"
void swap(float *x,float *y)
{ float z;
  z=*x; *x=*y; *y=z;
}
void main()
{   float a,b,c,d;
    scanf("%f%f%f%f",&a,&b,&c,&d);
    if(a>b)
       swap(&a,&b);
    if(a>c)
      swap(&a,&c);
    if(a>d)
      swap(&a,&d);
    if(b>c)
      swap(&b,&c);
    if(b>d)
      swap(&b,&d);
    if(c>d)
      swap(&c,&d);
    printf("After swap: a=%f,b=%f,c=%f,d=%f\n",a,b,c,d);
}
```

2. 程序如下：

```
#include "stdio.h"
int minid(int a[],int n)
{  int i;int p=0;
   for(i=1;i<n;i++)
```

```
        if(a[i]<a[p])p=i;
          return p;
}
void main()
{   int a[8]={15,2,3,-5,9,-3,11,8};
    int p;
    p=minid(a,8);
    printf("min: %d\n",a[p]);
}
```

3. 程序如下:

```
#include "stdio.h"
void strnum(char *s,int *pa, int *pn, int *ps, int *pd)
{   *pa=*pn=*ps=*pd=0;
    while(*s!='\0')
    {  if(*s>='a'&&*s<='z'||*s>='A'&&*s<='Z')
          (*pa)++;
       else if(*s>='0'&&*s<='9')
          (*pn)++;
       else if(*s==' ')
          (*ps)++;
       else
          (*pd)++;
       s++;
    }
}
void main()
{   char line[81];int a,b,c,d;
    gets(line);
    strnum(line,&a,&b,&c,&d);
    printf("%d,%d,%d,%d\n",a,b,c,d);
}
```

4. 程序如下:

```
#include "stdio.h"
void main()
{   void zhuanzhi(int (*p)[4],int n);
    int a[4][4]={1,2,3,4,5,6,7,8,9,10,11,12,13,14,15,16};
    int i,j;
    zhuanzhi(a,4);
    for(i=0;i<4;i++)
    {   for(j=0;j<4;j++)
            printf("%5d",a[i][j]);
        printf("\n");
    }
}
void zhuanzhi(int (*p)[4],int n)
{   int i,j,t;
    for(i=0;i<n;i++)
        for(j=0;j<i;j++)
```

```
        {t=p[i][j];p[i][j]=p[j][i];p[j][i]=t;}
}
```

5. 程序如下：

```
#include "stdio.h"
void main()
{   void sort(int *p,int n);
    int a[10];
    int i,j;
    for(i=0;i<10;i++)
    scanf("%d",a+i);
    sort(a,10);
    for(i=0;i<10;i++)
    printf("%5d",a[i]);
    printf("\n");
}
void sort(int *p,int n)
{   int t;
    int i,j,k;
    for(i=0;i<n-1;i++)
    {   k=i;
        for(j=i+1;j<n;j++)
            if(*(p+k)>*(p+j))k=j;
                if(k!=i)
                    {t=*(p+i);*(p+i)=*(p+k);*(p+k)=t;}
    }
}
```

第 10 章

一、选择题

1. D　2. C　3. A　4. C　5. C
6. D　7. C　8. B　9. B　10. B
11. D　12. D　13. C　14. D　15. B

二、写出程序的运行结果

1. 12
2. 6
3. 4
4. 16
5. 13

三、编程题

1. 程序如下：

```
#include <stdio.h>
struct student
{
   char name[10];          //姓名
```

```
   char  sex[7];          //性别，取值male或female
   int  age;              //年龄
   float score;           //成绩
} s[5]={{"zhangsan","male",20,85.00},{"lisi","female",19,90.00},
{"wangwu","male",20,88.00},{"zhaoliu","female",18,98.00},
{"dingqi","male",21,80.00}};
main()
{
    int  boy=0,girl=0;
    int i;
    for(i=0;i<5;i++)
    {
      if(strcmp(s[i].sex,"male")==0)
      {
         boy++;
      }else{
         girl++;
      }
    }
    printf("boy=%d,girl=%d\n",boy,girl);
}
```

2. 程序如下：

```
#include <stdio.h>
struct student
{
   char name[10];         //姓名
   char  sex[7];          //性别，取值male或female
   int  age;              //年龄
   float score;           //成绩
} s[5]={{"zhangsan","male",20,85.00},{"lisi","female",19,90.00},
{"wangwu","male",20,88.00},{"zhaoliu","female",18,98.00},
{"dingqi","male",21,80.00}};
void out(struct student *p,int n)
{
    struct student  *t;
    t=p;
    while(t<p+n)
    {
      printf("%s,%s,%d,%f\n",t->name,t->sex,t->age,t->score);
      t++;
    }

}
main()
{
    out(s,5);
}
```

第 11 章

一、填空题

1. 顺序存储　　随机存储
2. 文本文件　　二进制文件
3. ! feof(fp)　　fgetc(fp)
4. fopen("num.dat","r")　　fp,"%d",&temp　　z++
5. (ch=fgetc(fp))　　ch,fp

二、选择题

1. C　　2. C　　3. B　　4. B　　5. C
6. C　　7. D　　8. C　　9. C　　10. D
11. B　　12. A　　13. A　　14. B　　15. C

三、编程题

1. 程序如下：

```
#include <stdio.h>
#include <stdlib.h>
//数据之间用空格分隔
main()
{
  int i;
  int  a=0,b=0,c=0;//a 存放整数个数，b 存放负数个数，c 存放 0 的个数
  FILE *fp;
  if((fp=fopen("number.dat","rb"))==NULL)
  {
    printf("Cannot open file!\n");
    exit(0) ;
  }
  while(!feof(fp))
  {
    fscanf(fp,"%d",&i);
    if(i>0)
    {
      a++;
    }else if(i<0)
    {
      b++;
    }else
    {
      c++;
    }
    fgetc(fp);
  }
   printf("%d,%d,%d\n",a,b,c);
}
```

2. 程序如下：

```
#include <stdio.h>
#include <stdlib.h>
main()
{
  FILE *fp;
  char  ch;
  if((fp=fopen("letter.txt","w+"))==NULL)
  {
    printf("Cannot open file!\n");
    exit(0) ;
  }
  ch=getchar();
  while(ch!='!')
  {
    if(ch>=97&&ch<=122)
    {
      ch-=32;
    }
    fputc(ch,fp);
    ch=getchar();
  }
  rewind(fp);
  while(!feof(fp))
  {
    putchar(fgetc(fp));
  }
  fclose(fp);
}
```

第 12 章

一、填空题

1. 19
2. x=x^(y−2)
3. 按位逻辑与　　逻辑与
4. 11110000
5. a&0
6. 07101 | 07777
7. x | 0xff00
8. a=012500>>2
9. ch | 32
10. x=x^(y−2)

二、选择题

1. D　　2. D　　3. A　　4. B　　5. A
6. C　　7. C　　8. B　　9. A　　10. A

三、写出程序的运行结果

1. 64　　2. 5，4　　3. 1　　4. 59　　5. 0

参 考 文 献

[1] 谭浩强．C 程序设计[M]. 4 版．北京：清华大学出版社，2010.
[2] 谭浩强．C 程序设计试题汇编[M]. 北京：清华大学出版社，2006.
[3] 明日科技．C 语言从入门到精通[M]. 北京：清华大学出版社，2010.
[4] 赵凤芝，包锋．C 语言程序设计能力教程[M]. 3 版．北京：中国铁道出版社，2014.
[5] 教育部考试中心．全国计算机等级考试二级教程：C 语言程序设计（2012 年版）[M]. 北京：高等教育出版社，2012.
[6] 程立倩．C 语言程序设计案例教程[M]. 北京：北京邮电大学出版社，2016.
[7] 徐金梧，杨德斌，徐科．TURBO C 实用大全[M]. 北京：机械工业出版社，1996.
[8] 宋丽芳．C 语言程序设计[M]. 北京：现代教育出版社，2013.
[9] 刘明才．C 语言程序设计习题解答与实验指导[M]. 北京：中国铁道出版社，2007.
[10] 杨彩霞．C 语言程序设计实验指导与习题解答[M]. 北京：中国铁道出版社，2007.

参考文献

[1] [illegible]

[2] [illegible]

[3] [illegible]

[4] [illegible]

[5] [illegible]

[6] [illegible]

[7] [illegible]

[8] [illegible]

[9] [illegible]